中国水土保持学会　组织编写

水 土 保 持 行 业 从 业 人 员 培 训 系 列 丛 书

高效水土保持植物资源建设与开发利用

主编　孙中峰

中国水利水电出版社
www.waterpub.com.cn
·北京·

内 容 提 要

  本书以近年来全国水土保持植物生态建设实践为基础,梳理了我国水土保持植物资源建设情况、高效水土保持植物的选择、苗木繁育、种植与管护,从开发利用方向定位、产业化布局、模式探索等方面提出了实践应用的方法,并全面系统介绍了砒砂岩区沙棘资源建设与开发利用成果。本书旨在总结水土保持生态建设与植物资源开发利用的实践经验,服务于新时期的生态建设和相关产业布局,从而为生态文明建设提供有力支撑。

  本书可作为水土保持行业从业人员的培训教材,可也供林业、生态环境等领域从事生态建设的科研人员、工程技术人员、管理人员以及大专院校师生参考使用。

图书在版编目(CIP)数据

  高效水土保持植物资源建设与开发利用 / 孙中峰主编;中国水土保持学会组织编写. -- 北京:中国水利水电出版社,2022.1
  (水土保持行业从业人员培训系列丛书)
  ISBN 978-7-5226-1130-3

  Ⅰ. ①高… Ⅱ. ①孙… ②中… Ⅲ. ①水土保持-植物资源-资源配置-技术培训-教材 Ⅳ. ①S157.4

  中国版本图书馆CIP数据核字(2022)第223294号

书　　名	水土保持行业从业人员培训系列丛书 **高效水土保持植物资源建设与开发利用** GAOXIAO SHUITU BAOCHI ZHIWU ZIYUAN JIANSHE YU KAIFA LIYONG	
作　　者	中国水土保持学会　组织编写 主编　孙中峰	
出版发行	中国水利水电出版社 (北京市海淀区玉渊潭南路1号D座　100038) 网址:www.waterpub.com.cn E-mail:sales@mwr.gov.cn 电话:(010)68545888(营销中心)	
经　　售	北京科水图书销售有限公司 电话:(010)68545874、63202643 全国各地新华书店和相关出版物销售网点	
排　　版	中国水利水电出版社微机排版中心	
印　　刷	天津嘉恒印务有限公司	
规　　格	184mm×260mm　16开本　10.75印张　262千字	
版　　次	2022年1月第1版　2022年1月第1次印刷	
定　　价	**48.00元**	

《水土保持行业从业人员培训系列丛书》

编 委 会

主　　任　刘　宁

副 主 任　刘　震

成　　员　（以姓氏笔画为序）

王玉杰	王治国	王瑞增	方若枰	牛崇桓	左长清
宁堆虎	刘宝元	刘国彬	纪　强	乔殿新	张长印
张文聪	张新玉	李智广	何兴照	余新晓	吴　斌
沈雪建	邰源临	杨进怀	杨顺利	侯小龙	赵　院
姜德文	贺康宁	郭索彦	曹文洪	鲁胜力	蒲朝勇
雷廷武	蔡建勤				

顾　　问　王礼先　孙鸿烈　沈国舫

本 书 编 委 会

主　　编　孙中峰

副 主 编　夏静芳　李　婧　丁立建　殷丽强

编写人员　高　岩　王　丹　李　晶　梁　月

总 序

  水是生命之源，土是生存之本，水土资源是人类赖以生存和发展的基本物质条件，是经济社会可持续发展的基础资源。严重的水土流失是国土安全、河湖安澜的重大隐患，威胁国家粮食安全和生态安全。20世纪初，我国就成为世界上水土流失最为严重的国家之一，最新的普查成果显示，全国水土流失面积依然占全国陆域总面积的近1/3，几乎所有水土流失类型在我国都有分布，许多地区的水土流失还处于发育期、活跃期，造成耕地损毁、江河湖库淤积、区域生态环境破坏、水旱风沙灾害加剧，严重影响国民经济和社会的可持续发展。

  我国农耕文明历史悠久而漫长，水土流失与之相伴相随，并且随着人口规模的膨胀而加剧。与之相应，我国劳动人民充分发挥聪明才智，开创了许多预防和治理水土流失、保护耕地的方法与措施，为当今水土保持事业发展奠定了坚实的基础。新中国成立以来，党和国家高度重视水土保持工作，投入了大量人力、物力和财力，推动我国水土保持事业取得了长足发展。改革开放以来，尤其是21世纪以来，我国水土保持事业步入了加速发展的快车道，取得了举世瞩目的成就，全国水土流失面积大幅减少，水土流失区生态环境明显好转，群众生产生活条件显著改善，水土保持在整治国土、治理江河、促进区域经济社会可持续发展中发挥着越来越重要的作用。与此同时，水土保持在基础理论、科学研究、技术创新与推广等方面也取得了一大批新成果，行业管理、社会化服务水平大幅提高。为及时、全面、系统总结新理论、新经验、新方法，推动水土保持教育、科研和实践发展，我们邀请了当前国内水土保持及生态领域著名的专家、学者、一线工程技术人员和资深行业管理人员共同编撰了这套丛书，内容涵盖了水土保持基础理论、监督管理、综合治理、规划设计、监测、信息化等多个方面，基本反映了近30年、特别是21世纪以来水土保持领域发展取得的重要成果。该丛书可作为水土保持行业工程技术人员的培训教材，亦可作为大专院校水土保持专业教材，以及水土保持相关理论研究的参考用书。

近年来，党中央做出了建设生态文明社会的重大战略部署，把生态文明建设提到了前所未有的高度，纳入了"五位一体"中国特色社会主义总体布局。水土保持作为生态文明建设的重要组成部分，得到党中央、国务院的高度重视，全国人大修订了《中华人民共和国水土保持法》，国务院批复了《全国水土保持规划》并大幅提高了水土保持投入，水土保持迎来了前所未有的发展机遇，任重道远，前景光明。希望这套丛书的出版，能为推动我国水土保持事业发展、促进生态文明建设、建设美丽中国贡献一份力量。

《水土保持行业从业人员培训系列丛书》编委会

2017 年 10 月

前　言

　　水是生命之源，土是万物之本，水土资源是人类赖以生存和发展的基础性资源。水土流失是我国头号环境问题，水土保持工作是生态文明建设的重要内容。进入新时代，党中央将建设美丽中国作为全面建设社会主义现代化国家的重大目标，提出建设生态文明是中华民族永续发展的千年大计，这为水土保持事业的发展提供了难得的历史机遇。

　　水的命脉在山，山的命脉在土，土的命脉在林和草，作为水土保持三大措施之一，林草等水土保持植物措施寓水土资源的保护、改良与合理利用之中，在国家的水土流失治理和生态文明建设中具有不可替代的作用。水土流失区是我国生态文明建设的主战场，水利部水土保持植物开发管理中心自2005年开始，面向全国水土流失类型区开展高效水土保持植物资源示范，实施高效水土保持植物资源优良品系收集与筛选、植物资源对位配置模式集成示范以及植物资源产品系列开发，有力推进了植物资源生态产业化体系建设，在治理水土流失、改善生态环境的同时，有效增加了群众收入、促进了经济社会发展。

　　基于多年生产实践过程中从理论到实践积累的成功经验，水利部水土保持植物开发管理中心在中国水土保持学会的组织下，围绕高效水土保持植物的品种选择、苗木繁育、种植管护、利用方向、产业布局及典型实例等方面编纂了本培训教材，旨在为学员从事相关工作提供范例，也可作为从事水土保持植物、园林植物、植物产业发展等方面工作人员的参考用书。全书共 7 章，第 1 章总论由夏静芳编写；第 2 章高效水土保持植物的选择由夏静芳、李婧编写；第 3 章高效水土保持植物苗木繁育由孙中峰、丁立建编写；第 4 章高效水土保持植物种植与管护由孙中峰、王丹、高岩编写；第5章高效水土保持植物开发利用方向定位由李晶编写；第6章高效水土保持植物资源产业化布局由殷丽强、李晶编写；第7章砒砂岩区沙棘资源建设与开发利用实例由殷丽强、梁月、李晶编写。全书统稿工作由孙中峰、李婧负责完成。

在本书编写过程中，水利部水土保持司蒲朝勇司长以及北京林业大学贺康宁教授、程金花教授等都倾力给予了支持和指导，在此表示感谢！

作者

2021年8月

目 录

第 1 章
总　论

1.1　高效水土保持植物资源定义

1.1.1　水土保持植物资源

　　水土保持植物，顾名思义，就是具有水土保持功能的植物。我们通常把根深叶茂、侧根多，耐干旱或耐水湿、耐瘠薄、对土壤适应性广，适宜坡地种植、生长迅速、能够很快郁闭覆盖地表、固土防风、抗冲刷性强的植物称为水土保持植物。水土保持植物资源泛指分布或栽培在我国水土流失区的所有水土保持植物，从低等的菌藻、苔藓、地衣植物，到高等的蕨类、裸子植物和被子植物，或常说的"乔灌草"植物资源。新中国成立以来，我国所开展的各项水土流失综合治理工程，其植物措施运用多为"乔灌草"水土保持植物资源。

1.1.2　高效水土保持植物资源

　　高效水土保持植物的定义：特指经过人类的实践活动，在我国水土流失区筛选出来的一些特定的水土保持植物，它们包括抗逆性强、水土保持效益好、经济价值高、成本投入少且只能利用地上部分（限制地下部分利用）的多年生蕨、草和木本植物等。对"高效"的内涵，重点突出该植物既在水土流失地区贫瘠土地能生长、生态治理效果好，又有着较高的经济价值，兼顾这三方面特点的水土保持植物，我们称其为高效水土保持植物。

　　高效水土保持植物资源可为食品、药品、轻工业加工等提供各种各样的原料，或直接利用，或进一步深加工开发，并在国民经济建设和生态环境建设两个主战场上，都占有十分重要的地位。

　　高效水土保持植物资源建设与开发利用的主要目的是选择种植合适的水土保持植物，控制水土流失危害，改善区域生态环境条件，再通过产业开发，带动水土保持植被建设的顺利实施，打造水土保持植被绿色产业，增加当地农民的收入，提高当地群众参与水土保持植物资源建设的积极性。以水土保持植物资源建设作为纽带，通过多种产业开发推广，提高土地资源利用效率与经济产出率，把各类人群利益联系在一起，形成共同建设、共同受益的水土保持经济共同体，从而全面推动全国水土保持植被建设工作，加快和谐社会建设步伐。

1.2　当前我国水土保持植物资源建设与开发利用中存在的问题

（1）纯生态型或纯果园型生态建设不能满足水土保持可持续发展要求。多年来，我国水土保持植物措施工程多是基于纯生态型的，如刺槐、桤木、柠条、紫穗槐等，生态功能很好，但经济效益不突出；或是纯果园型的，如北方的苹果、枣等，南方的柑橘等，很多果园下水土流失依然严重，常被誉为"绿色沙漠"。这种情况普遍存在于全国水土保持生态建设中。因为从立项直至实施的整个过程中，水土流失区的有关部门，对该种什么植物、怎么开发等，没有与经济开发相结合的长远规划，选用的植物类型，多借用当地植树造林的生态治理项目中的常用树种。治理后，生态问题虽有好转，但农民低收入问题没有明显改善，巩固脱贫攻坚成果的作用不突出，纯生态型或纯果园型植物资源建设已经不能满足新时代水土保持高质量发展需求。

生态和经济的协调发展是社会发展的必然趋势。生态是经济发展的条件，经济发展是生态工程能否得以保存的基础。只重视生态效益的植物措施工程，在水土流失严重且经济落后的地区，由于没有与农民的钱袋子结合起来，往往是边治理、边破坏，工程建设目标也难于实现。

（2）植物资源规模化种植程度低，不能满足产业化发展需求。在我国水土流失不同类型区，一些水土保持植物已经进行了初步的开发利用，有的形成了产业。但由于有关业务部门没有在相应生态工程中推广种植该植物，植物资源种植零星分散，规模不足，致使产业规模上不去，更不能形成产业链，形成不了规模效益，制约了水土保持植物资源的可持续开发利用。

如东北地区的果莓、黑加仑等浆果类植物，黄土高原地区的翅果油树、长柄扁桃，西南岩溶地区的金银花、刺梨等，开发前景很好，但资源面积却严重不足，规模大的企业不愿意进驻建厂，反过来又影响了资源的建设与推广力度。有些地方栽植的水土保持植物品种多而全，但按单一品种来算的种植面积却不大，种植较为分散，形成不了规模，制约了其开发力度，经济效益自然不高。

（3）种植配套技术落后，经济效益发挥缓慢。在一些生态建设项目中，虽然前期选择了生态和经济效益好的树种，但是在工程实施过程中，缺乏全面、系统的苗木繁育、栽培管理等方面的技术，植物栽植后成活率低，保存率更低，如果立地条件选择不当，做不到适地适树，生长率也很差，甚至成为低产、低质、低效的"小老树"，降低了植被建设的进度和成效，老百姓长期看不到经济效益，严重影响了其种植和管护的积极性。

科学种植配套技术的应用可提高植物成活率、保存率、生长率，使高效水土保持植物能够更好地发挥生态作用、经济作用和社会作用，实现种植区生态环境改善、植物经济产品产量提高、人均收入提升等目标，更快、更好地实现植物的经济效益。

（4）植物资源开发利用深度不够，产品经济附加值不高。长期以来，在水土保持植物措施上只重视种植和生态效益，对经济价值开发重视不够，植物资源开发利用多以原料形式直接出售，工艺技术简单，水平低，附加值不高。或因生产工艺技术水平低等瓶颈，多层次深加工利用举步维艰，很多地方有资源，无产业，严重制约着水土保持植物资源的开发利用，制约着区域经济社会的可持续发展。

我国约有 2000 种植物具有较高的经济价值，但大多数并没有得到深度开发，其产业化水平并不高，开发利用技术体系尚不完善。水土保持植物资源的生物活性物质各种各样，提取、分离技术要求高，需要特定的加工工艺、新技术、新设备的支撑。然而，我国产地加工企业规模小，机械设备陈旧落后，技术性能低，多数只能做到原料收集或粗加工，由于产品质量上不去而停产的项目也不少，再加上开发利用时往往做不到统一组织，资源浪费和破坏十分严重，更谈不上规模经济效益。一些初级加工产品往往质量差，档次低，市场竞争力低，只能就近自产自销。目前，各地正不遗余力地扩大种植规模，但产后深加工相对落后，大部分植物品种根本没有加工，甚至连必备的保鲜冷储设施都不具备，因此，水土保持植物资源多以初级原料或半成品原料形态进入市场，后续产业十分薄弱。

1.3　高效水土保持植物资源建设与开发利用的意义

水土资源和生态环境是人类赖以生存发展的物质基础，在国民经济和社会发展中具有全局性、战略性的地位。水土保持最根本的目标就是实现"两个可持续"，即实现水土资源的可持续利用和生态环境的可持续维护。实践证明，高效水土保持植物资源建设与开发利用是实现"两个可持续"的最佳措施和有效途径。

（1）从我国水土资源面临的形势来看，虽然水土资源在总量上居世界前列，但人均占有量很少。水资源在时空上分布不均，导致水资源供需矛盾非常尖锐。降水量在 400mm 以下的区域占国土面积的 52.8%。南方缺土，北方缺水，很大程度上限制了水土资源的有效利用。随着人口的不断增加、现代化进程的加快，对水土资源的压力还在继续增加，而且人增地减的趋势在短期内又难以遏制，人地矛盾将更加突出，水土资源短缺必将成为经济社会发展的"短板"。高效水土保持植物资源建设的理念是指，在水土流失区，安排适应性好、有经济开发价值的水土保持植物，将每种植物逐步培育成一项产业，让企业获得开发利润，迅速扩大生产规模；让农民通过种植和出售原料增加收入，积极扩大资源面积；让国家获得生态效益和社会效益，从而更加重视水土保持植物措施建设工作。这样，通过发挥市场杠杆作用，反弹琵琶，以开发促进水土保持植物种植力度，增加水土保持植物资源保有面积，让有限的水土资源产生更大的经济效益。因此，发展高效水土保持植物资源建设对破解水土资源短缺、人地矛盾具有重要意义。

（2）水土资源具有基础性、有限性、脆弱性。基础性是指水土资源是人类赖以生存和发展的基础条件；有限性是指相对于不断增长的人类需要，地球能够提供给人类的水土资源及其承载力是有限的；脆弱性是指水土资源极易受到人类利用方式的影响，利用不当，其生产力会急剧下降。水土资源的这 3 个特性，决定了人类应该有效保护和合理开发，使之可持续地利用。大力发展和开发利用高效水土保持植物资源就是有效保护水土资源，是经济社会可持续发展的客观要求。

（3）我国生态环境的基础比较脆弱，承载力十分有限，仅沙漠、戈壁、冰川、永久冻土及石山、裸地等就占国土总面积的 28%。长期以来，我国在生态环境建设方面的欠账很多，特别是在过去几十年里，数量庞大的人口对生态环境形成了巨大而持久的压力。粗

第 1 章 总论

放的发展模式，以牺牲环境为代价，使本来就十分脆弱的生态环境更加不堪重负。我国经济社会活动的强度是世界平均水平的 3～3.5 倍，平均每人每年搬动的土石方量是世界平均值的 1.4 倍；自然灾害发生频率比世界平均水平高出 20%。因此，必须加大对生态环境保护和建设的力度，实现生态环境的可持续维护。生态环境具有整体性、约束性、不可逆性。整体性是指生态环境是相连相通的，任何一个局部环境的破坏，都有可能引发全局性的灾难，甚至危及整个国家和民族的生存；约束性是指生态环境的优劣直接关系到经济社会的发展，生态环境的恶化会削弱经济的可持续发展能力；不可逆性是指生态环境的支撑能力有一定的限度，一旦超过其承载能力，往往会造成不可逆转的后果，甚至引发生态灾难。生态环境的这 3 个特性，决定了人类应当树立保护生态环境的观念。高效水土保持植物资源建设与开发利用将生态和经济效益相结合，通过发展最优植物资源和产业，既治理了水土流失，又促进了经济发展，既实现了保护生态环境的目标，又解决了保护环境的经费问题和群众参与积极性的问题。

目前，我国农村发展严重滞后于城市。建设和谐社会、实现全面小康目标，关键在农村，难点在农村，最繁重的任务在水土流失地区。没有水土流失区农民的小康，就不可能实现全国农民的小康；没有水土流失区的和谐，就不可能构建社会主义和谐社会。根据国际经验和权威专家分析，现阶段乃至今后相当长的一段时间内，我国能够向城镇和工业转移的农村剩余劳动力是有限的，实现多数农民增收致富最现实的途径仍然是土地。同时，我国生态环境建设的重点也是在广大的农村。高效水土保持植物资源建设始终把保护水土资源、高效持续利用水土资源作为解决"三农"问题的基本点和着眼点。大量实践表明，种植和开发利用高效水土保持植物资源，就能够把水土资源保护好、利用好，把生态环境维护好，把适合当地的优势主导产业建立起来，就能脱贫，就能进一步巩固脱贫成果，贯彻乡村振兴战略。

1.4　高效水土保持植物资源建设与开发利用的主要内容

高效水土保持植物资源建设与开发利用的主要内容分为高效水土保持植物选择、优质植物品种选育和苗木培育、高效水土保持植物开发利用布局与建设。

（1）在全国水土保持二级区域内进行高效水土保持植物种类的选择。

1）按照植物是否具有良好水土保持作用，初选水土保持植物。所谓植物良好的水土保持作用，除基于多年来径流小区或流域观测试验资料外，还要根据其是否为多年生植物，植物冠层是否浓密、枯落物层是否丰厚、根系是否发达等条件加以界定。

2）按照其是否具有经济开发价值再行筛选。所谓经济开发价值，不是指简单的燃料、木料价值，而是指对果实、花、枝叶等地上部分，在不影响其水土保持作用的前提下，能够开发的价值。

3）调查高效水土保持植物的资源现状及发展潜力等，包括资源、企业和市场的调查，从而确定高效水土保持植物开发利用的主要方向，按照这些植物是否具有产业化开发的现状或潜力，进一步确定水土保持植物种。一种情况是，区域内已有一定规模的专业加工厂，但是植物资源面积不足，需要开展植物资源建设加以满足；另一种情况是，区域内的植物资源已有一定数量，但不够建加工厂的规模，需要通过引导、部署，使适宜水土保持植物种植的地区形成适度规模，并同步建设相应专业工厂，从而对植物资源建设加以拉动。

（2）选育优质植物品种和培育苗木。为形成一定规模植物资源和开发出高品质产品，应选育、培育优质植物品种和苗木，按照产业发展和种植园的栽培模式、种植技术进行典型设计，包括拟定资源林管护、运行模式和管理机制要求。

（3）进行高效水土保持植物开发利用布局与建设。高效水土保持植物开发利用布局与建设需在分区选育的基础上，通过相关产业对资源规模的要求和需求调查，来确定植物资源栽植规模。按照产业开发对资源规模的需求，来合理确定水土保持植物规划面积。产业布局可以根据植物规划范围，按省级或市级区域来合理安排。

第 2 章
高效水土保持植物的选择

2.1 选 择 原 则

高效水土保持植物区别于其他高附加值经济类植物的重要一点是，高效水土保持植物是根植于侵蚀劣地上的再生资源。因此，高效水土保持植物具有两个特点，一个是具有良好的水土流失治理效果，另一个是具有高附加值，因此，在配置高效水土保持植物中要遵循以下原则：

（1）要树立和落实可持续发展的理念。树立和落实可持续发展的理念就是要有效地保护和合理利用水土资源，有效地保护生态环境，既充分利用水土资源，又确保大自然能够承受，资源与环境不衰退；既考虑当前，又考虑长远；既顾及当代人，又顾及后代人，以水土资源的可持续利用和生态环境的可持续维护，支撑经济社会的可持续发展。

（2）要树立和落实以人为本的理念。树立和落实以人为本的理念就是要解决好群众当前迫切需要解决的问题。同时要帮助群众解决好长远发展的问题。找准结合点，把水土流失治理与长远的农业增产、农民增收和农村经济发展紧密结合起来。还要注意发挥群众的积极性、主动性和创造性。

（3）要树立和落实人与自然和谐的理念。树立和落实人与自然和谐的理念就是要深入研究水土资源和生态环境的承载能力，因地制宜，因水制宜，分类指导。根据水土资源、生态环境的承载能力，合理选择植物品种和种植规模。同时要处理好开发与保护中人与自然的关系。在开发资源、发展经济、满足人的需要的过程中，也要维护自然的平衡。

2.1.1 适地适树合理布局原则

（1）要适地适树（matching site with trees），即根据种植区域的生态环境条件，选择与之相适应的植物种类，使高效水土保持植物所要求的生态习性与栽植地点的环境条件一致或基本一致，做到因地制宜、适地适树。只有做到适地适树，才能创造出相对稳定的人工植被群落。适地适树的途径是多种多样的，但可以归纳为两条：第一条是选择，包括选地适树和选树适地；第二条是改造，包括改地适树和改树适地。科学的适地适树决策方法应以生态因子作用规律和树木生态学特性为基础，从每一生态因子与林木生长关系入手，对某一具体立地条件下的各种林木未来的生长情况作出定量预测，然后通过定量比较，确定出最佳适地适树方案。

（2）要确定合理的种植结构，包括水平方向上合理的种植密度（即平面上种植点的确定）和垂直方向上适宜的混交类型（即竖向上的层次性）。平面上种植点一般应根据成年植物所需土肥营养空间、人工抚育空间等来确定；但也要注意近期效果与远期效果相结合，如想在短期内就取得保水保土效果，就应适当加大密度，中途适当间伐。竖向上应考虑植物的生物学特性，注意将喜光与耐阴、速生与慢生、深根系与浅根系、乔木与灌木等不同类型的植物树种相互搭配，以在满足植物品种的生态条件下创造稳定的人工生态环境。

2.1.2 生态建设与产业开发相结合原则

高效水土保持植物种植包含两方面的含义，既要在治理改造侵蚀劣地上培育附加值高的植物资源，同时又要以资源基地的开发建设带动产业发展。这就要求，在取得经济成果时，一定要将栽植区域的侵蚀劣地恢复成为蓄水保土的高产经济区，高效水土保持植物的生态效益不能比常规水土保持林种差，在保证水土保持的保水保土效益的同时，追求经济成果，在植物品种选择、林种栽植配置方式等方面进行综合考虑，形成产业。

建立产业基地，保护、利用并举，通过植物资源建设促进植物产业开发，通过植物产业开发保护植物资源建设，种植（治理）与开发两者相互协调、相互促进、相得益彰，让农民获得原料收入，让企业获得开发利润，让国家得到生态、经济和社会的全面效益。在植物资源开发利用过程中，尽可能利用现代高新技术，对原材料、副产物和中间产物进行多层次深加工利用，提高资源利用率。

2.1.3 立足特色产业、区域化布局原则

为保证产业结构的区域性优势，应采取优良品种区域化布局原则，合理布局种植基地与生产基地的位置关系，保证区位优势最佳方案进行布局。交通运输条件对经济植物产品的商品化及产值具有重要影响。我国广大水土流失地区，地形复杂、交通不便，产品就地加工能力有限。因此，在选择经济植物栽培种（品种）时，应根据不同经济植物栽培种（品种）的产品特性和当地的交通运输条件等特点综合考虑。例如，在交通不便的区域，尽量选用产品易于储存、加工或对运输条件要求不严的经济植物栽培种（品种）。

同时，应进行优良品种的区域化布局。优良品种的区域化布局可以提高单位面积产量、改进产品品质、提高抗病害能力，减少农药污染、延长产品的供应和利用时期、适应集约化管理，节约资金等。

2.1.4 产业化原则

高效水土保持植物产业应与当地主导产业的发展相结合，发挥龙头企业的带动作用，实行产业化经营，通过"公司＋基地＋农户"的基本形式，以市场为导向，实现研发、生产、加工、销售一体化。同时应增强科技型企业、产业协会和其他农村合作经济组织的社会化服务功能，提高企业生产的组织水平，突出优势植物产品的产业化组织经营和管理，培育特色品牌和农牧业产业化龙头企业品牌。

经济发展和产业布局应紧密衔接，与资源环境承载能力相适应。高效水土保持林配置

要列入当地经济发展规划中，为发展规划中的组成部分，其经营方向应与当地产业规划的发展方向一致，并尽可能依托国家重点治理工程，将国家治理任务与区域产业结构有机结合起来，做到任务有来源、发展有方向。尽可能延长高效水土保持植物产品开发利用的产业链条，增加产品附加值。

2.1.5　可持续发展原则

高效水土保持植物产业发展既要将植物产业的社会、经济、生态效益有效而紧密地结合，增加农民收入，改变农村贫穷落后状况，又要注重保护和改善生态环境，合理、持续地利用自然资源，发展环境友好型、资源节约型绿色生态产业，实现本地区社会、生态和经济可持续发展。

2.2　选　择　依　据

按所在水土保持分区特点进行选择。首先根据所在地区（县、市）涉及的水土保持区域及区划布局特点，结合选择原则进行筛选确定。依照《全国水土保持规划（2015—2030 年）》（以下简称《全国水土保持规划》）中的水土保持区划，全国共划分 8 个一级区（东北黑土区、北方风沙区、北方土石山区、西北黄土高原区、南方红壤区、西南紫色土区、西南岩溶区和青藏高原区）、40 个二级区和 115 个三级区。

2.2.1　东北黑土区

东北黑土区位于我国东北部，是世界三大黑土带之一。东北黑土区既有丰富的森林资源，黑龙江和嫩江等河流主要水源涵养林区，又是我国湿地集中分布区、重要粮食生产区，重要能源、装备制造业、新型原材料基地。

《全国水土保持规划》确定东北黑土区的根本任务是保护黑土资源，保障粮食生产安全，合理保护和开发水土资源，促进农业可持续发展。根据高效水土保持植物的"选择原则"，该区高效水土保持植物资源建设与开发重点是，积极推动漫川漫岗区坡耕地植物埂带建设，重视黄花菜、紫花苜蓿、芦笋等在埂带建设中的运用；重视农林镶嵌区的植物片、带建设，在开展红松等用材类经济树种基地建设的同时，抓好笃斯、果幕、树锦鸡儿等小浆果类植物在林缘区的建设，培植小浆果类植物资源产业；推广辽东楤木、蒙古沙棘、刺五加等在侵蚀沟谷沟沿线周边及沟谷地的种植，通过植物封沟建设，强化汇流线路，减少水土流失。

2.2.2　北方风沙区

北方风沙区是我国戈壁、沙漠、沙地和草原的主要集中分布区，是我国最主要的畜牧业生产区和绿洲粮棉生产基地，重要的能源矿产和风能开发基地，也是我国沙尘暴的发生地。该区人口稀少，生态脆弱，草场退化和土地沙化问题突出，风沙严重危害工农业生产和群众生活；水资源缺乏，河流下游尾闾绿洲萎缩；局部地区能源开发活动规模大，植被破坏和沙丘活化严重。

《全国水土保持规划》确定北方风沙区的根本任务是防风固沙，保护绿洲农业，优化配置水土资源，调整产业结构，改善农牧区生产生活条件，保障工农业生产安全，促进区域社会经济发展。结合"选择原则"，该区高效水土保持植物资源建设与开发重点是：北疆环准噶尔盆地以出口创汇为主要目标，建设以蒙古沙棘为主体的生态经济产业体系，以沙枣、文冠果等灌木为主体的绿洲防风固沙林体系；加强农牧交错地带以杏、蒙古扁桃等植物资源建设为主的水土流失综合治理；以白刺、梭梭、沙拐枣等野生多功能植物资源为主实施沙地保护和修复，培育沙产业，提升其综合开发潜力；南疆地区突出以扁桃、阿月浑子等特色经济树种的规模化种植，搞大搞活特色植物资源产业。

北方风沙区植物多以防风固沙为主要目的，应配置在丘间低地或地下水水位较高的立地条件下，其他立地类型要考虑搭配灌溉设施。如蒙古沙棘是新疆乡土树种，自然分布在丘间低地或河漫滩，新引进的蒙古沙棘优良品种（大果沙棘）除应布设在这些立地类型外，其余海拔稍高一些的坡地，一定要配有灌溉设施，否则很难成功。中国沙棘在内蒙古中部高原丘陵区（Ⅱ-1）是引入种，应栽植在河滩地、阴坡下部等立地类型。而核桃、枣树、扁桃、阿月浑子等经济树种，必须进行灌溉方可生长发育，发挥其生态经济功能。

2.2.3 北方土石山区

北方土石山区位于我国中东部地区，区内的燕山和太行山是华北重要的供水水源地；黄淮海平原是我国重要的粮食主产区；东部低山丘陵区为农业综合开发基地。北方土石山区水土流失的突出问题主要有：由城市集中、开发强度大造成的人为水土流失和水生态问题；黄河泥沙淤积、黄泛区风沙危害严重；山丘区耕地资源亏缺、水源涵养能力低，水土流失严重，局部地区山地灾害频发。

《全国水土保持规划》确定北方土石山区的根本任务是保障城市饮用水安全和改善人居环境，改善山丘区农村生产生活条件，促进农村社会经济发展。结合"选择原则"，北方土石山区高效水土保持植物资源建设与开发重点是：积极开展京津风沙源区山杏、花红、欧李等水土保持植物资源基地建设，有效防止就地起沙；重视城郊及周边地区生态清洁型小流域建设中的植物资源配置工作，立体配置各类旱生植物为主的"截沙"和以水生植物为主的"滤水"两条植物带，特别要加强河湖滨海植被带保护与建设；加强山丘区小流域综合治理中的油松、白蜡树等植物资源基地建设工作，发展"燕山栗"（板栗）、黄连木等特色植物资源产业。

2.2.4 西北黄土高原区

西北黄土高原区位于黄河上中游地区，是中华文明的发祥地，同时，西北黄土高原区也是世界上面积最大的黄土覆盖地区和黄河泥沙的主要发源地，是全球水土流失最为严重的地区；是阻止内蒙古高原风沙迁移的生态屏障；也是我国重要的能源重化工基地。西北黄土高原区水土流失严重，泥沙下泄，影响黄河下游防洪安全；坡耕地多，水资源匮乏，粮食产量低而不稳，农村人均收入普遍较低；植被稀少，草场退化，部分区域沙化严重；局部地区能源开发导致水土流失加剧。

《全国水土保持规划》确定西北黄土高原区的根本任务是拦沙减沙，保护和恢复植被，保障黄河下游安全；实施小流域综合治理，促进农村经济发展；改善能源重化工基地的生态环境。结合"选择原则"，西北黄土高原区高效水土保持植物资源建设与开发重点是，大力推动粗泥沙集中来源区山杏、中国沙棘、花红等水土保持植物资源基地建设，有效配置有区域特色的植物资源加工产业；重视陕甘宁老区中国沙棘资源基地建设工程，治山治水治穷；大力开展东北部沙地、盖沙地的长柄扁桃生态产业基地建设和东南部高原沟壑区翅果油树生态产业基地建设；加强西北部风沙区植被恢复与草场管理，开展紫花苜蓿、沙打旺和红豆草等优良牧草种植，促进畜牧业稳定健康发展；狠抓能源重化工基地以中国沙棘为主体的植被恢复工作，在地下化石能源逐渐枯竭地之上再造一个绿色植物资源能源基地。

长柄扁桃主要布设在陕蒙风沙区的缓坡梁顶和梁峁坡。核桃、柿、枣树应安排在沟滩地。紫花苜蓿、沙打旺主要布设在坡度 25°以上的陡坡耕地。黄花菜主要作为地埂植物带状栽培。其余大部分植物布设在梁峁顶、梁峁坡等立地类型。

2.2.5　南方红壤区

南方红壤区位于我国东南部，拥有长江、珠江三角洲等重要的优化开发区，是重要的粮食、水产品、经济作物和水果生产基地，速生丰产林、有色金属和核电生产基地。南方红壤区人口密度大，人均耕地少，农业开发强度大，坡耕地比例大，水土流失严重；山丘区经济林和速生丰产林分布面积大，林下水土流失严重，局部地区崩岗危害严重；水网地区河岸坍塌，河道淤积，水体富营养化严重。

《全国水土保持规划》确定南方红壤区的根本任务是维护河湖生态安全，改善城镇人居环境和农村生产生活条件，促进区域社会经济协调发展。结合"选择原则"，南方红壤区高效水土保持植物资源建设与开发重点是，积极开展山丘区坡耕地中以苎麻、黄花菜为主的水土保持植物带、片建设工作，发展"中国草"等特色民族产业；开展河湖库沿岸及周边山丘区以杜仲、厚朴、乌桕等为主的植物资源建设工作，培育水土保持生态文明基地；做好崩岗区工程治理后以油茶、茶树、花椒等灌木为主的"经济型"水土保持植物资源基地建设工作。

2.2.6　西南紫色土区

西南紫色土区位于我国西南部，是中西部地区重点开发区和重要的水稻及农产品区，重要的有色金属矿产生产基地；是重要的水电资源开发区，有长江最重要的控制性工程——三峡水库和南水北调中线工程的水源地——丹江口水库。西南紫色土区是长江主要沙源地，人口密集，人均耕地少，坡耕地广布，森林过度采伐，水电、能源和有色金属等开发建设强度大，水土流失严重，地质灾害频发。

《全国水土保持规划》确定西南紫色土区的根本任务是：控制山丘区水土流失，合理利用水土资源，提高土地承载力，改善农村生产生活条件；防治山地灾害，改善城镇人居环境。结合前述高效水土保持植物资源筛选原则，西南紫色土区高效水土保持植物资源建设与开发重点是，开展坡耕地苎麻、黄花菜、蓖麻等多年生草本经济植物种植；加强山丘区以核桃、板栗、柿等林果资源，油桐、乌桕等生物柴油资源，以及杜仲等多功能战略资源为主的植物资源基地建设；通过水库周边地区植物保护和建设工作，提高水源涵养、截滤泥沙和消除面源污染的能力。

西南紫色土区水土流失主要发生在坡耕地区和部分土层较厚的山丘区。陡坡耕地主要布设苎麻、黄花菜等水土保持植物；核桃、板栗、柿等布设在坡麓土层稍厚之处；其余植物则布设在山丘中上部。

2.2.7　西南岩溶区

西南岩溶区位于我国西南部，是我国少数民族聚集区和重要生态屏障，蕴藏最丰富的水电资源，有我国重要的有色金属及稀土等矿产基地。该区岩溶石漠化严重，耕地资源短缺，陡坡耕地比例大，存在严重的工程性缺水，农村能源匮乏，贫困人口多，山区滑坡、泥石流等灾害频发等问题，而水电、矿产开发加剧了该地区的水土流失。

《全国水土保持规划》确定西南岩溶区的根本任务是保护耕地资源，提高土地承载力，优化配置农业产业结构，保障生产生活用水安全，加快群众增收致富，促进经济社会持续发展。结合"选择原则"，西南岩溶区高效水土保持植物资源建设与开发重点是，积极开展坡改梯及坡面水系工程建设，发展核桃、油茶、油橄榄等特色植物资源产业；加强滇黔桂石漠化区以金银花、青风藤、余甘子等为主的水土保持植物资源基地建设，特别是要大力推动金银花资源基地建设工程，增加区域活力；狠抓干热河谷区（滇北及川西南高山峡谷区）油桐、麻风树、光皮树等水土保持植物资源基地建设，为生物柴油开发保障资源供给。

西南岩溶区石漠化十分严重，金银花、青风藤、刺梨等藤本、灌木可布设在裸石缝隙间；核桃、漾濞核桃（泡核桃）、板栗等宜布设在坡麓土层稍厚处；其余植物宜布设在中低山的中上部。

2.2.8　青藏高原区

青藏高原区是长江、黄河和西南诸河的发源地，有丰富的高原湿地与湖泊，是我国西部重要的生态屏障，也是淡水资源和水电资源最为丰富的地区。区内地广人稀，冰川退化，雪线上移，湿地萎缩，植被退化，水源涵养能力下降，自然生态系统保存较为完整但极端脆弱。

《全国水土保持规划》确定青藏高原区的根本任务是维护独特的高原生态系统，保障江河源头水源涵养功能；保护天然草场，促进牧业生产。结合前述高效水土保持植物资源筛选原则，该区高效水土保持植物资源建设与开发重点是，狠抓高原河谷及柴达木盆地周边农业区水蚀和风蚀区以白刺、黑果枸杞等为主的水土保持植物资源建设，逐步培育生态产业基地；适度开展高山峡谷区木姜子、山鸡椒等水土保持植物资源种植，做好战略性植物资源储备。

青藏高原区水土保持植物种植工作属于初步实践阶段。柴达木盆地荒漠地区，在地下水水位较高处，种植白刺、黑果枸杞和中国沙棘；在若尔盖—江河源高原山地区和藏东—川西高山峡谷区的坡面，试验种植西藏沙棘、云南沙棘和中国沙棘。

2.3 选 择 方 法

2.3.1 常规查询

通过各类植物资源库网站进行初步筛选，在此推荐的部分网站如下：

（1）http：//www. cfsdc. org（国家林业和草原科学数据中心）。

（2）http：//db. kib. ac. cn（中国植物物种信息数据库）。

（3）http：//www. scpri. ac. cn/html/modules/client/index. php（四川省植物资源信息网）。

（4）http：//ppbc. iplant. cn（PPBC 中国植物图像库）。

（5）http：//www. genobank. org（中国西南野生生物种质资源库）。

（6）http：//www. nsii. org. cn/2017/home. php（国家标本资源共享平台）。

（7）http：//www. cvh. ac. cn（中国数字植物标本馆）。

（8）http：//www. cfh. ac. cn（自然标本馆）。

（9）http：//www. cn－flora. ac. cn（在线中国植物志）。

（10）http：//www. bhl－china. org/bhl（生物多样性遗产图书馆中国节点）。

（11）http：//www. cncdiversitas. org（国际生物多样性计划中国国家委员会）。

2.3.2 全国高效水土保持植物信息库查询

2011 年以来，水利部沙棘开发管理中心（水土保持植物开发管理中心）围绕高效水土保持植物种植规模、开发利用、市场潜力及植物资源优良品系等进行调研。掌握了全国 100 多种高效水土保持植物资源现有的面积、生态习性、生长条件、栽培模式和技术水平、植物基础成分方面的研究成果、产业化的规模及未来开发利用的前景。中心在这些数据的基础上，经过筛选，按照全国水土流失类型分区，划分出各分区的适生高效水土保持植物和开发利用方向。针对调研的资料，建立便于保存、便于查找、便于在全国水土保持重点工程中推广应用的高效水土保持植物信息库，为全国不同水土流失区治理提供适宜、高效、保水、保土的水土保持植物，提高水土保持植物资源的质量、数量和经济附加值。

全国高效水土保持植物信息库建设是水利部沙棘开发管理中心（水土保持植物开发管理中心）近几年的工作重点之一，它是一个在整理植物志等教科书内容的基础上，涵盖其他相关植物网站和百度等查询网站查询结果，并通过实地调研得到的较为全面的高效水土保持植物信息库，见图 2.1～图 2.3。

全国高效水土保持植物信息库查询方法如下：

（1）由面到点，通过全国水土流失类型分区，可查询到二级分区内的适宜高效水土保持植物种类，包括名称（学名、俗名、拉丁名）、科属、地理分布、植物分类（乔灌草等），以及生物生态学特性等植物的基本特征。单击具体的植物种类，可以查询到栽培技术、开发利用价值、资源现状、产业发展现状、现有产品及市场需求，以及最终的资源建设和产业布局。

图 2.1 全国高效水土保持植物信息库一级页面

图 2.2 全国高效水土保持植物信息库二级页面

图 2.3 全国高效水土保持植物信息库三级页面

（2）由点及面，可按照不同的需求，如科属、分类、生物生态学特征，以及主要开发的产品分类等多种条件查询，直接查到各种符合条件的高效水土保持植物种类，进而通过单击该植物的详细信息，获取其适生的水土流失类型区以及栽培方式等，见图 2.4 和图 2.5。

图 2.4　由点到面查询

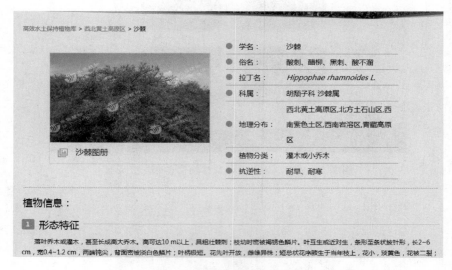

图 2.5　植物的详细信息查询

全国高效水土保持植物信息库于 2011 年建立，并不断进行更新与补充。多年来，水利部沙棘开发管理中心（水土保持植物开发管理中心）每年开展对全国各水土流失类型区高效水土保持植物的调研，通过调查问卷、与地方水保和林业部门以及当地企业座谈等多种形式，获得最新的当地高效水土保持植物种类，掌握其资源建设与开发利用的最新动态，从而补充进入该信息库，形成一个时时更新的动态的具有大信息量的数据库，能够满足全国水土保持技术人员在水土保持工作中，快速准确地挑选出当地适宜发展的高效水土保持植物种类，使信息库成为一种高效和高利用率的信息查询工具。

2.3.3 植物资源调查

植物资源调查是以植物科学，包括植物分类学、植物资源学、植物生态学和植物地理学等为基础理论指导，通过周密的调查研究了解某一地区植物资源的种类、用途、储量、生态条件、地理分布、利用现状、资源消长变化及更新能力以及社会生产条件等。高效水土保持植物资源调查是按照拟定的调查计划，开展对一定区域的高效水土保持植物资源种类、分布、储量等实际情况的调查。掌握高效水土保持植物资源自然状况真实的资料，是高效水土保持植物资源调查的基础工作，也是最重要的一个环节，资料是否全面、准确将直接影响植物资源调查的结果，并对挖掘新资源，揭示植物资源分布及利用工作中存在的问题，实施高效水土保持植物规划等方面产生影响。

2.3.3.1 植物资源调查原则与方法

1. 植物资源调查原则

（1）遵循辩证唯物主义原则，尊重自然规律。了解国家有关政策和植物资源利用与保护的法律法规，从调查地区的全局出发，历史地、发展地分析高效水土保持植物资源消长变化情况。

（2）明确调查对象及调查重点。依据植物分类学、植物资源学、植物生态学和植物地理学等基础理论与专业知识，明确高效水土保持植物资源调查方法，制定周密的调查工作计划，在充分分析调查地区高效水土保持植物资源分布、利用以及市场状况的基础上，明确调查重点。

（3）紧密结合社会生产条件和市场发展前景，防止脱离生产实际的资源调查。高效水土保持植物资源调查是认识自然的过程，以制定高效水土保持植物资源持续开发利用和保护管理的总体生产规划为最终目标，因此高效水土保持植物资源调查应与资源评价、生产和保护的需求紧密结合。

2. 植物资源调查准备

（1）确定调查区域。根据调查目的、任务以及调查对象，确定调查工作涉及区域范围，并据此收集相关资料。

（2）调查地区的资料收集分析。调查前的准备工作是调查工作能够顺利完成的前提保证，主要准备工作包括收集整理与高效水土保持植物资源相关的书籍文献、历史调查资料、地区植物资源状况、植被类型、分布及利用资料，并初拟名录。

收集调查地区的有关调查地行政区划、地理位置、地形地貌、土壤、植被、气候等资料，为拟定合理的调查方法和路线做基础。

收集调查地区有关社会经济状况的资料，分析植物资源生产的社会经济和技术条件。

（3）调查工具准备。高效水土保持植物资源调查需准备的仪器设备包括相机、电脑、GPS遥感定位设备、坡度坡向仪、望远镜、轮尺、皮尺、土壤刀、小锄头、样方线等。

高效水土保持植物资源调查需准备的标本采集及处理设备有采集桶（袋）、枝剪、标本夹、放大镜、标本烘烤架、吹风机、吸水纸、透明纸、封口袋、浸制试剂等。

高效水土保持植物资源调查需准备的基本记录工具有调查用表、调查用图、铅笔、粉笔、油性笔、记录本、标签、工作包等。

此外，野外调查人员需携带少量应急药品、防护服、安全用具等物品。

（4）人员组织与责任分配。组织水土保持、植物学及地理信息系统等学科专业人员与有经验的生产技术人员，组建高效水土保持植物资源调查队，按照调查内容分组，明确责任和任务。

（5）制定调查计划。明确调查范围、调查内容、调查方法、调查时间、调查频次、保障措施等，制定高效水土保持植物资源调查计划。

3．植物资源调查方法

（1）样方法。对高效水土保持植物资源物种丰富、分布范围相对集中、分布面积较大的地段或者均匀散生、连片分布面积大的目的物种可采用样方法。样方法是按典型抽样调查的原理与方法，布设典型样方，对目的物种进行调查。

主样方需选取代表性地段设置，不能设置在群落边缘。副样方设置在主样方 4 个对角线方向，间距同主样方边长。样方面积因目的物种生活型而异。一般来说，乔木树种及大灌木样方面积为 10m×10m 或 20m×20m，样方通常设置为正方形（若设置为长方形，短边不小于 5m）；灌木树种及高大草本样方面积为 5m×5m；草本植物样方面积为 1m×1m；藤本物种样方面积参考生长群落，如乔木林样方面积可为 20m×20m。

（2）样线（带）法。样线（带）法是指按一定路线行走，调查记录路线附近一定范围内出现的高效水土保持植物物种。对于物种不十分丰富、分布范围相对分散，种群数量较多的区域适宜采用样线（带）法。

（3）全查法。全查法就是对调查区域内的高效水土保持植物物种的全部个体进行调查，实测分布面积、数量等的调查方法。对于物种稀少、分布面积小，种群数量相对较少的区域适合采用全查法。在调查区域，通过全查，记录调查区域内种群数量、面积、密度、盖度、地形等。

（4）核实法。在全面收集资料的基础上，对记载资料进行分类整理，在地形图上标记分布点，然后通过全查进一步调查核实其面积、种群数量等，补充以往调查资料。调查过程中和样方法一样进行调查取样，填写物种群落概况。

对分布区域狭窄、分布面积较小、种群数量稀少，且经过多次调查积累了较完整资料的区域，其分布地点、范围和资源都较清楚，便于复核的，采取核实法。

（5）访问及市场调查法。对调查区域内有调查历史和调查记录的区域进行走访和调查。在全面收集调查记录的基础上，对原有记载的资料进行分类整理，在相关单位、部门配合下进行调查访问。

（6）综合调查法。对于某一小范围的单一物种而言，一般只需一种调查方法就可以调查清楚。但同一物种在不同地区可能需要用不同方法进行调查，或者由于地形复杂、物种生态习性的多样性和历史、人为等原因，用一种方法无法完成调查时，需因地制宜综合运用样方法、全查法、核实法、访问及市场调查法等多种方法。

4．资料汇总

调查资料汇总主要内容是系统梳理调查所得原始资料、采集各类标本及样品，按照专题分类装订成册，编制目录，进行数据统计，绘制成果图件，对资源现状、开发利用中存在的问题、开发利用潜力和保护管理等方面做出科学评价，提出合理化建议。

其中，绘制成果图件可利用 1∶10 万地形图生成流域边界，用 ERDAS 软件对遥感影像进行几何精校正、图像处理、边缘增强等一系列处理，结合 1∶100 万中国植被图、1990 年 TM 遥感解译土地利用图和 GPS 实地定点考察以及已知的地物，建立训练样本对影像进行监督分类，参考 IGBP 分类标准。勾绘出森林植被分布区域，将其划分为常绿阔叶与落叶阔叶混交林、针阔混交林、亚高山针叶林、高山灌丛草甸和流石滩植被等类型。

2.3.3.2　植物资源调查取样

　　取样是植物资源调查工作的基础和主要内容。取样原则是外貌一致、种类成分一致、生境特点一致、结构形态接近、生态特征接近、群落环境接近。

　　1. 无样地取样

　　由于森林植被调查时典型抽样技术主观性大，因此常用无样地抽样技术进行森林群落特征调查，即没有规定面积，并采取中心点-四分法取样，示意图见图 2.6。

　　在抽样地段内设置一系列随机点（一般设置 20 个左右），用罗盘仪沿基线及其垂线方向把围绕各点的面积划分为四个象限，于每个象限中找到离中心随机点最近的目标个体，并记载该植物名称等信息。

　　2. 有样地取样

　　样地面积一般根据植物群落最小面积原则确定，即在一定范围内随着样地面积增大，样地内植物种数量也在增加，但当达到并超过一定面积时，植物种类数量增加减慢，通常把植物种面积曲线转折点作为取样最小面积。

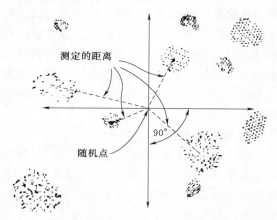

图 2.6　中心点-四分法取样示意图

　　群落结构越复杂，组成群落的植物种类越多，相应的最小面积就越大。取样数目则取决于研究对象的性质和所预期的种类。取样数目可在确定最小取样面积基础上，用取样数目（横坐标）与野生植物资源某种相对储量（纵坐标）特征关系曲线确定。其中，植物资源储量需按照调查表记录有关内容，包括样地地理坐标、样地与样方号、样方面积、调查时间、地点、群落类型，以及样方内植物的高度、盖度、密度生物量、利用部位生物量、基径、胸径、冠径等。一般来说，取样数目越多，代表性越好；取样误差和取样数目的平方成反比。具体做法如下：

　　选取典型样地，随机设置样方，草本 1m×1m 或 2m×2m，灌丛 5m×5m，乔木 10m×10m 或 20m×20m。记下所有调查植物种类、性状，草本、灌木、乔木等物候期营养期及花、果期。在调查过程中，对不能确定的物种采集标本进行编号，拍摄植物群落外形、结构，植物个体花、果、叶、枝条照片，并进行记录。参考以往的植物标本及相关文献资料，对该物种进行进一步了解。

　　依据文献资料和专家意见对所调查的植物进行筛选分类。根据调查过程中发现的植株数量确定资源蕴涵量为极多、较多、一般、稀少或极少，依据调查过程中同种植物出现在不同样地中的次数确定资源分布情况为极广、较广、一般、狭窄或极狭。对于样地处于陡峭的岩石、峡谷、深水区等不能进入的区域，则放弃该样点。

利用相机拍摄植物整株图片和花、果、叶等局部特征图片；利用小锄头采挖植物小苗，并用湿水的棉花包裹根部，放入封口袋，小苗枝叶露出，用绳子扎紧袋口，挂上标签并在其上记录下时间、地点，带回种植。或采集成熟种子放入采集袋，同样写好标签，带回播种。对于一些少见的植物、不认识的植物尽量选取带花果枝条用枝剪剪下，放入封口袋，留待制作标本，对不认识的植物通过查阅植物志解剖鉴定。因所带植物志有限，暂时不能鉴定的，返回基地查阅其他资料进行鉴定或请教有关专家。

2.3.3.3　植物资源分布

我国南北跨纬度 49°，其中东部地区从南到北，依次分布有热带季雨林、亚热带常绿阔叶林、温带落叶阔叶林、温带草原、温带落叶阔叶林、寒温带落叶针叶林等植被类型；东西跨经度 63°，其中北部地区从东到西，依次分布有森林、森林草原、草原、荒漠草原、荒漠等植被类型。同时，我国西南高山峡谷地区的高山和台湾山地北部，其水平位置属于亚热带，典型的地带性森林是以常绿阔叶林为特征的亚热带森林，但由于纬度低、山体高，因而海拔从低至高又依次分布着常绿阔叶林、落叶阔叶林、针阔混交林、针叶林、灌木带、草甸、苔原等植被类型。因此，辽阔的国土形成我国自然条件得天独厚的多样性，从而孕育着丰富多样的植物资源，为高效水土保持植物资源开发利用提供了便利的条件。

1. 东北黑土区

东北黑土区，即东北山地丘陵区，包括黑龙江、吉林、辽宁和内蒙古 4 省（自治区）共 244 个县（市、区、旗），土地总面积约 109 万 km²。东北黑土区主要分布有大小兴安岭、长白山、呼伦贝尔高原、三江平原及松嫩平原；主要河流涉及黑龙江、松花江等；属温带季风气候区，大部分地区年均降水量为 300～800mm；土壤类型以黑土、黑钙土、灰色森林土、暗棕壤、棕色针叶林土为主；主要植被类型包括落叶针叶林、落叶针阔混交林和草原植被等，林草覆盖率为 55.27%。东北黑土区以土壤保持、生态维护和水源涵养为主要水土保持功能，黑土资源和森林植被保护是该区水土保持的主要方向。

该区气候较为寒冷，分布或栽培的高效水土保持植物资源，除榛树和红松等坚果类外，大部分为浆果类植物，如蒙古沙棘（大果沙棘）、笃斯（蓝莓）、果莓（红树莓）、黑茶藨子（黑加仑）、蓝靛果、山刺玫、山葡萄等。

2. 北方风沙区

北方风沙区，即新甘蒙高原盆地区，包括甘肃、内蒙古、河北和新疆 4 省（自治区）共 145 个县（市、区、旗），土地总面积约 239 万 km²。北方风沙区主要分布有内蒙古高原、阿尔泰山、准噶尔盆地、天山、塔里木盆地、昆仑山、阿尔金山，区内包含塔克拉玛干、古尔班通古特、巴丹吉林、腾格里、库姆塔格、库布齐、乌兰布和沙漠及浑善达克沙地，沙漠戈壁广布；主要涉及塔里木河、黑河、石羊河、疏勒河等内陆河，以及额尔齐斯河、伊犁河等河流；属温带干旱半干旱气候区，大部分地区年均降水量为 25～350mm；土壤类型以栗钙土、灰钙土、风沙土和棕漠土为主。北方风沙区由于土壤、水热条件稍差，主要植被类型包括荒漠草原、典型草原以及疏林灌木草原等，荒漠、戈壁区基本不适宜植被生长，鲜有植被分布，全区平均林草覆盖率为 31.02%。北方风沙区以农田防护、防风固沙和生态维护为主要水土保持功能，绿洲农区防护、沙地及退化草原治理和现有森林草原的保护是该区水土保持的主要方向。

北方风沙区的高效水土保持植物主要有蒙古沙棘、中亚沙棘、沙枣、文冠果、扁桃、阿月浑子、枸杞等。

甘肃主要种植棉花、蓖麻、芝麻、甜菜、苏子、向日葵、大蒜、茶叶、啤酒花等经济作物；文冠果、苍耳、沙蒿、水柏、野核桃、油桐等油料植物；罗布麻、浪麻、龙须草、马莲、芨芨草等纤维和造纸原料植物；橡子、沙枣、沙米等淀粉及酿造类植物；栓皮栎、五倍子、槐等化工原料及栓皮类植物；中华猕猴桃、樱桃、山葡萄、枇杷、板栗、沙棘等果实可食用植物；枸杞等药用植物；蕨菜、黄花菜等特种食用植物。

内蒙古有樟子松、落叶松、甜杨、荨麻、大叶草、芦苇、蒲、沙柳、红柳等造纸、编织、制绳、人造纤维用纤维植物；麻黄、枸杞、金莲花等药用植物；榛、山杏、文冠果等油料植物；越橘、笃斯、悬钩子、红豆、山樱桃、沙棘、山楂、山荆子、秋子梨、蔷薇果等。百合类、石蒜类等50多种植物在印染和淀粉工业中有重要用途。

新疆盛产苹果、葡萄、梨、桃、杏、西瓜、核桃、桑葚（黑桑、大白桑、粉桑、药桑）、枸杞，栽培地区遍及全疆。南疆种植红枣、无花果、哈密瓜、巴丹木、巴仁杏。北疆种植石河子蟠桃、炮台红甜瓜。

3. 北方土石山区

北方土石山区即北方山地丘陵区，包括河北、辽宁、山西、河南、山东、江苏、安徽、北京、天津和内蒙古10省（自治区、直辖市）共662个县（市、区、旗），土地总面积约81万 km²，划分为6个二级区、16个三级区。北方土石山区主要包括辽河平原、燕山太行山、胶东低山丘陵、沂蒙山泰山以及淮河以北的黄淮海平原等；主要河流涉及辽河、大凌河、滦河、北三河、永定河、大清河、子牙河、漳卫河，以及伊洛河、大汶河、沂河、沭河、泗河等；属温带半干旱、暖温带半干旱及半湿润气候区，大部分地区年均降水量为400~800mm；主要土壤类型包括褐土、棕壤和栗钙土等；植被类型主要为温带落叶阔叶林、针阔混交林，林草覆盖率为24.22%。该区以土壤保持、农田防护和水源涵养为主要水土保持功能，山丘区土地资源保护、植被建设与保护、农田防护林网建设是该区水土保持的主要方向。目前部分区域有较为丰富的高效水土保持植物资源，包括核桃、枣、板栗、山杏、花红、欧李等，分布情况如下：

辽西低山丘陵区（Ⅲ-1-2tj）多为无林山地，多在低坡和凹地种植果树及发展畜牧业。梨、大枣、山杏和酸枣资源十分丰富，荆条资源分布广。

辽东丘陵区（Ⅲ-1-3rz）是我国主要的柞蚕基地，种植有麻栎、辽东栎林和蒙古栎等栎林，部分有萌生林，也有人工林。丹东市有栎林 $20\times10^4hm^2$，柞蚕茧产量占全省的40%，占据了全国市场的30%，占全世界总产量的25%。同时，该区是我国重要的暖温带水果产区之一，北部以苹果、山楂为主，南部有苹果、梨、大樱桃、水蜜桃、葡萄、板栗等生产基地。

冀北山地丘陵区（Ⅲ-2-2hw）多有油松林、辽东栎林、槲栎林，迁西、兴隆、遵化栽植板栗，兴隆县还盛产猕猴桃、山楂，均为高效水土保持植物。

冀西北间山盆地灌丛、草原区（河北西北部）主要栽植有苹果、葡萄等经果植物，款冬等药用植物，毛榛子、沙棘、文冠果等木本粮油植物。

太行山丘陵盆地（Ⅲ-3）盐碱地多种植向日葵、蓖麻和甜菜，主要高效水土保持植物有苹果、梨、葡萄、核桃、花椒、枣、翅果油树等。

河南林州种植山楂、核桃、黄连木、竹等植物。

山东东部胶东半岛（Ⅲ-4-1xt）瘠薄的丘陵为水果主产区，主要高效水土保持植物有苹果、梨、金银花、葡萄（大泽山龙眼葡萄）、桃、杏、樱桃（烟台）、柿、板栗、山楂等。

4. 西北黄土高原区

西北黄土高原区包括山西、陕西、甘肃、青海、内蒙古和宁夏6省（自治区）共271个县（市、区、旗），土地总面积约56万 km²。西北黄土高原区主要分布有鄂尔多斯高原、陕北高原、陇中高原等；主要河流涉及黄河干流、汾河、无定河、渭河、泾河、洛河、洮河、湟水河等；属暖温带半湿润、半干旱气候区，大部分地区年均降水量为250～700mm；主要土壤类型有黄绵土、褐土、垆土、棕壤、栗钙土和风沙土；植被类型主要为暖温带落叶阔叶林和森林草原，林草覆盖率为45.29%。该区以土壤保持、蓄水保水和拦沙减沙为主要水土保持功能，坡耕地及侵蚀沟道综合治理、入黄泥沙控制、小型水利水保设施建设是该区水土保持的主要方向。近些年，翅果油树、长柄扁桃、沙棘、花红、山杏等高效水土保持植物在该区发展较好。

陕北中东部地区（Ⅳ-2）的主要高效水土保持植物为花椒、苹果、核桃、红枣、桑、杏、桃、李、油菜、黄芥、芝麻、文冠果等。

5. 南方红壤区

南方红壤区，即南方山地丘陵区，包括江苏、安徽、河南、湖北、浙江、江西、湖南、广西、福建、广东、海南、上海、香港、澳门和台湾15省（自治区、直辖市、特别行政区）共888个县（市、区），土地总面积约127.6万 km²，划分为9个二级区、32个三级区。南方红壤区主要包括大别山、桐柏山、江南丘陵、淮阳丘陵、浙闽山地丘陵、南岭山地丘陵及长江中下游平原、东南沿海平原等；主要河流湖泊涉及淮河部分支流，长江中下游及汉江、湘江、赣江等重要支流，珠江中下游及桂江、东江、北江等重要支流，钱塘江、韩江、闽江等东南沿海诸河，以及洞庭湖、鄱阳湖、太湖、巢湖等；属亚热带、热带湿润气候区，大部分地区年均降水量为800～2000mm；土壤类型主要包括棕壤、黄红壤和红壤等；主要植被类型为常绿针叶林、阔叶林、针阔混交林以及热带季雨林，林草覆盖率为45.16%。该区以土壤保持、人居环境维护和水源涵养为主要水土保持功能，坡改梯及配套设施建设、崩岗及林下水土流失治理、清洁小流域建设及水源地保护是该区水土保持的主要方向。该区有较为丰富的高效水土保持植物资源，包括苎麻、茶、油茶、竹、橡胶、油棕、椰子、芒果、菠萝蜜、凤梨等，分布情况如下：

苏南地区（Ⅴ-1）农业比较发达，为主要的粮食基地，主要高效水土保持植物为桃、梨、桑和茶树，以及薄荷、油菜。

江淮丘陵区（Ⅴ-1）的主要高效水土保持植物为漆树，漆树是加工生产天然涂料、油料和木材的兼用树种。

桐柏大别山山地丘陵区（Ⅴ-2-1）的高效水土保持植物主要有乌桕、油桐、漆树、秃叶黄皮树等油料植物；板栗、柿、胡桃、桃、杏等果树；油菜等经济作物；凹叶厚朴、杜仲、乌桕、石斛、金钱草、金银花、杜仲、厚朴等百余种药用植物。

江淮丘陵区（Ⅴ-2-2）的高效水土保持植物主要有油桐、杉木、毛竹、漆树、板栗、桃、杏、柿、苹果、李、樱桃、枣、梨等。其中，油桐为分布北界，产量较低。滁州市漆树较为有名。

长江中游平原区（Ⅴ-3）耕作历史悠久，平原和台地均被开垦为农田，是我国南方粮、棉、油生产基地之一，有相当数量的油菜、大豆、芝麻等作物，栽植柑橘、桃、梨等高效水土保持植物。

浙皖丘陵山地（Ⅴ-4）栽植的高效水土保持植物是以毛竹、杉木为主的用材树种，以油茶、桑、茶、桐、乌桕、山核桃和香榧为主的经济树种，以及枇杷、杨梅、柑橘等果树。浙南、赣东多栽植油茶，闽北、浙东以茶为主，浙东黄岩、江西南丰盛产柑橘。

湘中低山丘陵区（Ⅴ-4-6）栽植的油桐、油茶、药材、茶叶和其他林副产品均占有重要地位，油桐、油茶和茶是主要的高效水土保持植物。

浙闽山地丘陵区（Ⅴ-5）种植瓯柑、四季柚、柚、福建柚、沙田柚、甜橙等果树，油茶、油桐、竹类（毛竹、绿竹、龙竹、麻竹、青皮竹）等经济植物，均为该区域的高效水土保持植物。

浙南、赣东、闽北林区（Ⅴ-5-2）是著名的杉木、毛竹、茶叶产区，具有丰富的杉木、毛竹、茶等植物资源。

闽南沿海丘陵平原（Ⅴ-5-5）的高效水土保持植物有文旦柚、天麻香蕉、乌叶荔枝、浦南芦柑等。

南岭山地丘陵区（Ⅴ-6）的高效水土保持植物有苎麻、甘蔗、花生，毛竹、杉木、马尾松、柏木、油茶、油桐、茶、板栗、核桃、柿等。其中，岭南沿海区域（Ⅴ-6-2）的高效水土保持植物有木菠萝、番荔枝、人心果、香蕉、凤梨、荔枝、龙眼、橄榄、芒果（杧果）、杨桃、番石榴、黄皮、木瓜、橙、柑、蒲葵等。

广东广西沿海丘陵区（Ⅴ-7-1）的高效水土保持植物主要有肉桂、八角、油茶、油桐、紫胶寄主林、马尾松、杉木、火力楠、剑麻、竹、柑、橙、柚、龙眼、荔枝、香蕉、木菠萝、芒果、番石榴、木瓜、杨桃、凤梨等。

桂西南石灰岩丘陵山地区（Ⅴ-7）的高效水土保持植物主要有黄连木、龙须藤、桃金娘、橡胶林、八角、油茶、竹、金丝李、擎天树等。

海南及南海诸岛丘陵台地区（Ⅴ-8）的高效水土保持植物主要有橡胶、油棕、椰子、芒果、菠萝蜜、凤梨、香蕉、槟榔、仙人掌、厚皮树、鬼针草、决明、铺地黍、铁苋菜、蓖麻、银合欢、木麻黄等。

台中地区（Ⅴ-9）的高效水土保持植物主要有香蕉、凤梨、荔枝、龙眼、杨桃、莲雾、木瓜、番石榴、椪柑、桶橘、雪橘、金橘、文旦、斗柚、番荔枝、面包树等。

6. 西南紫色土区

西南紫色土区，即四川盆地及周围山地丘陵区，包括四川、甘肃、河南、湖北、陕西、湖南和重庆7省（直辖市）共254个县（市、区），土地总面积约51万 km²，划分3个二级区、10个三级区。西南紫色土区分布有秦岭、武当山、大巴山、巫山、武陵山、

21

岷山、汉江谷地、四川盆地等；主要涉及长江上游干流，以及岷江、沱江、嘉陵江、汉江、丹江、清江、澧水等河流；属亚热带湿润气候区，大部分地区年均降水量为800～1400mm；土壤类型以紫色土、黄棕壤和黄壤为主；植被类型主要包括亚热带常绿阔叶林、针叶林及竹林，林草覆盖率为57.84%。该区以土壤保持、生态维护和水源涵养为主要水土保持功能，坡改梯及配套设施建设、植被保护与建设是该区水土保持的主要方向。该区有较为丰富的高效水土保持植物资源，包括苎麻、油橄榄、竹、油茶、枇杷、猕猴桃等，分布情况如下：

四川盆地北部中部区域（Ⅳ-3-2）的高效水土保持植物主要有棉花、甘蔗、麻类、毛竹、慈竹、乌桕、核桃、油桐、漆树、白蜡、茶、油茶，以及厚朴、杜仲等多种药用植物。

四川岷江、沱江下游、黔西北和滇东北地区（Ⅳ-3-3）的高效水土保持植物主要有苎麻、杉、马尾松、竹（毛竹、车筒竹、硬头黄竹、梁山慈竹、料慈竹、凤尾竹、花孝顺竹、水竹、刚竹、大节竹、方竹、金佛山方竹、拐棍竹、箭竹）、油茶、油桐、乌桕、茶、白蜡、甘蔗等。

川西北高原地区的高效水土保持植物主要有苹果、梨、核桃、枇杷等。

7. 西南岩溶区

西南岩溶区，即云贵高原区，包括四川、贵州、云南和广西4省（自治区）共273个县（市、区），土地总面积约70万km²，划分为3个二级区、11个三级区。西南岩溶区主要分布有横断山山地、云贵高原、桂西山地丘陵等；主要河流涉及澜沧江、怒江、元江、金沙江、雅砻江、乌江、赤水河、南北盘江、红水河、左江、右江等；属亚热带和热带湿润气候区，大部分地区年均降水量为800～1600mm；土壤类型主要分布有黄壤、黄棕壤、红壤和赤红壤；植被类型以亚热带和热带常绿阔叶、针叶林针阔混交林为主，林草覆盖率为57.80%。区内耕地总面积为1327.8×10⁴hm²，其中坡耕地722.0×10⁴hm²；水土流失以水力侵蚀为主，局部地区存在滑坡、泥石流。该区以土壤保持、蓄水保水和生态维护为主要水土保持功能，保护耕地资源、林草植被的恢复与保护、小型水利水保设施建设是该区水土保持的主要方向。

西南岩溶区的主要高效水土保持植物有金银花、刺梨、青风藤等，分布情况如下：

滇黔桂山地丘陵区（Ⅶ-1）的高效水土保持植物主要有金银花、杉木、毛竹、马尾松、柏木、油桐、茶、乌桕、核桃、漆、杜仲、柑橘、梨、花生、苎麻、甘蔗等。

滇黔桂峰丛洼地（Ⅶ-1-4）的高效水土保持植物主要有黄连木、马尾松、杉木、油茶、油桐、茶、核桃、板栗、蝴蝶果、龙眼、荔枝、番石榴、杨桃、芭蕉、橄榄等。

滇中、滇东高原（Ⅶ-1-2、Ⅶ-2-3和Ⅶ-2-4）的高效水土保持植物主要有金银花、核桃、板栗、油茶、油桐、乌桕、黄连木、苹果、梨、桃、李、花红等。

川滇金沙江峡谷（Ⅶ-2-1）的高效水土保持植物主要有余甘子、黄连木、麻风树、仙人掌、油橄榄、油茶、桑、茶等。

滇东高原（Ⅶ-2-4）的高效水土保持植物主要有余甘子、茶、紫胶寄生树（菩提等树）等。

云南腾冲（Ⅶ-3-1）的高效水土保持植物主要以茶、红花油茶等为主。

8. 青藏高原区

青藏高原区包括西藏、甘肃、青海、四川和云南 5 省（自治区）共 144 个县（市、区），土地总面积约 219 万 km²。青藏高原区主要分布有祁连山、唐古拉山、巴颜喀拉山、横断山脉、喜马拉雅山、柴达木盆地、羌塘高原、青海高原、藏南谷地；主要河流涉及黄河、怒江、澜沧江、金沙江、雅鲁藏布江；气候从东往西由温带湿润区过渡到寒带干旱区，大部分地区年均降水量为 50～800mm；土壤类型以高山草甸土、草原土和漠土为主；植被类型主要包括温带高寒草原、草甸和疏林灌木草原，林草覆盖率为 58.24%。该区以生态维护、水源涵养为主要水土保持功能，森林草原保护、涵养水源是该区水土保持的主要方向。

青藏高原区野生植物资源比较丰富，多为木姜子、山鸡椒、沙棘、白刺、黑果枸杞、独一味、砂生槐、水母雪兔子、天仙子等药用植物。

2.3.4 产业市场调查

选择高效水土保持植物，就必须了解产业发展所需的各种资源品质、数量、来源，开发技术发展及应用，以及市场需求情况等。

产业市场调查的目的是，通过了解企业开发利用高效水土保持植物资源基地、原料数量、价格、市场销售等情况，从而掌握高效水土保持植物资源的品种、数量，为高效水土保持植物资源建设奠定基础。

1. 相关市场调查

这是企业环境调查的主要内容。在有计划的商品经济条件下，工业企业是独立的商品生产者和经营者，是社会分工和协作链条上的重要一环，它在很大程度上通过市场取得所需的生产资料并销售其产品，根据市场需要决定企业生产什么和生产多少，企业是否盈利，盈利多少也决定于其产品的市场价格和生产成本的比较。另外，外部环境中的其他因素也往往通过市场对企业发生作用和影响，如国家用各种经济杠杆、各种政策、法规等调节市场，从而间接地影响和引导企业的经济活动。企业通过市场调查，可以弄清各种生产资料的供应情况，从而确定生产何种产品及其数量，可以根据销售市场的价格、消费者的购买力等来确定企业产品的销售总量与品种结构，从而使企业的整个生产经营活动同市场紧密联系起来。

（1）调查所需生产资料的供应量。供应量来源于产量，所以要进一步调查所需生产资料的生产规模、前景、资源、结构等。如果所需生产资料的生产规模缩小，资源无保证，企业就要及早考虑寻求代用品或转产。

（2）调查本企业产品的购买者。主要是了解购买者的分布情况，据此找出谁买、买什么、主要购买者和忠实购买者，并摸清其购买动机，为推销产品创造有利条件，同时也为生产决策提供依据。

（3）调查市场购买力。购买力是一定时期内社会购买商品的能力，即货币支付能力，购买力的大小决定着市场需求量的大小。购买力分为生产资料购买力和消费资料购买力，二者各有特点，受不同因素的影响。

影响消费资料购买力的主要因素有：①居民货币收入水平。居民货币收入越多消费品购买力也就越大，反之，则越小。②居民货币支出比例的变化。居民货币支出中，除了购买消费品外，还包括非商品支出。当计划期内居民货币收入为一定时，非商品支出比重的变化，就会影响到居民消费品的购买力。③居民储蓄和手存现金的增减，国家对社会集团购买力的控制等，都会影响消费品购买力的大小。

影响生产资料购买力的主要因素有：全社会固定资产投资规模和结构，以及生产经营规模和发展速度。固定资产投资和生产经营规模越大，发展越快，所需的各种相应的生产资料就越多，购买力就越高，反之亦然。当然投资和生产的结构不同，也会使购买力的结构发生变化。

（4）调查市场潜力。市场潜力是指产品的潜在市场需要量。这种潜在需要量包括两个方面：一是客观上存在某种产品，但用户还未意识到的需要。例如，某种产品已经生产出来或正在生产，但用户还不知道。另一种是用户已意识到，但由于种种原因还不能购买的需要。如产品尚未生产、供不应求、货不对路、无购买能力、系列产品不配套等原因。针对这些情况，企业要采取相应措施，如广告宣传、调整产品结构等，挖掘潜力，力争把潜在需要转化为现实需要，从而扩大企业产品的销路，提高市场占有率。

（5）调查新产品发展趋势。在科学技术迅速发展的今天，新产品层出不穷，人们的需要结构不断变化，需求层次日益提高，加上企业之间的激烈竞争，要求企业产品必须及时推陈出新，更新换代，向更高的层次发展。否则，企业就会在市场竞争中被淘汰。因此，企业要时刻调查各种产品的发展趋势，消费者意见如何，价格是否合理，新产品优于老产品的程度等，据此做出生产经营决策。

2. 竞争对手调查

竞争是商品经济的必然规律。企业在竞争中取胜，就能发展壮大，否则就会萎缩，甚至破产。因此，企业需正视竞争，调查了解竞争对手的情况，以便在竞争中争取主动。所谓竞争对手，是指那些生产与本企业相同、相近或可代用的产品的企业。调查竞争对手，主要是调查竞争对手的基本情况、竞争对手的竞争能力、竞争对手新产品的开发情况、潜在的竞争对手等方面。

3. 相关科学技术发展情况调查

相关科学技术发展情况调查的主要内容是与本企业产品、原材料、制造工艺、技术装备等相关的科技发展水平、发展趋势、发展速度等。这项调查对确定企业的发展方向、提高技术水平、发展新产品和增强竞争能力都具有决定性的意义。

4. 一般社会环境调查

企业要长远发展，不但要调查与企业近期生产直接有关的情况，还要对企业发展的整个社会环境做更广泛的调查，包括国内外政治形势、经济形势、文化状况、军事形势、历史背景、风俗习惯、宗教信仰、国家政策、法令、计划、民族传统、社会心理等。这些都是企业决策必须考虑的因素。

5. 调查了解企业内部条件

企业对上述情况的调查，只是了解企业的外部环境。要充分恰当地利用外部条件，还必须从自身状况出发，把内、外部因素结合起来。这就需要企业加强自我诊断，明确了解本企业的生产能力、技术和管理水平，产品优势和劣势。具体来说，对企业内部条件的调查和了解，主要包括本企业物资供应、经营管理能力和销售能力的现状与发展前景；本企业科研、技术改造和设备更新能力的现状与未来需求情况；本企业产品和新开发产品的生产能力，以及职工现有的素质和与需要的差距；本企业近期的资金使用情况和筹措能力；本企业经济管理制度的现状和改革措施，经营机制的完善程度等。

对企业内部条件的调查和了解比较容易，可根据企业产供销各方面的资料和情况进行统计分析。例如，通过生产技术资料的分析，可了解企业的生产能力和技术水平，通过分析各种销售资料，可了解本企业产品在市场上的竞争能力等。

2.3.5 企业基地调查

1. 东北黑土区

以蓝莓为例，东北黑土区有野生蓝莓面积 $30 \times 10^4 hm^2$，可供蓝莓果 $2 \times 10^4 t$；人工蓝莓基地有 $3333 hm^2$，可供蓝莓 $2.5 \times 10^4 t$。蓝莓主要用于加工蓝莓鲜果，蓝莓果干、蓝莓果汁、果粒饮料、蓝莓冲饮、蓝莓果酱、果脯、蓝莓果酒、蓝莓粉，其提取物可用于制作蓝莓口服液、蓝莓硒片、叶黄素胶囊、蓝莓花青素等保健食品。比较大型的蓝莓加工企业有大兴安岭华野生物工程有限公司、大兴安岭富林山野珍品科技开发有限责任公司和大兴安岭超越浆果加工有限公司等。

2. 北方风沙区

北方风沙区植物基地建设主要以中草药及耐干旱水果、干果为主。其中，张掖市民乐县为板蓝根种植基地，新疆阿克苏、阿勒泰、伊利等地种植了红枣、苹果、杏、核桃、葡萄等经济作物。新疆巴音郭楞蒙古自治州和静县种植了 $16.67 hm^2$、20×10^4 株的油用牡丹；新疆轮台哈尔巴克乡栽植杏树 $2066.67 hm^2$；阿勒泰种植戈宝红麻 $1333.33 hm^2$，林下种植沙棘、枸杞、黑加仑等共 $7.33 \times 10^4 hm^2$，伊利种植薰衣草 $2000 hm^2$；环塔里木盆地种植杏、核桃、红枣、香梨、苹果等 $8.00 \times 10^4 hm^2$。

新疆天然沙棘资源总面积达 45×10^4 亩，新疆有 2 个沙棘亚种，即中亚沙棘和蒙古沙棘。新疆地区共有人工栽培沙棘林约 90×10^4 亩。其中，新疆康元生物有限公司在哈巴河县已经建成 2×10^4 亩的自有基地，深加工工厂占地 260 余亩。

内蒙古沙棘种植已经为当地农民增收共计 7 亿多元，策动养殖收入 1.5 亿元，有力地促使了当地生态修复和经济开展。

3. 北方土石山区

北方土石山区涉及的省份较多，各省份的植物基地及布局各有特点。其中，山西大同等北部地区种植杏、核桃、红枣等，合计种植面积达 $1.53 \times 10^4 hm^2$ 以上；依托砒砂岩项目等内蒙古自治区种植沙棘面积 $46.67 \times 10^4 hm^2$ 以上；安徽省种植生物柴油燃料黄连木 $3333.33 hm^2$、茶树 $8000 hm^2$、毛竹 $3.47 \times 10^4 hm^2$；河南省是农业种植大省，部分市县为发展旅游、花木、医药等产业设立了植物基地，其中玫瑰基地 $333.33 hm^2$，景观花木基地 $6.80 \times 10^4 hm^2$ 以上，迷迭香等香料基地 $666.67 hm^2$；山东省境内的特色植物基地有牡丹、杜鹃等景观花卉基地 $6666.67 hm^2$ 以上，元宝枫食用油料基地 $333.33 hm^2$，紫胶寄主林、膏桐、甜高粱等生物柴油燃料基地 $10.67 \times 10^4 hm^2$；河北省引入"公司＋基地＋农户"的经营模式经营种植紫甘蓝、万寿菊、银杏等天然色素原料植物，此外也种植红枣、核桃、杏等经济林。

4. 西北黄土高原区

甘肃省、青海省、宁夏回族自治区气候和土壤条件相似，主要特产是以野生或人工培植的药用植物为原料或成品的产品，包括枸杞、沙棘等可食用药用植物产品。其中，宁夏固原发展以黄精、九节菖蒲、牡丹、芍药、金银花、玫瑰、菊花、君子兰、仙人掌等药用植物为原料的医药产业，形成了以黄精、九节菖蒲、牡丹、芍药、金银花、玫瑰、菊花、君子兰、仙人掌等药用植物为主的药用植物基地；枸杞等可食用植物作为特色产品开发经营品种繁多，经济效益良好，宁夏中宁和青海海西州已成为我国高品质枸杞的主要产区。其中，甘肃苦水镇现有玫瑰加工企业 12 家，玫瑰种植专业合作社 14 家。兰州九香玫瑰生物科技有限公司是一家省级龙头企业，其产品有 8 大系列、150 多个品种。兰州江峰玫瑰种植农民专业合作社是玫瑰核心产区最大的合作社，该合作社的注册品牌"玫乡情缘"被评为 2011 年中国具有影响力合作社产品品牌，该社推广的"玫瑰矮壮法种植模式"，使合作社成员每年每亩增收 2000 多元。

甘肃省是我国沙棘资源的重点分布区之一。据调查，全省现有沙棘林总面积 $36 \times 10^4 hm^2$，分布在全省 10 个地（州、市）53 个县（市、区）。其中，天然林 $15.33 \times 10^4 hm^2$、人工林 $20.66 \times 10^4 hm^2$。甘肃艾康沙棘制品有限公司在"中国沙棘之乡"甘肃漳县拥有超过 $1.33 \times 10^4 hm^2$ 的野生沙棘林基地。

青海省 25 万 hm^2 的经济林种植面积中，沙棘林共 16 万 hm^2，主要发展有青海康普生物科技股份有限公司、青海清华博众生物技术有限公司等加工企业，形成"公司＋基地＋农户"的发展模式，实现农民、企业双赢。2019 年 1—4 月，青海地区出口沙棘粉、沙棘籽油、沙棘维生素 P 粉等沙棘系列深加工产品货值达 1960.89 万元，出口国家主要有美国、西班牙、捷克、泰国、加拿大等。

陕西省特色植物基地建设以苹果、猕猴桃、干果等为主，种植面积达 $74.63 \times 10^4 hm^2$ 以上，也布局有牡丹等油料植物；种植红枣 170×10^4 亩，山杏、大扁杏 88×10^4 亩，以沙柳、柠条、沙棘等为主的灌木林地近 $100 \times 10^4 hm^2$。经过近半个世纪的发展，榆林市红枣产业已成为全市黄河沿岸区域性主导产业，拥有以巨鹰公司为龙头代表的红枣深加工企业 19 个、初加工企业 57 个、季节性加工点 400 多个，年产值 7.2 亿元。大扁杏、山杏产业逐步被引起重视，拥有世纪星木业加工厂、榆林造纸厂及小规模、零星灌木饲料加工厂等涉及林业产业及加工企业，这些为今后全面开发林业资源，建设发达的林业产业体系积累了丰富的宝贵经验。

陕西八百里秦川孕育了丰富的药用植物资源，陕西有近千家植化公司活跃在植物提取物行业市场上，其中也涌现出天然谷、鸿生、天之润、应化等发展较快的企业。植物提取物的发展，极大地促进了当地农业的发展。例如，渭南的水飞蓟种植基地、陕北南泥湾的香紫苏种植、宝鸡和安康的紫锥菊种植基地，以及在韩城推广的蛇床子种植基地，大幅度提高了当地农业收入，为陕西省山区农民的种植致富带来了很大收益。

陕西大荔黄花集团有限责任公司以黄花菜深加工为主导产业，采用"公司＋农民专业合作社＋农户"和"公司＋园区＋农户"的运营模式，集标准化种植、收购、加工、销售为一体，是西北首家即食黄花菜、清水黄花菜、干品黄花菜深加工企业，带动周边 2000

户农户致富，加工销售黄花菜 1000t，总产值 5000 万元。

内蒙古的黄土高原地区以其特有的土壤条件适合生长梭梭、苦豆子、甘草等沙生植物，沙生植物覆盖面积达 $4 \times 10^4 hm^2$ 以上。此外，随着生物柴油技术的发展，内蒙古也种植了小桐子、黄连木、光皮树、文冠果等生物柴油原料林，作为生物柴油原料储备基地，为后期生物柴油技术发展进行原料储备。

山西黄土高原区传统特色经济林是核桃和红枣，在"中华枣都"吕梁临县设立了枣树种植及其加工产品研发基地；山西是沙棘资源的天然分布区和集中分布地，现有沙棘资源达 $30 \times 10^4 hm^2$，沙棘资源总量占全国的 21%，是全国野生沙棘面积最大的省份。其中，吕梁野山坡食品有限公司在文水县苍儿会地区建立了 $500 hm^2$ 的沙棘种植基地。

5. 南方红壤区

浙江的丽水、衢州、安吉和福建的三明、南平以竹为特色，促进了旅游业、建材业、食品加工等多产业的均衡发展。其中，"中国竹乡"浙江省湖州市安吉县形成了省级林业重点龙头企业 13 家、省级农业骨干龙头企业 4 家、市级农业龙头企业 13 家，共有竹林 $7.2 \times 10^4 hm^2$，年产值 108 亿元；杭州市临安区和湖州市德清县竹笋年产值达 10.61 亿元；衢州市龙游县主要以竹胶板、竹地板、竹集成材等竹制品建材加工为主，年产值达 13 亿元。此外，浙江省杭州市萧山区发展苗圃等植物培育基地，主要培育红叶石楠、金森女贞、金叶六道木、花叶络石、小丑火棘等景观植物，年产值 15.4 亿元。

福建省经济果林较为出名，主要种植有强德勒红心柚、琯溪蜜柚、杨梅、橄榄、青枣、番石榴、太田椪柑、枇杷、香蕉等。此外，福建省的竹林和茶园面积可观，亦是当地产业发展的重要资源。

湖南农林特产丰富，盛产湘莲、湘茶、油茶、辣椒、苎麻、柑橘、湖粉等。湘莲是有 3000 多年历史的著名特产，产量历来居我国首位。苎麻产量居我国第 1 位，茶叶产量居我国第 2 位，柑橘产量居我国第 3 位。棉花种植面积为 $11.4 \times 10^4 hm^2$，糖料种植面积为 $1.3 \times 10^4 hm^2$，油料种植面积为 $144.5 \times 10^4 hm^2$。

广西和云南以其独特的地理位置和气候条件，主要发展的植物基地有调料、药材、紫胶、树胶、花卉基地，以及与某石化公司合作布局的生物柴油燃料资源基地。

6. 西南紫色土区

四川省经济林品种繁多，主要有杏、油橄榄、核桃、柑橘、食用菌、早熟梨、猕猴桃、枇杷、石榴、晚熟芒果、甜樱桃、荔枝、龙眼、无花果、蓝莓等，合计 $16.98 \times 10^4 hm^2$；油菜、珍珠花菜、山胡椒、香椿、银杏、桂花、泡桐、茶等，合计 $0.85 \times 10^4 hm^2$。种植油料植物 $3.0 \times 10^4 hm^2$；柳杉等景观植物苗圃 $3.33 \times 10^4 hm^2$；竹、香樟、水杉等 $33.11 \times 10^4 hm^2$；金银花、厚朴、杜仲等川产道地药材和主产药材 $11.54 \times 10^4 hm^2$；工业原料林 $4.63 \times 10^4 hm^2$。

"中国苎麻之乡"四川大竹拥有 $1 \times 10^4 hm^2$ 左右的苎麻资源，面积、产量位列全国之冠，加工的大竹苎麻已成为中国国家地理标志产品。四川达州市达川区是"中国苎麻之都"，种植面积与大竹相近。

甘肃定西、陇南等区域亦是适宜发展中药植物基地的地区，适宜种植黄芪、当归等，截至 2016 年，中药植物种植面积达 $6.67 \times 10^4 hm^2$ 以上。

7. 西南岩溶区

云南种植有核桃、板栗等经果林 $176.49 \times 10^4 \text{hm}^2$，鲜切花卉基地 6000hm^2，龙血树、绞股蓝、石斛、金线莲、猫须草等中草药基地 $1.1 \times 10^4 \text{hm}^2$，黄花梨、黑黄檀等用材林面积 $2.25 \times 10^4 \text{hm}^2$，橡胶等工业原料植物林 $28.67 \times 10^4 \text{hm}^2$。

四川主产核桃种植面积为 $24.67 \times 10^4 \text{hm}^2$，赶黄草、金银花等中草药种植面积为 1433.33hm^2，竹产业基地面积为 $2 \times 10^4 \text{hm}^2$，麻风树等生物柴油基地面积为 $1.07 \times 10^4 \text{hm}^2$。

贵州刺梨产业在 2010 年以后逐步发展起来，大小加工厂目前已有 50 余家，主要生产当地特产刺梨糕。随着产业化发展，刺梨加工已经延伸至维生素提取物，用于加工生产药品、保健品以及化妆品。至 2014 年，以贵州奇昂生物科技有限公司为首的刺梨生产加工企业，拥有刺梨资源基地达 10 余万亩，年加工刺梨 8000t，年产值达 2 亿元以上。贵州省政府十分重视刺梨产业，打造百万亩刺梨基地。

黔西南州茶叶规模种植、产业化经营面积已达 7.5×10^4 亩，产量 1955t，产值 2384 万元，覆盖农户近 1.5 万户，拥有茶叶粗加工车间 13 座、精加工车间 3 座、名优茶车间 4 座，年加工量达 1426.5t，加工增值 800 余万元；板栗基地建设面积为 12.63×10^4 亩，产量达 $1.5 \times 10^4 \text{t}$，带动农户 3 万余户，农民销售收入达 4500 万元，创税 300 万元；油茶主要分布在册亨、望谟两县，到 2007 年，面积已达 26415hm^2，油茶产量为 31909t，产值 1200 万元，带动农户 3 万户。加工销售茶油 1050t，销售收入为 1260 万元，创税 150 万元；油桐基地面积近 200×10^4 亩，2007 年油桐籽产量为 36178t，全州现有加工桐油的企业近 20 家；金银花基地现有面积为 22×10^4 亩，带动农户 2.2 万户，年产金银花 662t，产值 993 万元；芭蕉芋种植面积约 20×10^4 亩，年产鲜芋约 $6 \times 10^4 \text{t}$，主要加工产品有芭蕉芋生产酒精、芭蕉粉条和淀粉。

8. 青藏高原区

青藏高原区以野生资源为主，主要是沙棘、藏红花、小檗、独一味、砂生槐、天仙子等药用植物。

随着人们生活水平的提高，可自由支配的个人开支的持续增长，人民健康观念的进一步提升，人们对自己使用的产品的要求较以往要高，朝着更高质量的方向转变，天然、健康、安全、高品质的可靠产品已经成为人们的首选。天然植物资源开发利用产品具有天然、健康、安全的特点，因此人们对天然植物资源开发利用产品的消费倾向强。

特别是天然医药保健产品具有巨大的市场空间。人们对健康的重视以及人们知识水平的提高，保健品消费额不断增加。据相关资料显示，2013 年中国居民保健食品的消费额已达 2000 多亿元，而且正以每年 15%～30% 的速度增长，远高于发达国家的 12%。

第3章
高效水土保持植物苗木繁育

高效水土保持植物作为水土保持治理工程的重要组成部分，在全国水土保持重点治理工程中起到带动地方经济发展，提高当地群众收入以及激发群众参与水土保持治理的积极性与主动性的作用。本章介绍高效水土保持植物苗木繁育基本情况与技术方案、实施过程注意事项等。

3.1 苗木繁育规模

3.1.1 确定苗木繁育规模的原则

1. 区域内国家产业政策和行业发展规划要求

根据《全国水土保持规划》和《区域高效水土保持植物开发利用规划》的要求，对区域内高效水土保持植物的种类、产量、资源量、开发利用途径进行充分论证，对苗木数量、质量需求进行充分估算，在此基础上布设苗木繁育基地的规模、点位等。

2. 供求关系与市场预测

（1）发展状况和趋势。根据区域内水土保持植物资源建设发展现状的基本情况，以及国家水土保持规划与其他相应产业规划的要求，分析高效水土保持植物的需求与现有资源的差距，在此基础上确定区域高效水土保持植物配置的面积与数量。

（2）苗木状况。在确定区域配置高效水土保持植物资源规模的基础上，对区域内苗木繁育情况进行调查分析，确定苗木需求数量及时序要求。

此外，还要对苗木品种的产品竞争力和进入国内外市场的前景、企业的营销策略等进行分析。

3.1.2 苗木繁育的指导思想

（1）采用先进的种苗繁育技术，建设经济管理现代化、生产集约化、规模化的特色经济林苗圃。

（2）利用区域独特的自然条件核资源优势，发挥地缘优势，瞄准特定地区的市场需求，确定种植品种，并强化适应市场变化的能力。

（3）坚持集中连片，规模种植的原则，形成规模效益。

（4）始终依靠技术进步，以技术优势占领市场。

（5）建立市场销售网络和信息网络，采用灵活多变的营销政策，提高技术成果转化率和产品销售率。

3.2　苗圃的建立与经营管理

建立适合立地条件和高效水土保持植物特点的规范化的大、中型水土保持植物苗圃，及时满足国家水土保持治理工程的需求，同时满足当地生产建设项目水土保持植物措施的要求，以促进当地特色经济产业的发展。

3.2.1　苗圃的选择

苗圃地址应选择交通、地势、土壤、水源等综合条件良好的区域，并注意远离环境污染的区域。

（1）地点：应选取在地理位置中心或附近，并应交通便利，以减少苗木长途运输。

（2）地势：应选择背风向阳，地势平坦或坡度较小的区域。低洼盆地不易排水，且易沉积冷空气使苗木受害，不宜选作苗圃地。

（3）土壤：应选土层深厚、肥力高、石砾少、土质结构疏松、透水透气良好的沙壤土或轻黏壤土，土壤酸碱度在中性或近于中性，有利于苗木根系生长，提高出苗率。注意育苗中不同水土保持植物对土壤酸碱度的要求不同，应根据植物特点、种子大小、育苗难易来进行相应的土壤改良。

（4）灌排设施：充足的水源、良好的灌排设施是现代化苗圃的必备条件。尤其在春、夏两季干旱少雨的北方地区，灌溉条件是苗木生长的基础条件；在雨水较多的南方区域，苗圃应具备完善的排水设施。水源条件的好坏是决定育苗成败的关键因素，在苗圃地选址时应给予充分重视。

3.2.2　苗圃的规划设计

苗圃建立的初始阶段，应根据所培育的植物的种类、数量，结合苗圃的立地条件进行全面规划，专业苗圃应设有母本园、繁殖区、组织培养室等功能区域。

（1）母本园。用于提供良种繁殖材料，如种子、接穗和自根繁殖材料等。母本园的材料要纯正。同时应精细管理，防止病虫危害。定期进行病毒检测，保证繁殖材料不被病毒侵染。

（2）繁殖区。根据繁殖苗木的方式不同可以划分为实生苗培育区、嫁接苗培育区、自根苗培育区、移植区、温室区等。出于轮作换茬的需要，各小区位置不是一成不变的。温室位置应与组织培养室建造统筹规划，便于组织培育苗的驯化炼苗。

（3）道路。结合苗圃区规划设置有：干路，为纵贯苗圃及与外界连接的主要道路，宽度在 6～8m，可通过大型车辆；支路，结合苗圃内各大区设置，宽度在 3m 左右，可通过中小型车辆机械；小路，位于各小区之间，方便工作人员的作业管理通行，宽度在 1～1.5m。

（4）灌排系统。苗圃地建立时应结合道路、小区及地形设置灌溉系统。为了节省用水和减少灌水用工，尽量采用地下管道或防渗渠道网。大中型苗圃应配套喷灌设施，同时可预防霜冻和高温危害。温室内和扦插繁殖区应设置间歇迷雾设施。在地势低洼、地下水水位较高及降水量较多的地区建立苗圃时应设置排水系统。

（5）防护林。气候寒冷的地区，在苗圃地的主风方向或者四周建立防护林，具有降低风速、削弱寒流危害、调节温度等效果。防护林带的设置及植物选择与建园植物部分可以相同。

（6）建筑物。包括办公室、组织培养室、工具室、种子储藏室、肥料农药室、苗木储藏室、苗木包装室、宿舍、车库等，应选址在位置适中、交通方便的地点，且尽量不占用生产用地。

3.3 苗木繁育方法

按照生态和经济发展综合考虑需求，对不同的苗木繁育方法提出不同的技术要求。

3.3.1 实生苗

实生苗是一种采用播种育苗方式培养苗木的传统方法，由于技术简单，且能提供数量较多的苗木，满足大规模生产的需要，所以许多植物（特别是砧木苗）的培育多采用播种育苗法。

实生苗法首先需对种子进行一定的处理和培育，使其萌发、生长、发育，成为新的一代苗木个体，也称有性繁殖。实生苗优点是根系发达、生长旺盛、寿命较长；对环境条件适应能力强，并有免疫病毒的能力。但采用种子繁殖出的实生苗后代易出现分离，优良改善遗传不稳定，进入结果期晚等缺点。因此，高效水土保持植物种子繁殖主要用于培育砧木和杂交育种。

3.3.1.1 种子的采集、处理

1. 种子采集

采种时应选品种纯正、类型一致、生长健壮、无病虫害的成年植株。采集应在形态成熟后，果面和种皮颜色成为充分成熟后的固有色泽时进行，主要植物及砧木采集时期见表3.1。多数林木种子是在生理成熟后进入形态成熟，只有银杏等少数树种，是在形态成熟后再经过较长时间，种胚才逐渐发育完全。采种方法可根据树木高低、种子大小、有无果肉包被等，从地面收集或者从树上采收。主要植物品种树种及砧木种子采集时期见表3.1。

种实调制是指从球果或果实中取出种子，清除杂物，使种子达到适于贮藏和播种的程度，一般蒴果类如香椿，荚果类如刺槐、皂荚，翅果类如白蜡、杜仲等，可干燥后，经人工敲打取种。大部分种实不宜在强光下暴晒干燥。肉质果类如各种浆果、核果、聚花果、仁果等，收集到种实后，应采用堆沤腐烂，淘洗的方法取出种子。根据树种的具体要求控制种子含水量。干燥后的种子按照标准要求，进行精选和分级，注明种类、品种、产地、质量、水分、纯度。

表 3.1　　　　　　　　　　　主要植物品种树种及砧木种子采集时期

树种	采种时期	树种	采种时期
枣和酸枣	9 月	沙棘	9—12 月
枸杞	7—11 月	山楂	8—11 月
核桃、核桃楸	9 月	杨梅	5—7 月
山葡萄	8 月	山桃	7—8 月
毛桃	7—8 月	山杏	6 月下旬至 7 月中旬
柿树	9 月	欧李	7—9 月
油茶	9—11 月	花椒	7—9 月
木姜子	10—11 月	油橄榄	10—12 月

对种子品质进行检验，通过对种子含水量、种子净度和千粒重、种子发芽力、种子生活力等测定后，确定种子品质。然后，对种子进行贮藏，根据不同植物品种种子的生态习性，将种子贮藏方式分为冷冻干燥贮藏和冷凉潮湿贮藏两种，具体贮藏方法可参考《林木种子贮藏》（GB/T 10016）执行。

2. 种子处理

播种前的种子处理分为：种子精选、净种、种子消毒、接种与防鸟兽害、用植物激素处理种子、种子发芽试验、种子催芽。

（1）种子精选。种子经过贮藏，可能发生虫蛀、腐烂等现象。为了获得纯度高、品质好的种子，确定合理的播种量，以保证播种苗齐、苗壮，在播种前应对种子进行精选。其方法可根据种子的特性和夹杂物的情况进行筛选、风选、水选（或盐水选、黄泥水选）或粒选等。一般小粒种子可以采用筛选或风选，大粒种子采用粒选。

（2）种子消毒。为了消灭附在种子上的病菌，预防苗木发生病害，在种子催芽和播种前，应进行种子消毒灭菌。苗木生产上常用的种子消毒方法如下：

1）硫酸铜溶液浸种：使用浓度为 0.3%~1.0% 的硫酸铜溶液浸泡种子 4~6h，取出阴干，即可播种。硫酸铜溶液不仅可消毒，对部分树种（如落叶松）还具有催芽作用，可提高种子的发芽率。

2）敌克松拌种：常用粉剂拌种播种，药量为种子质量的 0.2%~0.5%。先用药量 10~15 倍的土配制成药土，再拌种。对苗木猝倒病有较好的防治效果。

3）福尔马林溶液浸种：在播种前 1~2 天，配制浓度为 0.15% 的福尔马林溶液，把种子放入溶液中浸泡 15~30min，取出后密闭 2h，然后将种子摊开阴干后播种。1kg 浓度为 40% 的福尔马林可消毒 100kg 种子。用福尔马林溶液浸种，应严格掌握时间，不宜过长，否则将影响种子发芽。

4）高锰酸钾溶液浸种：使用浓度为 0.5% 的高锰酸钾溶液浸种 2h；也可用 3% 的浓度，浸种 30min，取出后密闭 30min，再用清水冲洗数次。采用此方法时要注意，对胚根已突破种皮的种子，不宜采用该方法进行消毒。

5）石灰水浸种：使用 1%~2% 的石灰水浸种 24h 左右，对落叶松等有较好的灭菌作用。利用石灰水进行浸种消毒时，种子要浸没 10~15cm 深，种子倒入后，应充分搅拌，然后静置浸种，使石灰水表层形成并保持一层碳酸钙膜，提高隔绝空气的效率，达到杀菌目的。

6）热水浸种：水温为40～60℃，用水量为待处理种子的两倍。该方法适用于针叶树种或大粒种，对种皮较薄或种子较小的树种不适宜。

（3）种子催芽。

1）催芽的意义：提高种子的发芽率；减少播种量，节约种子；缩短发芽时间；出苗整齐，便于管理。

2）播种前种子的处理方法有：层积催芽法、清水浸种法、机械损伤法、药剂浸种法和其他催芽方法。

a. 层积催芽法。将种子与湿砂混合分层埋藏于坑中，或混砂放于木箱或花盆中埋于地下，或堆放在室内。坑中插入草把，以利通气，混砂量不可少于种子的3倍，这样将种子保持在0～1℃的低温条件下1～4个月或更长时间。层积催芽又分为低温层积催芽、变温层积催芽和高温层积催芽等。低温催芽的适宜温度，多数树种为0～5℃，极少数树种为6～10℃。层积催芽时，要用间层物（基质）和种子混合起来，间层物一般用湿沙、泥炭、珍珠岩等，它们的湿度应为土壤含水量的60%，即以手用力握湿沙成团，但不滴水，手捏即散为宜。一般选择地势高燥、排水良好的地方，坑的宽度以1m为好，不要太宽。坑底铺一些鹅卵石或碎石，其上铺10cm厚的湿河沙或直接铺10～20cm厚的湿河沙，干种子要浸种、消毒，然后将种子与沙子按1∶3的比例混合放入坑内，或者一层种子，一层沙子放入坑内（注意沙子的湿度要合适），当沙与种子的混合物放至距坑沿20cm左右时为止。然后盖上湿沙，最后用土培成屋脊形，坑的两侧各挖一条排水沟。在坑中央直通到种子底层放一小捆秸秆或下部带通气孔的竹制或木制通气管，以流通空气。如果种子多，种坑很长，可隔一定距离放一个通气管，以便检查种子坑的温度。

低温层积催芽所需的天数随着树种的不同而不同。一般被迫休眠的种子需处理1～2个月，生理休眠的种子需处理2～7个月。层积期间，要定期检查种子坑的温度，当坑内温度升高得较快时，要注意观察，一旦发现种子霉烂，应立即取种换坑。在房前屋后层积催芽时，要经常翻倒，同时注意在湿度不足的情况下，增加水分，并注意通气条件。在播种前1～2周，检查种子催芽情况，如果发现种子未萌动或萌动得不好时，要将种子移到温暖的地方，上面加盖塑料膜，使种子尽快发芽。当有30%的种子裂嘴时即可播种。

b. 清水浸种法。浸水的温度一般为40～50℃，种皮厚时为60～65℃，种皮很厚时为80℃左右。种子和水的比例一般为1∶3。浸水时间一般为1～2昼夜，厚时为1周，薄时为几个小时。清水浸种又分为热水浸种、温水浸种和冷水浸种。

（a）热水浸种：对于种皮特别坚硬、致密的种子，为了使种子加快吸水，可以采用热水浸种，一般温度为70～80℃。浸种时，先将种子倒入容器内，边倒热水边搅拌，至水冷至室温时为止。含有"硬粒"的刺槐种子应采取逐次增温浸种的方法，首先用70℃的热水浸种，自然冷却一昼夜后，把已经膨胀的种子选出，进行催芽，然后再用80℃的热水浸没剩下的"硬粒"种子，同法再进行1～2次，这样逐次增温浸种，分批催芽，既节省种子，又可使出苗整齐。

（b）温水浸种：对于种皮比较坚硬、致密的种子，如马尾松、侧柏、紫穗槐等树种的种子，宜用温水浸种。水温为 40～50℃，浸种时间为一昼夜，然后捞出摊放在席上，上盖湿草帘或湿麻袋，经常浇水翻动，待种子有裂口后播种。

（c）冷水浸种：小粒种子，一般用冷水浸种，也可以用沙藏层积催芽，将水浸的种子捞出混以两倍湿沙，放在温暖的地方，为了保证湿度，要在上面加盖草袋子或塑料布。无论采用哪种方法，在催芽过程中都要注意温度应保持在 20～25℃。保证种子有足够的水分，有较好的通气条件，经常检查种子的发芽情况，当种子有 30％裂嘴时即可播种。

c．机械损伤法。用刀、锉或沙子磨损种皮、种壳，促使其吸水透气和种子萌动。

d．药剂浸种法。用化学试剂（浓硫酸、氢氧化钠等）腐蚀坚硬的种皮，使种壳变薄，增加透性，促进发芽。95％的浓硫酸浸种 10～120min，10％的氢氧化钠浸种 24h 左右。

3．接种

对有些树种，播种前需要进行接种。

（1）根瘤菌剂接种。根瘤菌能固定大气中的游离氮供给苗木生长发育所需，尤其是在无根瘤菌土壤中进行豆科树种或赤杨类树种育苗时，需要接种。方法是将根瘤菌剂与种子混合搅拌后，随即播种。

（2）菌根菌剂接种。菌根能代替根毛吸收水分和养分，促进苗木生长发育，在苗木幼龄期尤为迫切，如松属、壳斗科树木，在无菌根菌地育苗时，人工接种菌根菌，能提高苗木质量。方法是将菌根菌剂加水拌成糊状，拌种后立即播种。

（3）磷化菌剂接种。幼苗在生长初期很需要磷，而磷在土壤中容易被固定，磷化菌可以分解土壤中的磷，将磷转化为可以被植物吸收利用的磷化物，供苗木吸收利用，因此，可用磷化菌剂拌种后再播种。

3.3.1.2　播种

1．整地作床

整地是为了创造适合苗木生长的土壤条件，整地要根据当地的气候，苗圃地的土壤和前作情况采用不同的整地方法。开垦生荒地或撂荒地作苗圃地时，应在秋季用拖拉机或锄（镐）浅翻一遍，深度为 25～30cm，将杂草翻过来，完全压在犁底部。如杂草具有根蘖和地下茎时，要用圆盘耙进行纵横的浅耕，或用锄、镐将草根斩碎。开垦采伐地或灌木林地时，首先应伐除灌木杂草，再除净伐根和草根，进行平整土地工作，然后再用以上方法进行秋耕。如在挖树根时已将土壤挖松，可不再进行秋耕。用农作地作苗圃时，应先将农作物的残根清除干净，再进行深耕，如要在秋季进行播种，则深耕工作应在作床前半个月进行。在苗圃地上整地，秋季掘苗后，要抓紧进行秋耕；春季掘苗且当年仍需继续进行育苗时，应尽可能提前掘苗，以便及时进行春耕耙地，春耕最迟应在播种前半个月进行，以便土壤翻耕后，可充分下沉，免伤幼苗。

（1）整地。整地的深度一般为 20～25cm，干旱地区为 25～30cm。

要求：细致平坦，播种地要求土地细碎，在地表 10cm 深度内没有较大的土块；上垣下实，上垣有利于幼苗出土，减少下层土壤水分的蒸发。

（2）土壤处理。土壤处理是应用化学或物理的方法，消灭土壤中残存的病原菌、地下害虫或杂草等，以减轻或避免其对苗木的危害。园林苗圃中简便有效的土壤处理方法主要是采用化学药剂进行处理，化学药剂包括硫酸亚铁、敌克松和五氯硝基苯混合剂、辛硫磷和福尔马林等。

（3）作床和作垄。为了给种子发芽和幼苗生长发育创造良好的条件，便于苗木管理，在整地施肥的基础上，要根据育苗的不同要求把育苗地作成床或垄。

1）作床。培育需要精细管理的苗木、珍稀苗木，特别是种子粒径较小，顶土力较弱，生长较缓慢的树种，应采用苗床育苗。一般把用苗床培育苗木的育苗方式称为床式育苗。作床时间应与播种时间密切配合，在播种前5~6天内完成。苗床依其形式可分为高床、低床、平床3种。高床（南方：苗床高于地面15~30cm，床面宽约100cm），可以增加土壤通气性，提高土温，增加肥力，便于侧方灌水及排水；低床（北方：床面低于地面15~20cm，床面宽100~200cm）可以保水；平床适用于水分条件较好，不需要灌溉的地方或排水良好的土壤。

2）作垄，又称大田式育苗。优点：便于机械化生产和大面积连续操作，工作效率高，节省劳力。由于株行距大，光照通风条件好，苗木生长健壮而整齐，可降低成本提高苗木质量，但苗木产量略低。为了提高工作效率，减轻劳动强度，实现全面机械化，在面积较大的苗圃中多采用大田式育苗。作垄分为高垄和低垄，高垄为垄距60~70cm，垄高20cm左右，垄顶宽度为20~25cm；低垄是指将苗圃地整平后直接进行播种的育苗方法。

2. 播种时间

播种时间的确定，要依树种的生物学特性以及当地的气候条件而定。南方一般四季均有适播树种；而北方则多数树种以春播为主。总之，播种时间要适时、适地、适树才能达到良好的效果。

（1）春播。春季是主要的播种季节，在大多数地区，大多数树种都可以在春季播种。春播时间宜早不宜迟，同时要注意防止晚霜危害。根据树种和土壤条件适当安排播种顺序。一般针叶树种或未经催芽处理的种子应先播，阔叶树种或经过催芽处理的种子后播；地势高燥的地方、干旱的地区先播，低湿的地方后播。

（2）夏播。适用于易丧失发芽力，不易贮藏的夏熟种子，如杨树、榆树、桑树、檫木等树种。随采随播，种子发芽率高。

（3）秋播。适用于大、中粒种子或种皮坚硬的、有生理休眠特性的种子。因树种特性和当地气候条件的不同而异。自然休眠的种子播期应适当提早，可随采随播；被迫休眠的种子，应在晚秋播种，以防当年发芽受冻。为减轻各种危害，秋播应掌握"宁晚勿早"的原则。

（4）冬播。我国南方气候温暖，冬天土壤不冻结，而且雨水充沛，可以进行冬播。冬播实际上是春播的提早，也是秋播的延续。部分树种（如杉木、马尾松等）初冬种子成熟后随采随播，可早发芽，扎根深，能提高苗木的生长量和成活率，幼苗的抗旱、抗寒、抗病能力均较强。

3. 苗木密度和播种量的计算

（1）苗木密度。苗木密度的大小，取决于株行距，尤其是行距的大小。播种苗床一般行距为8~25cm，大田育苗一般行距为50~80cm。确定苗木密度的原则为：①依树种的生物学特性不同而不同，生长快、冠幅大的密度应稀些，反之应密些。②苗木年龄不同，其密度也不同。年龄越大密度越小。③苗圃地的环境条件（土壤、气候和水肥条件）好的宜密些，条件差的宜稀些。④依育苗方式及耕作机具的不同而不同，苗床育苗密度应高于作垄育苗密度。⑤技术水平高、管理精细的可高些；反之，密度宜稍低些。

（2）播种量的计算。播种量是指单位面积上播种的数量。播种量确定的原则是用最少的种子，达到最大的产苗量。适宜的播种量，需经过科学的计算，计算播种量的依据是：单位面积（或单位长度）的产苗量；种子品质指标，如种子纯度（净度）、千粒重、发芽势；种苗的损耗系数等。

播种量可按下式计算：

$$X = C \cdot \frac{A \cdot W}{P \cdot G \cdot 1000^2}$$

式中：X 为单位面积（或单位长度）实际所需播种量；A 为单位面积（或单位长度）的产苗量；W 为千粒种子的质量；P 为种子净度；G 为种子发芽势；1000^2 为常数；C 为损耗系数，C 值因树种、圃地的环境条件及育苗的技术水平而异，同一树种，在不同条件下的具体数值可能不同。

各地应通过试验来确定 C 值，参考值为：①大粒种子（千粒重在 700g 以上），$C = 1$；②中、小粒种子（千粒重在 3～700g），$1 < C \leqslant 5$；③极小粒种子（千粒重在 3g 以下），$C = 10～20$。

4. 播种方法

播种方法因树种特性、育苗技术和自然条件等不同而异，主要有条播、点播、撒播。

（1）条播。条播是按一定的行距将种子均匀地撒在播种沟中。播种沟宽度为 2～5cm，行距为 10～25cm。条播技术要点：播种行要通直；开沟深浅一致；撒种要均匀；覆土厚度要适宜。条播适用于中、小粒种子。

（2）点播。点播是按一定的株行距挖穴播种，或按行距开沟后再按株距将种子播于沟内，只适应于大粒种子，一般最小行距 30cm，株距不小于 10～15cm。点播的株行距应根据树种特性和苗木的培育年限来确定。播种时要注意种子的出芽部位，正确放置种子的姿态，以便于出芽。

（3）撒播。撒播又分为人工播种和机械播种两种方式。

采用人工播种，播种极小粒种子时，在播种前应对播种地进行镇压，以利种子与土壤接触。极小粒种子可用沙子或细泥土拌和后再播，以提高均匀度。然后用土、细砂或腐质土等覆盖，一般厚度为种子直径的 1～3 倍。最后，为了使种子与土壤紧密接触，使种子能顺利从土壤中吸取水分，在干旱地区或土壤疏松、土壤水分不足的情况下，覆土后要进行镇压。但对于较黏的土壤不宜镇压，以防土壤板结，不利幼苗出土。对于不黏而较湿的土壤，需待其表土稍干后再进行镇压。此外，播种前如果土壤过于干燥应先进行灌溉，然后再播种。

采用机械播种，选用的播种机播种时应能调节播种量，而且播下的种子在行内应均匀分布；排种器不能打碎或损伤种子；应选择开沟、播种、覆土、镇压能一次完成的机械。另外，还应注意播种机的工作幅度要与育苗地管理用的机具的工作幅度相一致。

5. 不同时期苗木管理

根据一年生播种苗各时期的特点，可将播种苗的第一个生长周期分为出苗期、幼苗期、速生期和苗木硬化期 4 个时期。

（1）出苗期是指从播种到幼苗出土的时期。

（2）幼苗期是指从幼苗出土后能够进行光合作用制造营养物质开始，到苗木进入生长旺盛期的期间。

（3）速生期是指从幼苗的生长量迅速上升时开始，到生长速度大幅下降时的时期。

（4）苗木硬化期是指从幼苗的速生阶段结束，到进入休眠落叶的时期。

不同时期苗木特点、持续时间及管理技术要点见表 3.2。

表 3.2   不同时期苗木特点、持续时间及管理技术要点

时期	苗木特点	持续时间	管理技术要点
出苗期	不能自行制造营养物质，营养来自种子贮藏物质；地上部分生长较慢，而根生长较快；需适宜的水分、温度和通透性较好的土壤条件	夏播树种一般需要 7～10 天出苗；而春播的各类树种需 3～5 周或 7～8 周出苗	做好种子催芽，均匀播种，以使苗木出土早、多、均匀；适时早播，覆土厚度均匀；春夏两季播种，土壤水分要充足，要与提高地温结合；为防高温，可遮阴
幼苗期	前期生长缓慢，根系生长快，长出多层侧根；主要根系分布深度数厘米至十余厘米；地上部分的叶子逐渐增多，叶面积逐渐增大；地上部分生长由缓慢变加快	这一时期持续时间的长短，因树种不同变幅较大，多数为 3～8 周	防低温、高温、干旱、水涝和病虫害，并促进根系生长；适量施氮、磷肥，保证苗木氮、磷需要量；生长快的树种，应间苗、定苗；生长慢的针叶树，也应在这一时期间苗
速生期	生长速度最快，生长量最大。高度生长量约占全年生长量的 80% 以上。根系也增长快速，主根的长度依树种不同而异。此时期影响幼苗生长发育的外界因子主要是土壤水分、养分和气温	大多数树种的速生期为 6 月中旬至 8 月底或 9 月，北方一般约为 70 天，而南方可长达 3～4 个月	及时进行施肥、灌水、松土、除草。应在速成生初期进行间苗；在速生阶段后期，要及时停止施氮肥和灌溉，以使幼苗在停止生长前充分木质化，有利于越冬
苗木硬化期	高生长速度急剧下降或停止，继而出现冬芽；苗木体内含水量逐渐降低，干物质增加，营养物质转入贮藏状态；苗木地上和地下部分逐渐达到完全木质化；苗木对低温和干旱抗性增强，落叶树种苗木的叶柄形成离层而脱落，进入休眠期	因树种和品种不同而异。大多数树种硬化期的持续时间为 6～9 周	停止一切促进幼苗生长的措施如追肥、灌水等，应设法控制幼苗生长，做好越冬准备。播种较晚的易受晚霜危害的树种更应注意

6. 播种苗的田间管理

（1）出苗前圃地管理工作。播种后为了给种子发芽和幼苗出土创造良好的条件，对播种地要进行精心管理，以提高场圃发芽率。主要内容有覆盖保墒、灌溉、松土、除草等。

1）覆盖保墒。

覆盖的目的：播种后对床面进行覆盖，能起到保持土壤水分，防止床面板结的作用；用塑料薄膜覆盖，还具有提高土温的作用；通过覆盖，可促使种子早发芽，缩短出苗期，并能提高场圃发芽率，增加合格苗产量。此外，覆盖还具有防止鸟害的作用。

覆盖材料：覆盖的材料应就地取材，以经济实惠、不给播种地带来杂草种子和病虫为

前提。另外，覆盖物不宜太重，否则会影响幼苗出土。常用的覆盖材料有塑料薄膜、稻草、麦草、竹帘子、苔藓、锯末、腐殖土以及树木枝条等。播种后应及时覆盖。

撤覆盖物：当幼苗大量出土（60%～70%）时，要及时分期撤除覆盖物。凡影响光照和不利于幼苗生长的覆盖物都要分次撤除。在播种后覆土较厚的苗床，或水分条件较好，管理较精细的苗圃，播种后可不需覆盖，以减少育苗费用。

2）灌溉。播种后如遇干旱季节或出苗时间较长，苗床会失水干燥，因此在管理中要适时适宜地补充水分。灌溉的时间、次数主要应根据土壤含水量、气候条件、树种以及覆土厚度而决定。垄播灌溉，水量不要过大，水流不能过急，并注意水面不能漫过垄背，使垄背土壤既能吸水又不板结。苗床播种，特别是播小粒种，最好在播种前灌足底水，播种后在不影响种子发芽的情况下，尽量不灌溉；以避免降低土温并造成土壤板结；如需灌溉，也应采用喷灌，以防止种子被冲走和出现淤积。

3）松土和除草。一般除草可与松土结合进行。

苗圃除草的原则：除早、除小、除了。

苗圃杂草的防除方法：控制杂草源、人工除草、机械除草、生物除草、化学除草。

（2）其他管理工作。播种覆土时，有时覆土会厚薄不均，使幼苗出土困难，故应在幼苗开始出土时，经常进行检查，发现尚无出苗之处时，可将过厚的覆土扒除，助幼苗出土。以免幼芽久在土内不出，腐烂死亡。对一些种粒较大且属于子叶出土类型的树种，在幼苗出土时，可人工将胚茎和种壳轻轻挖露土面，以助其生长。

在沙地育苗播种时，常遇风蚀、沙打等灾害。播种地四周及中部要设防风障，以防风蚀覆土或沙打幼苗。到季风停止时，苗木抵抗力已增强，可分期分段撤除防风障。此外，针叶树种幼芽带种皮出土时，常被鸟类啄食致使幼苗死亡，要加强防护与看守。

3.3.2 营养繁殖

营养繁殖是利用植物的营养器官如枝、根、茎、叶等，在适宜的条件下，培养成一个独立个体的育苗方法。营养繁殖由于没有性细胞的参与，又称无性繁殖。用营养繁殖方法培育出来的苗木称为营养繁殖苗或无性繁殖苗。

3.3.2.1 营养繁殖的特点

（1）能够保持母本的优良性状。因为营养繁殖不是通过两性细胞的结合，而是由分生组织直接分裂的体细胞所产生，所以其亲本的全部遗传信息可得以再现，从而能保持原有母本的优良性状和固有的表现型特征，而不致产生像种子繁殖那样的性状分离现象。从而达到保存和繁殖优良品种的目的。

（2）营养繁殖的幼苗一般生长快，可提早开花结实。这是因为营养繁殖的新植株是在母本原有发育阶段基础上的延续，不像种子繁殖苗个体发育重新开始。

（3）有些植物不结实或结实少或不产生有效种子，则可通过营养繁殖进行育苗，提高生产苗木的成效和繁殖系数。如重瓣花类的碧桃、无核果等。

（4）一些特殊造型的园林植物，则需通过营养繁殖的方法来繁殖和制作，如树（形）月季、龙爪槐等。而且园林中古树名木的复壮，也需通过促进组织增生或通过嫁接（高接或桥接）来恢复其生长势。

（5）方法简便、经济。由于有些园林植物的种子有深休眠，用种子繁殖就比较烦琐困难，采用营养繁殖则较容易，且简便、经济。

由上述可见，营养繁殖在育苗、植物造型以及古树名木的复壮等方面都有着非常重要的作用。但营养繁殖也有其不足之处，如营养繁殖苗的根系没有明显的主根，不如实生苗的根系发达（嫁接苗除外），抗性较差，而且寿命较短。对于一些树种，多代重复营养繁殖后易引起退化，致使苗木生长衰弱，如杉木。

3.3.2.2 营养繁殖方法

营养繁殖在苗木的培育中常用的方法有扦插繁殖、嫁接繁殖、压条繁殖、分株繁殖、埋条繁殖等。

1. 扦插繁殖

扦插繁殖是利用离体的植物营养器官如根、茎（枝）、叶等的一部分，在一定的条件下插入土、沙或其他基质中，利用植物的再生能力，经过人工培育使之发育成一个完整新植株的繁殖方法。经过剪截用于直接扦插的部分叫插穗，用扦插繁殖所得的苗木称为扦插苗。生产中主要应用扦插繁殖的树种有枸杞、沙棘、树莓、无花果、醋栗等。

扦插繁殖方法简单，材料充足，可进行大量育苗和多季育苗，已经成为树木，特别是不结实或结实稀少名贵园林树种的主要繁殖手段之一。扦插育苗和其他营养繁殖相比具有成苗快、适应性广和保持母本优良性状的特点。但是，因插条脱离母体，必须给予适合的温度、湿度等环境条件才能成活，对一些要求较高的树种，还需采用必要的措施如遮阴、喷雾、搭塑料棚等措施才能成功。因此，扦插繁殖要求管理精细，比较费工。

（1）影响插条生根的因素。在插条生根过程中，插条不定根的形成是一个复杂的生理过程。插条扦插后能否生根成活，除与植物本身的内在因子有关外，还与外界环境因子有密切的关系。

1）影响插条生根的内在因子。

a. 树种的生物学特性。不同树种的生物学特性不同，因而它们的枝条生根能力也不一样。根据插条生根的难易程度可分为以下几种：

（a）易生根的树种：如沙棘、金银花、葡萄、无花果和石榴等。

（b）较易生根的树种：如山茶、樱桃、野蔷薇、杜鹃、珍珠梅、夹竹桃、猕猴桃等。

（c）较难生根的树种：如秋海棠、枣树等。

（d）极难生根的树种：如板栗、核桃、柿树等。

不同树种生根的难易，只是相对而言，随着科学研究的深入，有些很难生根的树种可能成为扦插容易的树种，并在生产上加以推广和应用。所以，在扦插育苗时，要注意参考已被证实的资料，没有资料的品种，要进行试插，以免走弯路。在扦插繁殖工作中，只要在方法上注意改进，就可能提高成活率。如一般认为扦插很困难的赤松、黑松等，通过萌芽条的培育和激素处理，在全光照自动喷雾扦插育苗技术条件下，生根率能达到80%以上。一般属易于扦插的月季品种中，有许多优良品系生根很困难，如在扦插时期改为秋后带叶扦插，在保温和喷雾保湿条件下，生根率可达到95%以上。这说明许多难生根的树种或花卉，在科技不断进步的情况下，根据亲本的遗传特性，采取相应的措施，是可以找到生根的好办法的。

b. 插穗的年龄。包含两种含义：一是所采枝条的母树年龄；二是所采枝条本身的年龄。

（a）母树年龄：插穗的生根能力是随着母树年龄的增长而降低的，在一般情况下母树年龄越大，植物插穗生根就越困难，而母树年龄越小则生根越容易。由于树木新陈代谢作用的强弱，是随着发育阶段变老而减弱的，其生活力和适应性也逐渐降低。相反，幼龄母树的幼嫩枝条，其皮层分生组织的生命活动能力很强，所采下的枝条扦插成活率高。所以，枝条应采自年幼的母树，特别对许多难以生根的树种，应选用 1～2 年生实生苗上的枝条，扦插效果最好。

（b）插穗年龄：插穗年龄对生根的影响显著，一般以当年生枝的再生能力为最强，这是因为嫩枝插穗内源生长素含量高、细胞分生能力旺盛，促进了不定根的形成。一年生枝的再生能力也较强，但具体年龄也因树种而异。

c. 枝条的着生部位及发育状况。有些树种树冠上的枝条生根率低，而树根和干基部萌发条的生根率高。因为母树根颈部位的一年生萌蘖条，其发育阶段最年幼，再生能力强，又因萌蘖条生长的部位靠近根系，得到了较多的营养物质，具有较高的可塑性，扦插后易于成活。干基萌发枝生根率虽高，但来源少。所以，做插穗的枝条用采穗圃的枝条比较理想，如无采穗圃，可用插条苗、留根苗和插根苗的苗干，其中以后二者更好。

针叶树母树主干上的枝条生根力强，侧枝尤其是多次分枝的侧枝生根力弱，若从树冠上采条，则从树冠下部光照较弱的部位采条较好。在生产实践中，有些树种带一部分 2 年生枝，采用"踵状扦插法"或"带马蹄扦插法"常可以提高成活率。

硬枝插穗的枝条，必须发育充实、粗壮、充分木质化、无病虫害。

d. 枝条的不同部位。同一枝条的不同部位根原基数量和贮存营养物质的数量不同，其插穗生根率、成活率和苗木生长量都有明显差异。但具体哪一部位好，还要考虑植物的生根类型、枝条的成熟度等。一般来说，常绿树种中上部枝条较好。这主要是中上部枝条生长健壮，代谢旺盛，营养充足，且中上部新生枝光合作用也强，对生根有利。落叶树种硬枝扦插中下部枝条较好。因中下部枝条发育充实，贮藏养分多，为生根提供了有利因素。若落叶树种嫩枝扦插，则中上部枝条较好。由于幼嫩的枝条，中上部内源生长素含量最高，而且细胞分生能力旺盛，对生根有利，如毛白杨嫩枝扦插，梢部最好。

e. 插穗的粗细与长短。插穗的粗细与长短对于成活率、苗木生长有一定的影响。对于绝大多数树种来讲，长插条根原基数量多，贮藏的营养物质多，有利于插条生根。插穗长短的确定要以树种生根快慢和土壤水分条件为依据，一般落叶树硬枝插穗 10～25cm，常绿树种 10～35cm。随着扦插技术的提高，扦插逐渐向短插穗方向发展，有的甚至一芽一叶扦插，如茶树、葡萄采用 3～5cm 的短枝扦插，效果很好。

对不同粗细的插穗而言，粗插穗所含的营养物质多，对生根有利。插穗的适宜粗细因树种而异，多数针叶树种直径为 0.3～1cm，阔叶树种直径为 0.5～2cm。

f. 插穗的叶和芽。插穗上的芽是形成茎、干的基础。芽和叶能供给插穗生根所必需的营养物质和生长激素、维生素等，对生根有利。尤其对嫩枝扦插及针叶树种、常绿树种的扦插更为重要。插穗留叶多少一般要根据具体情况而定，一般留叶 2～4 片，若有喷雾装置，定时保湿，则可留较多的叶片，以便加速生根。

另外，从母树上采集的枝条或插穗，对干燥和病菌感染的抵抗能力显著减弱，因此，在进行扦插繁殖时，一定要注意保持插穗自身的水分。生产上，可用水浸泡插穗下端，不仅可增加插穗的水分，还能减少抑制生根物质。

2）影响生根的主要外因。影响插条生根的外因主要有温度、湿度、通气条件、光照、基质等。其因素之间相互影响、相互制约，因此，扦插时必须使各种环境因子有机协调地满足插条生根的各种要求，以达到提高生根率、培育优质苗木的目的。

a．温度。插穗生根的适宜温度因树种而异。多数树种生根的最适温度为15～25℃，以20℃最适宜。此外，处于不同气候带的植物，其扦插的最适宜温度也不同，如美国学者认为温带植物在20℃左右合适，热带植物在23℃左右合适。苏联学者则认为温带植物在20～25℃合适，热带植物在25～30℃合适。

不同树种插穗生根对土壤的温度要求也不同，一般土温高于气温3～5℃时，对生根极为有利。这样有利于不定根的形成而不适于芽的萌动，集中养分在不定根形成后芽再萌发生长。在生产上可用马粪或电热线等作为酿热材料增加地温，还可利用太阳光的热能进行倒插催根，提高其插穗成活率。

温度对嫩枝扦插更为重要，30℃以下有利于枝条内部生根促进物质的利用，因此对生根有利。但温度高于30℃，会导致扦插失败。一般可采取喷雾方法降低插穗的温度。插穗活动的最佳时期，也是病菌猖獗的时期，所以在扦插时应特别注意。

b．湿度。在插穗生根过程中，空气的相对湿度、插壤湿度以及插穗本身的含水量是扦插成活的关键，尤其是嫩枝扦插，应特别注意保持合适的湿度。

（a）空气的相对湿度：空气的相对湿度对难生根的针、阔叶树种的影响很大。插穗所需的空气相对湿度一般为90%左右。硬枝扦插可稍低一些，但嫩枝扦插空气的相对湿度一定要控制在90%以上，使枝条蒸腾强度最低。生产上可采用喷水、间隔控制喷雾等方法提高空气的相对湿度，使插穗易于生根。

（b）插壤湿度：插穗最容易失去水分平衡，因此要求插壤有适宜的水分。插壤湿度取决于扦插基质、扦插材料及管理技术水平等。据毛白杨扦插试验，插壤中的含水量一般以20%～25%为宜。含水量低于20%时，插条生根和成活率都受到影响。有报道表明，插条由扦插到愈伤组织产生和生根，各阶段对插壤含水量的要求不同，通常以前者为高，后者依次降低。尤其是在完全生根后，应逐步减少水分的供应，以抑制插条地上部分的旺盛生长，增加新生枝的木质化程度，更好地适应移植后的田间环境。

c．通气条件。插条生根率与插壤中的含氧量成正比，扦插时插穗基质要求疏松透气，尤其对需氧量较多的树种，更要选择疏松透气的扦插基质，同时应浅插。如基质为壤土，每次灌溉后必须及时松土，否则会降低成活率。

d．光照。光照能促进插穗生根，对常绿树及嫩枝扦插是不可缺少的。但扦插过程中，强烈的光照又会使插穗干燥或灼伤，降低成活率。在实际工作中，可采取喷水降温或适当遮阴等措施来维持插穗水分平衡。夏季扦插时，最好的方法是应用全光照自动间歇喷雾法，既保证了供水又不影响光照。

e．基质。不论使用什么样的基质，只要能满足插穗对基质水分和通气条件的要求，都有利于生根。目前所用的扦插基质有固态基质（河沙、蛭石、珍珠岩、炉渣、泥炭土、碳化稻壳、花生壳、苔藓、泡沫塑料等）、液态基质和气态基质。基质的选择应根据树种的要求，选择最适基质。在露地进行扦插时，大面积更换扦插土，实际上是不可能的，故通常选用排水良好的沙质壤土。

（2）促进插穗生根的技术。

1）生长素及生根促进剂处理。

a. 生长素处理。常用的生长素有萘乙酸（NAA）、吲哚乙酸（IAA）、吲哚丁酸（IBA）、2，4-D等。使用方法：一是先用少量酒精将生长素溶解，然后配置成不同浓度的药液。低浓度（如 50～200mg/L）溶液浸泡插穗下端 6～24h，高浓度（如 500～10000mg/L）溶液可进行快速处理（几秒钟到 1min）。二是将溶解的生长素与滑石粉或木炭粉混合均匀，阴干后制成粉剂，用湿插穗下端蘸粉扦插；或将粉剂加水稀释成糊剂，用插穗下端浸蘸；或做成泥状，包埋插穗下端。处理时间与溶液的浓度随树种和插条种类的不同而异。一般生根较难的浓度要高些，生根较易的浓度要低些。硬枝浓度要高些，嫩枝浓度要低些。

b. 生根促进剂处理。目前使用较为广泛的有中国林科院林研所王涛研制的"ABT 生根粉"系列，华中农业大学林学系研制的广谱性"植物生根剂 HL-43"，山西农业大学林学系研制的"根宝"，昆明市园林所等研制的"3A 系列促根粉"等。它们均能提高多种树木如银杏、桂花、板栗、红枫、樱花、梅、落叶松等的生根率，生根率可达 90%以上，且根系发达，吸收根数量增多。

2）洗脱处理。洗脱处理一般有温水洗脱处理、流水洗脱处理、酒精洗脱处理等。洗脱处理不仅能降低枝条内抑制物质的含量，同时还能增加枝条内水分的含量。

a. 温水洗脱处理。将插穗下端放入 30～35℃的温水中浸泡几小时或更长时间，具体时间因树种而异。某些针叶枝如松树、落叶松、云杉等浸泡 2h，起脱脂作用，有利于切口愈合与生根。

b. 流水洗脱处理。将插条放入流动的水中，浸泡数小时，具体时间也因树种不同而异。多数在 24h 以内，也有的可达 72h，甚至有的时间更长。

c. 酒精洗脱处理。用酒精处理也可有效地降低插穗中的抑制物质，大大提高生根率。一般使用浓度为 1%～3%，或者用 1%的酒精和 1%的乙醚混合液，浸泡时间为 6h 左右，如杜鹃类。

3）营养处理。用维生素、糖类及其他氮素处理插条，也是促进生根的措施之一。如用 5%～10%的蔗糖溶液处理雪松、龙柏、水杉等树种的插穗 12～24h，对促进生根效果很显著。若糖类与植物生长素并用，则效果更佳。在嫩枝扦插时，在其叶片上喷洒尿素，也是营养处理的一种。

4）化学药剂处理。有些化学药剂也能有效地促进插条生根，如醋酸、磷酸、高锰酸钾、硫酸锰、硫酸镁等。例如，生产中用 0.1%的醋酸水溶液浸泡卫矛、丁香等插条，能显著地促进生根；用 0.05%～0.1%的高锰酸钾溶液浸插穗 12h，除能促进生根外，还能抑制细菌发育，起消毒作用。

5）增温处理。春天由于气温高于地温，在露地扦插时，易先抽芽展叶后生根，以致扦插成活率降低。为此，可采用在插床内铺设电热线（即电热温床法）或在插床内放入生马粪（即酿热物催根法）等措施来提高地温，促进生根。

6）倒插催根。一般在冬末春初进行。利用春季地表温度高于坑内温度的特点，将插条倒放坑内，用沙子填满孔隙，并在坑面上覆盖 2cm 厚的沙，使倒立的插穗基部的温度高于插穗梢部，这样为插穗基部愈伤组织的根原基形成创造了有利条件，从而促进生根，但要注意水分控制。

7）黄化处理。在生长季前用黑色的塑料袋将要作插穗的枝条罩住，使其处在黑暗的条件下生长，形成较幼嫩的组织，待其枝叶长到一定程度后，剪下进行扦插，能为生根创造较有利的条件。

8）机械处理。在树木生长季节，将枝条基部环剥、刻伤或用铁丝、麻绳或尼龙绳等捆扎，阻止枝条上部的碳水化合物和生长素向下运输，使其贮存养分，至休眠期再将枝条从基部剪下进行扦插，能显著地促进生根。

（3）扦插时期和插条的选择及剪截。

1）扦插时期。一般来讲，植物扦插繁殖，一年四季皆可进行。适宜的扦插时期，因植物的种类和特性、扦插的方法等而异。

a. 春季扦插：适宜大多数植物。春季扦插是利用一年生休眠枝直接进行扦插或经冬季低温贮藏后进行扦插，又称硬枝扦插。春季扦插宜早，并要创造条件，首先打破枝条下部的休眠，保持上部休眠，待不定根形成后芽再萌发生长。所以该季节扦插育苗的技术关键是采取措施提高地温。春季扦插生产上采用的方法有大田露地扦插和塑料小棚保护地扦插。

b. 夏季扦插：夏季扦插是利用当年旺盛生长的嫩枝或半木质化枝条进行扦插，又称嫩枝扦插。夏季由于气温高，枝条幼嫩，易引起枝条蒸腾失水而枯死。所以，夏插育苗的技术关键是提高空气的相对湿度，减少插穗叶面蒸腾强度，提高离体枝叶的存活率，进而提高生根成活率。夏季扦插采用的方法常有荫棚下塑料小棚扦插和全光照自动间歇喷雾扦插。

c. 秋季扦插：秋季扦插是利用发育充实、营养物质丰富、生长已停止但未进入休眠期的枝条进行扦插。秋插宜早，以利物质转化完全，安全越冬。所以该季节扦插育苗的技术关键是采取措施提高地温。秋季扦插采用的常用方法是塑料小棚保护地扦插育苗，北方还可采用阳畦扦插育苗。

d. 冬季扦插：冬插是利用打破休眠的休眠枝进行温床扦插。北方应在塑料棚或温室内进行，在基质内铺上电热线，以提高扦插基质的温度。南方则可直接在苗圃地扦插。

2）插条的选择及剪截。插条因采取的时期不同而分成休眠期插条与生长期插条两种，前者为硬枝插条，后者为软（嫩）枝插条。

硬枝插条的剪取应选择枝条含蓄养分最多的时期进行。这个时期树液流动缓慢，生长完全停止，即落叶树种在秋季落叶后或开始落叶时至翌春发芽前剪取。应选用优良幼龄母树上发育充实、已充分木质化的 1～2 年生枝条或萌生枝；选择健壮、无病虫害且粗壮含营养物质多的枝条。北方地区采条后如不立即扦插，则应将插条贮藏起来待来春扦插，其方法有露地埋藏和室内贮藏两种。一般长穗插条长 15～20cm，保证插穗上有 2～3 个发育充实的芽，单芽插穗长 3～5cm。剪切时上切口距顶芽 1cm 左右，下切口的位置依植物种类而异，一般在节附近薄壁细胞多，细胞分裂快，营养丰富，易于形成愈伤组织和生根，故插穗下切口宜紧靠节下。下切口有平切、斜切、双面切、踵状切等几种切法。一般平切口生根呈环状均匀分布，便于机械化截条，对于皮部生根型及生根较快的树种应采用平切口。斜切口与插穗基质的接触面积大，可形成面积较大的愈伤组织，利于吸收水分和养分，提高成活率，但根多生于斜口的一端，易形成偏根，同时剪穗也较费工。双面切与插壤的接触面积更大，在生根较难的植物上应用较多。踵状切口一般是在插穗下端带 2～3 年生枝段时采用，常用于针叶树。

嫩枝插条最好选自生长健壮的幼年母树，并以开始木质化的嫩枝为最好，嫩枝采条应在清晨日出以前或在阴雨天进行，不要在阳光下、有风或天气很热的时候采条。一般针叶树以夏末剪取中上部半木质化的枝条较好，落叶阔叶树及常绿阔叶树一般在高生长最旺盛期剪取幼嫩的枝条进行扦插，对于大叶植物，以叶未展开成大叶时采条为宜。采条后及时喷水，注意保湿。对于嫩枝扦插，枝条插前的预处理很重要，含单宁高和难生根的植物可以在生长季以前进行黄化、环剥、捆扎等处理。枝条采回后，在阴凉背风处进行剪截。一般插条长 10～15cm，带 2～3 个芽，插条上保留叶片的数量可根据植物种类与扦插方法而定。下切口剪成平口或小斜口，以减少切口腐烂。

（4）扦插的种类及方法。在植物扦插繁殖中，根据使用的繁殖材料不同，可分为枝插、根插、叶插、芽插、果实插等。

1）枝插。根据枝条的成熟度与扦插季节，枝插一般可分为休眠枝扦插与生长枝扦插。按使用材料的形态及长短不同又可分为各种枝插方法。

休眠枝扦插是利用已经休眠的枝条作插穗进行扦插，由于休眠枝条已木质化，又称为硬枝扦插，通常分为长穗插和单芽插两种。长穗插是用两个以上芽的枝段进行扦插，有普通插、踵形插、槌形插等，单芽插是用一个芽的枝段进行扦插，由于枝条较短，故又称为短穗插，多用于常绿树种进行扦插繁殖。用此法扦插白洋茶，枝条长 2.5cm 左右，2～3 个月生根，成活率可达 90%。

休眠枝扦插前要整理好插床。露地扦插要细致整地，施足基肥，使土壤疏松，水分充足。必要时要进行插壤消毒。扦插密度可根据树种生长快慢、苗木规格、土壤情况和使用的机具等而定。一般株距 10～50cm，行距 30～80cm。在温棚和繁殖室内，一般密插，插穗生根发芽后，再进行移植。插穗扦插的角度有直插和斜插两种，一般情况下，多采用直插。斜插的扦插角度不应超过 45°。插入深度应根据树种和环境而定。落叶树种插穗全插入地下，上露一芽或与地面平。露地扦插在南方温暖湿润地区，可使芽微露。在温棚和繁殖室内，插穗上端一般都要露出扦插基质。常绿树种插入地下深度应为插穗长度的 1/3～1/2。

生长枝扦插是用生长旺盛的幼嫩枝或半木质化的枝条作插穗进行扦插，很多树种都适宜利用幼嫩枝扦插。插穗长度一般比硬枝插穗短，多数带 1～4 个节间，长 5～20cm，保留部分叶片，叶片较大的剪去一半。下切口位于叶及腋芽下，以利生根，剪口可平可斜。然后扦插于插壤中。生长枝扦插在南方，春、夏、秋三季均可进行，北方则主要在夏季进行，具体插条时间为早晚进行，随采随插，多在疏松通气、保湿效果较好的扦插床上扦插，扦插深度为 3cm 左右，密度以两插穗之叶片互不重叠为宜。扦插角度一般为直插。

扦插深度一般为插穗长度的 1/2～1/3，如能人工控制环境条件，扦插深度越浅越好，可为 0.5cm 左右，不倒即可。生长枝扦插要求空气湿度高，为避免植物体内大量水分发生蒸腾，可采用全光照自动间隔喷雾扦插设备、荫棚内小塑料棚扦插，也可采用大盆密插、水插等方法，以保证适宜的空气湿度。此类扦插在插床上穗条密度较大，多在生根后立即移植到圃地生产。

2）根插。一般应选择健壮的幼龄树或生长健壮的 1～2 年生苗作为采根母树，根穗的年龄以 1 年生为好。若从单株树木上采根，一次采根不能太多，否则会影响母树的生长。采根时勿伤根皮。采根一般在树木休眠期进行，采后及时埋藏处理。在南方，最好早春采根随即进行扦插。根据树种的不同，可剪成不同规格的根穗。一般根穗长度为 15～20cm，大头粗度为 0.5～2cm。为区别根穗的上、下端，可将上端剪成平口，下端剪成斜口。此外，有些树种如香椿、刺槐、泡桐等也可用细短根段，长 3～5cm，粗 0.2～0.5cm。在扦插前将插壤细致整平，灌足底水。将长 15～20cm 的根插穗垂直或倾斜插入土中，插时注意根的上下端，不要倒插。插后到发芽生根前最好不灌水，以免地温降低和由于水分过多引起根穗腐烂。有些树种的细短根段还可以用播种的方法进行育苗。

3）叶插。利用叶片繁殖培育成新植株。于秋冬季节，选择生长健壮的 2 年生苗木或幼龄枝的当年生粗壮针叶束作繁殖材料。将采回的针叶束洗净，然后将叶束贮藏在经过消毒的纯沙中（叶束埋深 2/3 即可），并浇透水，经常保持湿润，温度控制在 0～10℃，约 1 个月。沙藏起脱脂作用。沙藏后的叶束，可用快刀片在生长点以下将叶束基部切去（勿伤生长点），造成一新鲜伤口，有利愈合生根。切基后的叶束再进行激素处理。将经过切基、激素处理的针叶束插入水培营养液中，并固定。控制温度在 10～28℃，空气相对湿度在 80% 左右，积温达到 1000℃ 左右，生根加快。一般 1 周左右要冲洗叶束，清洗水培容器，并更换营养液一次。当叶束根长到 1～2cm 时，即可进行移植，同时接种菌根。移植时用小铲开孔，插入带根叶束，深度以掩埋住根即可，轻轻压实，要经常保持土壤的湿润。移植初期，中午前后阳光太强，要适当遮阴。移植后最关键的问题是促进生长点的萌动、发芽、抽茎生长。叶束发芽与叶束的质量有密切关系。叶束健壮，质量大，易发芽。此外接种菌根对促进发芽有作用。有时为促进发芽，还可喷洒赤霉素等。叶束苗长出新根、发芽、抽茎以后的管理，同一般的育苗方法。

扦插后的管理也很重要。一般扦插后应立即灌一次透水，以后注意经常保持插壤和空气的湿度，做好保墒及松土工作。插条上若带有花芽应及早摘除。若未生根之前地上部已展叶，则应摘除部分叶片，在新苗长到 15～30cm 时，应选留一个健壮直立的枝条，其余枝条抹去，必要时可在行间进行覆草，以保持水分和防止雨水将泥土溅于嫩叶上。硬枝扦插对不易生根的树种，生根时间较长，应注意必要时进行遮阴，嫩枝露地扦插也要搭荫棚遮阴降温，每天 10：00—16：00 遮阴降温，同时每天喷水，以保持湿度。用塑料棚密封扦插时，可减少灌水次数，每周 1～2 次即可，但要及时调节棚内的温度和湿度，插条扦插成活后，要经过炼苗阶段，使其逐渐适应外界环境再移到圃地。在温室或温床中扦插时，当生根展叶后，要逐渐开窗流通空气，使其逐渐适应外界环境，然后再移至圃地。

在空气温度较高而且阳光充足的地区，可采用全光照间歇喷雾扦插床进行扦插。

2. 嫁接繁殖

　　嫁接是水土保持植物营养苗培育的主要方法。由嫁接繁殖形成的苗木叫嫁接苗，用于嫁接的芽或枝段部分称为接穗，承受接穗的部分叫砧木。

　　嫁接繁殖的优点有：嫁接苗能保持接穗品种的各种优良性状；可以选择砧木类型，利用砧木的矮化、丰产、优质、抗旱、抗寒、耐涝、耐盐碱、抗病虫等特性来扩大栽培范围，提高经济效益；繁殖系数高，适合于优良品种大量生产；接穗采自成年大树，已渡过童期阶段，与实生苗相比进入结果期大大提前。此外，嫁接法还用于高接换种、改良老品种、保存种质资源、病毒检测、乔接病疤、植物生理生化研究等方面。但嫁接繁殖也易造成病毒类病原体的传播泛滥。

　　（1）影响嫁接成活的因素。

　　1）砧木与接穗的亲和力：嫁接亲和力是指砧木和接穗经嫁接能愈合，并正常生长发育的能力。亲和力良好时表现为砧、穗内部的组织结构、生理机能等能够互相适应。一般来说，砧、穗间亲缘关系越近，亲和力越强。因而嫁接的砧木一般选用植物分类学上同种或同属的种类。但也存在很多例外，如温州蜜柑用同是柑橘属的酸橘反而不如异属的枸橘亲和力好。

　　2）嫁接时期和环境条件：无论何种嫁接方法，均要求伤口迅速愈合以及输导组织的连通。因此，对嫁接时期的起码要求是有一定的湿度和温度。当砧、穗均处于旺盛生长阶段，形成层最活跃时，嫁接成活率高。一般温度以 20～25℃ 为宜。土壤水分充足或嫁接前浇水，接口密封程度和保湿条件好则成活率高。

　　3）砧穗质量和嫁接技术：接穗和砧木生长充实，贮藏营养物质多时，嫁接成活率高。嫁接时应选生长充实、芽体饱满的发育枝作接穗，同一接穗应选充实部位的芽或枝段进行嫁接。剪下接穗后，应妥善保存，尽量减少失去水分。正确熟练的嫁接技术，也是嫁接成活的重要条件。砧木和接穗削面平滑，形成层对准，操作动作快，接口包扎严实，则成活率高。

　　（2）砧木及接穗准备。在嫁接育苗，选择砧木类型时应依据下列条件：与接穗有良好的亲和力；接穗生长健壮，早果优质；适应栽培地区的土壤气候条件，表现为抗寒、抗旱、抗病、耐涝、耐盐碱等。采集接穗的母株应品种准确、生长健壮、结果良好，并无检疫对象。用作接穗的枝条应选组织充实、芽体饱满的 1 年生发育枝。春季枝接用的接穗，可在休眠期结合冬季修剪采集。采后挂标签并立即挖沟，用湿沙分层保存。接穗蘸蜡保存时，在石蜡中加 30% 左右的蜂蜡，加湿熔化到 90～100℃ 时，迅速浸蘸接穗，使接穗表面形成一层很薄的蜡膜。夏秋季芽接用接穗，采下后立即保留长 1cm 左右的叶柄，剪除叶片。最好随采随用或尽早嫁接，尤其对嫁接成活率较低的核桃、杏等，接穗采下后最好当日用掉。生长季接穗在贮运中，应采取各种方法创造高湿低温的环境条件。

　　（3）嫁接时期与方法。芽接时间主要在生长季的 6—9 月。一般要求砧木的嫁接部位达到一定的粗度（0.5cm 以上）并离皮，接穗充实饱满并离皮。根据砧、穗不同的削法，芽接有 T 字形芽接、方块形芽接、嵌芽接、套芽接、带木质芽接等。其中，生产中主要应用的是 T 字形芽接和嵌芽接。嵌芽接砧木、接穗无离皮与否的限制。方块形芽接主要应用于嫁接成活率较低的核桃、柿等树种。

枝接时期北方一般为 3 月下旬至 5 月上旬，南方落叶树在 2—4 月。接穗可以结合冬季修剪获取，来源丰富，并且嫁接当年可长成 1 年生苗。但与芽接相比，枝接操作技术难度大、速度慢、接穗利用率低。常用的枝接方法有切接、劈接、皮下接、腹接、舌接、根接等。

（4）嫁接苗管理措施。

1）检查成活情况、解绑及补接：芽接后 10～15 天检查成活情况。凡接芽新鲜，叶柄一触即落的为成活。如绑带无弹性，为防发生绞缢，此时应解绑；如用塑料薄膜捆绑，因伸缩性大，可在次年春结合剪砧时解绑。枝接时，接穗萌芽后有一定生长量的为成活，未成活的应及时补接。

2）培土防寒：冬季严寒干旱地区，为防止接芽受冻或砧木抽条，土壤封冻前应培土防寒，即取行间土堆到砧木基部且超过接芽 6～10cm。春季土壤解冻后应及时去掉培土。

3）剪砧及补接：翌春砧木发芽前及时从接芽以上剪去砧木，以促进接芽萌发。剪砧部位应在接芽以上 0.5～1cm 处，前口稍向接芽背面倾斜，以有利于剪口愈合。越冬后未成活植株可用枝接法补接。

4）除萌、立支柱：芽接苗或枝接苗，剪砧后砧木基部会生出许多萌蘖，需多次除萌，以免与接芽争夺营养。春季风大的地区，当幼苗长到 20cm 上下时，应在砧木旁立一支柱，引缚新梢，以防大风吹折或吹歪幼苗。

5）其他管理：苗圃地春季易发生各种金龟子危害，夏季易发生蚜虫类危害，应注意防治。夏秋季应注意预防各种枝叶病害。另外，应加强肥水管理、中耕除草等工作。

3. 压条繁殖

压条繁殖是在枝条不与母株分离的状态下，将枝梢部分压入土中，促使枝梢生根后，与母株分离呈独立植株的繁殖方法。压条繁殖方法简单易行，但繁殖系数低，常用于扦插等方法难以生根的树种品种。其方法有以下几种：

（1）直立压条法：可用于石榴、无花果、榛子等树种。按 0.3m×2m～0.5m×2m 定植自根苗后，春季萌芽前，每株留 2cm 左右短截，促使基部发出萌蘖。当新梢长到 15～20cm 时，进行第 1 次培土，培土高度约为新梢长度的 1/2。约 1 个月后，新梢长达 40cm 左右时进行第 2 次培土，培土高度约 30cm。一般培土后 20 天左右生根。入冬前扒开土堆，自每根萌蘖基部靠近母株处留 2cm 短桩剪截移栽。未生根萌蘖也同时剪掉，母株翌年可继续培土繁殖。

（2）水平压条法：又称沟压，定植时将母株呈 45°倾斜栽植，将枝条呈水平状压入深 5cm 左右的浅沟内，用枝杈固定。待新梢长到 15～20cm 时，进行第 1 次培土，新梢长到 25～30cm 时进行第 2 次培土。到秋季落叶后分株，在靠近母株基部应保留 1～2 条枝梢，供来年再次水平压条。

压条繁殖法还有曲枝压条法、先端压条法、空中压条法等，但应用较少。

4. 分株繁殖

分株繁殖即将植物体分生出来的幼植体，或者营养器官的一部分进行分离后，形成独立植株的方法。它是一种简单、安全的繁殖方法，但繁殖系数低，根据植物种类习性的不同，分株繁殖方法可分为以下几种：

（1）根蘖分株：用于根系容易大量生不定芽而长成根蘖苗的树种，如枣树、榛子、樱桃、李、石榴、山楂等。

（2）吸芽分株：吸芽是某些植物根部或地上茎叶腋间形成的短缩、肥厚呈莲座状的短枝。其下部可自然生根，切离后移植即可成为独立植株。如菠萝可用此法繁殖。

（3）葡萄茎分株：由短缩的茎部或叶轴基部长出长蔓，节间较短，与地面平行的称葡萄茎。草莓地下茎的腋芽生长当年可生葡萄茎，在葡萄茎的节上形成叶簇和芽，下部生根长成一幼株，夏末秋初将幼株挖出，即可栽植。

3.3.2.3　塑料大棚育苗

大棚育苗成本较低，近年来，在高海拔山区及早春育苗地区得到广泛应用。建造大棚的场地要选择在避风向阳、地势平坦、土层深厚、接近水源、交通便利的地方。大棚的方向有东西、南北两种，方向与室内温度、照度有关。不同季节的室内温度，东西向大棚在冬春寒冷期南侧比北侧高，其他时间南北温差很小。南北向大棚冬天东部温度较西部高，早春到来后，西部又比东部高，春季正午时东部又比西部高。以平均温度而言，东西方向的冬季温度高，夏季较低；而南北方向的冬天温度偏低，夏天偏高。在照度方面，东西方向的大棚，除炎热的夏季外，南侧较高；冬天的照度则南侧的中部和北侧的西北部偏小，高温期的南侧比北侧还小。南北方向的大棚，东西两面照度的差别较小，但高温期照度偏高，需要遮光。从温度和照度综合考虑，东西方向的大棚对太阳的利用有利。

大棚分类较为复杂，按屋顶形状可分为拱圆形和屋脊形，按材料可分为全木结构、全钢结构、铁木结构等，按大小可分为单栋式、连栋式。大棚的大小以有利于育苗为原则，一般脊高3m，侧高1.2～1.8m，宽9～15m，长30～60m，面积以300～700m² 为宜。建造时，立柱要埋设牢固，骨架互相连接，以形成坚固的整体。

大棚育苗与大田育苗有所不同。育苗地规划时要尽量减少非生产性面积，主道应顺大棚长边设置，并与大棚门相连通，副道与主道垂直，数量视实际情况而定，主、副道宽度以40～60cm较合适，排、灌渠可与道路结合规划。棚内一般采用低床形式，步道高出床面15cm，苗床方向与主道垂直，床宽1m左右，床长根据大棚宽度确定。育苗前先按照规划筑床整地，整地时施入基肥，并进行土壤消毒，目前大棚在培育针叶苗时均采用容器育苗。

苗木生长期，棚内温度维持在25～30℃比较合适。早春至5月上旬，以增温和保温为主，减少通风换气次数；5月中旬以后，以降温散热为主，采取洒水、灌水降温和通风等措施。当气温超过35℃时，应将塑料薄膜全部打开散热。一定要把握好通气与温湿度的关系，加强湿度及温度控制。在大棚管理中关键是通风换气，当棚外温度低于10℃时，晚上一般要关闭通风口，早晨打开门窗和少量通气口；棚外温度达20～25℃时，晚上应打开门窗，早晨太阳出来后，再打开部分边窗；气温升高到30℃时，要卷起周围薄膜至1m高左右；当温度降到20℃时，放下薄膜关闭部分通气口。6月以后，要将周围薄膜全部揭起，在阴雨天可只打开门窗和部分边窗。

随着苗木的生长，当棚内条件不如棚外时，可以撤棚。但撤棚时要注意炼苗，即可先撤掉上部薄膜的1/4～1/2，使苗木逐渐适应外界环境条件。

3.3.2.4 容器育苗

容器苗是在装有育苗基质（土壤、营养土、草炭、稻壳、蛭石、珍珠岩以及它们的混合物）的育苗容器中培育而来、造林时带有育苗基质与根系一起形成的根坨的苗木。

1. 容器苗的优点、种类及规格

容器内有较适合的温度、湿度，土壤肥沃且经过消毒处理，因而较裸根苗发芽快，出土早，苗木生长健壮；容器苗栽植时是连苗带土球一起移栽至造林地上，无须进行切根、假值和包装等作业，最大限度地减少了根系受到的损伤和水分散失，因而提高了栽植后的成活率；容器苗栽植后无缓苗期，比裸根苗生长快，因而能够较早地达到郁闭状态；容器苗栽植不受季节限制，延长了栽植时间，且对栽植技术要求不高。

目前国内使用的容器大体上可分为管状容器、柱状容器和可分解容器3种类型。一般容器由农用塑料制作，具有制作简便、价格便宜、牢固、保温等特点，适用于培育各种植物和不同规格的容器苗。也可分为有底容器与无底容器两种类型，应根据所培育苗木的不同，选择或制作不同大小的容器。

2. 容器育苗技术

（1）育苗地选择。育苗地应选择在地势平坦、疏松，土层厚度在20cm以上的沙壤土或黄褐土上，且灌溉和交通条件便利，距居民点较近的地方

（2）育苗地耕作。秋季起苗后应及时深耕，深度以20～25cm为宜。

（3）选种、消毒与催芽。必须选用经过质量检验的优良种子，即遗传品质和播种品质均好的种子，只有这样的种子才能保证播后出苗好。通常采用浓度为0.5%的高锰酸钾溶液对水选过的种子浸泡2h，并用清水冲洗表面。催芽依植物种不同采取不同的方法。

（4）做苗床。一般应在基质消毒与配制之前采用低床宽幅育苗方式，苗床净宽度为1.5m左右，长度因地形而定，步道宽30～40cm。

（5）基质配制。基质用林内腐殖质或泥炭沼泽土等为原料配制最好，也可利用育苗地原有的土壤，通过消毒、施有机肥方式制作基质。首先进行土壤消毒，在整地时，将代森锰锌粉末随同肥料一起均匀撒在苗床上，每公顷用量为37.5～45kg，随后进行深翻，最少2遍以上，深度在15～20cm，达到土壤平、松、匀、细的标准；其次是基质的配制，基质配制的原则是富含营养物质、结构疏松、保水、保温、通气性好，对沙壤土施以普通磷肥或磷酸二氢铵做基肥，一般施用量为磷肥2250～3000kg/hm²，或磷酸二氢铵750kg/hm²，施后深翻。把基质沿苗床长度堆积至苗床中心，以便于装袋。

（6）填装基质。装填时用铲或装土器，将土装满袋子；容器要摆放整齐紧凑，不留空隙，上方平整，不可高低错落，在播种前1～2天用小水漫灌。

3. 播种及苗期管理

播种时间因地而异，处理好的种子点播在容器中央，每个容器袋内播3～5粒，随后用基质覆盖，厚度不超过1cm。

（1）出苗期管理。在早播育苗时，可用农作物秸秆覆盖或在苗床上方架设小塑料撤棚，以保温及保湿；晚播育苗，一般采用露荐育苗即可；适时适量小水漫灌，保持土壤湿度，但又不要使含水量太大，在幼苗出土时，要清除杂草。

（2）幼苗期管理。当幼苗全部出土后，要及时进行间苗，首次应保留2株健壮苗，间

苗后进行灌溉，要保持少量多次，注意除草及应对病虫害，同时要对幼苗进行追肥。

（3）速生期管理。追施氮肥，一般在 8 月下旬停止施用氮肥。加大灌溉量级，做到多量少次，谨防出现土壤板结、干裂；7 月上旬进行一次间苗和补苗。

（4）硬化期管理。9 月开始停止实施一切施肥及灌溉。

起苗时圃地不宜过干，应提前 2～3 天将育苗地灌足水，人工起苗时，用小方铲从容器底部轻轻铲起，尽量不要弄破容器袋。

3.3.2.5　组织培养育苗

组织培养育苗是利用活体植物的离体器官（如根、茎、叶、花、果实、茎尖等）、组织（如形成层、表皮、皮层、髓部细胞、胚乳等）、细胞（如大孢子、小孢子及体细胞）以及原生质体，接种在人工配制的培养基上，在人为控制的室内条件下，培育成单独的植物。组织培养的意义有：①同嫁接、扦插方法一样，能保持原母体树的各种优良性状，而且苗木性状、长势整齐一致；②可以大量工厂化繁殖苗木，占地面积少，不受环境气候影响；③可培养无病毒苗木；④可节省种质资源保存、繁殖材料运送等产生的土地、人力、资金要素数量；⑤还可以进行育种、转基因、植物生理代谢等方法的研究。

植物体各器官、组织均可以作为组织培养的材料。外植体不同，其培养方法和应用目的有所不同。在苗木繁殖方面，以茎尖培养应用最多。

1. 茎尖培养

茎尖培养是指用枝梢顶端生长点作为外植体的组织培养方法。以骏枣为例介绍一下其步骤与操作过程。

（1）培养基制作。初代培养基：MS＋BA 2mg/L、NAA 0.5mg/L。继代培养基：MS＋BA 4mg/L、NAA 0.1mg/L。生根培养基：MS＋IBA 1mg/L。

（2）材料准备。取正在生长的骏枣嫩梢，自来水冲洗干净，切成带腋芽的茎段。

（3）材料消毒。用 70％酒精消毒 10s，0.1％$HgCl_2$水溶液消毒 10min，无菌水冲洗 5 次。

（4）接种。在超净工作台内，将茎段接触消毒液切口部分切掉，外植体长约 1cm 左右，用解剖针等小心去掉主芽外层鳞片后，移植到初代培养基内。

（5）培养条件。温度为 25～30℃，相对湿度为 60％～70％，光强为 3000lx，光照为 16h。

（6）继代培养。初代培养 30 天左右后，出芽率达 70％，幼芽长到 5cm 左右时取出，切成小段后移植到继代培养基内。

（7）诱导生根。幼芽长达 5cm 左右时，移植到生根培养基上诱导生根。20 天左右可发根，平均生根率为 95％。

（8）驯化。诱导生根培养约 1 个月后，将试管苗瓶瓶口打开，适应 3 天后移入含营养土的塑料营养钵中，用塑料膜覆盖，相对湿度保持在 80％～90％，温度为 15～20℃，并用遮阳网降低光强。20 天后开始揭去塑料膜。适应 1 周后移入大田。移栽成活率为 90％左右。

2. 无病毒苗木繁殖

由于高效水土保持植物主要采用营养系列，故植株病毒非常普遍。植株表现为树势削弱，产量品质下降，因此，在苗木繁殖中脱去对产品生产影响最大的主要病毒是十分重要的。

（1）热处理脱毒法：在高于常温条件下，植物组织中的很多病毒会部分或完全钝化，使扩散速度减慢，这样生长速度较快的植株嫩梢部分有可能不含病毒。将不含病毒的新梢顶部取下繁殖，即可以培养成无病个体。方法如下：对盆栽植株于旺盛生长时，在温度 35～43℃条件下，处理 2～6 周。对高温期间长出的嫩梢在与母体连接状况下，常进一步在 45～50℃的温水中浸泡数小时后，剪下热处理期间生长的新梢顶端 10～20cm，将其接到盆栽实生砧上，或者扦插生根获得无病毒植株。用热处理脱毒法时，植株易受高温而枯萎，且脱去的病毒种类有限。所以，一般采用茎尖培养加热处理法来取得无病毒材料。

（2）茎尖培养脱毒法：一般水土保持植物的茎尖生长点大多不带有病毒或者病毒浓度很低。选择生长结果表现良好的植株，剪取新梢顶芽或嫩梢侧芽，在立体显微镜下，切取茎尖端两个叶原基，一般长 0.1～0.2mm，进行组织培养后可获取到无病毒材料。与经由愈伤组织脱分化形成的后代相比，茎尖培养苗木基本无变异，但偶尔也会出现些小的变异。因此，采用茎尖培育脱毒苗时，为了保持母株的优良性状，减少变异发生，常采用的办法是：一个茎尖外植体仅培养 1 株幼苗，缩短培养期，控制培养基内生长激素浓度。

（3）热处理与茎尖培养脱毒法：茎尖培养时成活率与茎尖大小呈正相关关系，而脱毒率又与茎尖大小呈负相关关系。因此，常用热处理与茎尖培养相结合的方法来培育无病毒材料。有两种方法：一是切取经过热处理后长出的新梢茎尖 0.5～0.8mm，进行组织培养；二是先进行茎尖组织培养，经继代培养增殖后，将幼苗连同试管放入恒温光照培养箱中，热处理一段时间后，再切取 0.3～0.5mm 茎尖进行组织培养。

（4）茎尖微嫁接脱毒法：是组织培养和微嫁接方法相结合，用以获得无病毒苗木的一种新技术。它是在试管中无菌操作播种实生苗为砧木，用栽培品种 0.1～0.2mm 的茎尖作为接穗，在解剖镜下嫁接后，经液体培养获得无病毒苗木的方法。主要用于茎尖培养难以成功的树种。这种脱毒苗不会出现返童现象，进入结果期较早。它已成为木本水土保持植物脱毒苗培育的主要方法。

（5）抗病毒试剂脱毒法：即利用目前已知的抗病毒剂利巴韦林或者 DHT 等脱去病毒的方法。

经过上述方法脱毒后的材料，还要进行病毒测试，确认是否真正消去所有病毒。其检验方法有形态观察法、指标植物接种法、电镜观察法和酶联免疫吸附法等。经检验合格后，才可以认为材料已真正无病毒化。然后建立母本园，对母本园的繁殖母株，每 5 年进行一次病毒检测。母本树登记一次有效期为 12 年。

3.3.2.6 移植苗

1. 苗木移植的意义和作用

苗木移植是把密度较大、生长拥挤的苗木挖掘出来，按照规定的行株距在移植区栽种下去。这一环节是培育大苗常用的重要技术措施。

高效水土保持植物的品种繁多，生态习性各不相同，多数树种是用播种、扦插或嫁接等方法繁殖，育苗初期密度都比较大，单株营养面积较小，相互之间竞争难以长成大苗。未经移植的苗木往往树干细弱，没有树冠而成为废苗。因此，必须进行移植，扩大行株距，才有利于苗木根系、树干、树冠的生长，培养出具有理想树冠、优美树姿、干形通直的高质量大规格园林苗木。

苗木移植在育苗生产中起着以下重要作用：

（1）移植扩大了苗木地上、地下的营养面积，改变了通风透光条件，使苗木地上、地下生长良好。同时使根系和树冠有扩大的空间，可按园林绿化美化所要求的规格培养。

（2）移植切去了部分主、侧根，可以促进须根的萌发与生长，而且根系紧密集中，有利于苗木生长，可提前达到苗木出圃规格，特别是有利于提高苗木移植成活率。

（3）在移植过程中对根系、树冠进行必要的合理的整形修剪，人为调节地上与地下生长平衡。淘汰了劣质苗，提高了苗木质量。苗木分级移植，使培育的苗木规格整齐，枝叶繁茂，树姿优美。

2. 苗木移植的技术措施

落叶树种的移植，除了要注意修剪地上枝叶，使地下根系外表面积（或根量）与地上枝叶外表面积（枝叶量）相等，或枝叶外表面积略小于根系以外，还要注意移植的季节。休眠期移植，由于苗木处于生理休眠状态，生理机能较弱，对水分和养分的消耗少，蒸腾量小，同时苗木枝叶量小，移植成活率高，即秋季落叶后至春季发芽前移植最好，特别是春季发芽前移植成活率最高。

落叶树种若在生长期移植要对地上部分实行强修剪，少留枝叶，争取带大土球移植，或多带根系（掘苗根系直径为其地径的10～12倍），移植后经常给地上枝叶喷雾，生长期也能移植成活。

常绿树种移植时，为了保持其冠形，一般地上部分较少修剪，地上枝叶外表面面积远大于地下根系外表面积，苗木体内水分和营养物质的供给与消耗失去平衡。所以移植时尽可能多带和保留原有根系，起苗时的土球尽可能大些（土球直径为地径的10～12倍），栽植后要经常往树冠上喷水，保持树冠对水分的需求，维持一段时间后，地下根系逐渐恢复吸收机能，常绿树种就能移植成活。树木移植的季节以休眠期为佳，因为这时树木的气孔处于关闭状态，叶表皮细胞角质层增厚，生命活动减弱，消耗水分与营养物质少，移植成活率高。

常绿树种在生长季节移植后，常采用搭遮阳网的方法来减少阳光照射，或去掉部分叶片，以减少树冠水分蒸腾量，或在树冠四周安装移动式微喷喷头喷水。待恢复到正常生长（约1个月）时，逐渐去掉遮阳网，减少喷水次数，使移植成功。

中、小常绿苗成片移植可全部搭上遮阳网，浇足水，过渡一段时间后逐渐去掉，也可在阳光强的中午盖上，早晚撤去。

另外，移植苗木时除考虑当地的气候条件外还要考虑苗木的生物学特性，如阴湿性、喜光性、耐盐碱能力、耐热性、耐寒性等，根据其特性采取相应的技术措施。

3. 苗木移植的时间、次数和密度

（1）苗木移植的时间。苗木移植的最佳时间是在休眠期，即从秋季10月（北方）至翌春4月。也可在生长期移植。如果条件许可，一年四季均可进行移植。

1）春季移植：春季气温回升，土壤解冻，苗木开始打破休眠恢复生长，故在春季移植最好，移植成活率在很大程度上取决于苗木体内的水分平衡，以早春土移植最为适宜。

早春移植，树液刚刚开始流动，枝芽尚未萌发，蒸腾作用很弱，土壤湿度较好。因根系生长温度较低，土温能满足根系生长的要求，所以早春移植苗木成活率高。春季移植的具体时间，还应根据树种发芽的早晚来安排。一般讲，发芽早者先移，晚者后移，落叶者先移，常绿者后移，大苗先移，小苗后移。

2）秋季移植：秋季是苗木移植的第二好季节，在苗木地上部分停止生长，落叶树种苗木叶柄形成离层脱落时即可开始移植。这时根系尚未停止活动，移植后有利于伤口愈合，移植成活率高。秋季移植的时间不可过早，若落叶树种尚有叶片，往往叶片内的养分没有完全回流，造成苗木木质化程度降低，越冬时被冻死，所以，秋季移植稍晚较好。秋季移植后，即进入冬季，冬季北方干旱，多大风天气，常常造成苗木失水死亡（生理干旱）。常误认为苗木是受冻害而死亡。秋季移植成活的关键是保证苗木不能失水。

3）夏季移植（雨季移植）：常绿或落叶树种苗木可以在雨季初进行移植。移植时要起大土球并包装，保护好根系。苗木地上部分可进行适当的修剪，去掉部分叶片，移植后要喷水喷雾保持树冠湿润，还要遮阴防晒，经过一段时间的过渡，苗木即可成活。南方常绿树种多在雨季进行移植。

4）冬季移植：建筑工程完工后，人们急于改善周围生活、工作环境，苗圃工作需要冬季施工和移植苗木。北方地区冬季移植需用石材切割机来切开苗木周围冻土层，切成正方体的冻土球，若深处不冻，还可再放一夜，让其冻成一块，即可搬运移植，在南方，气候温暖、湿润、多雨、土壤不冻结，可在冬季移植。冬季移植成本较高。

（2）苗木移植的次数。取决于苗木生长速度和出圃规格，阔叶苗龄1年移植第一次，以后每2～3年移植一次，扩大株行距，多数1～2次出圃，一般苗龄3～4年；有些规格较大的苗木（马上产生绿化效果）要移2次以上，一般苗龄5～8年；慢性树种苗龄2年移植第一次，以后每3～5年移植一次，一般苗龄8～10年。

（3）苗木移植的密度。落叶乔木适当密植养干，加大株行距养冠。养干50～80cm，养冠100～120cm。

对一次移植树种，移后1年疏，2年合适，3年枝叶相交，经修剪整枝仍可维持1年，第四年出圃。慢生树，移后1年稍疏，2年合适，3年、4年枝叶相交形成郁闭，进行第二次移植，加大株行距，移后生长2～3年出圃。

4. 移植方法

（1）穴植法。人工挖穴栽植，成活率高，生长恢复较快，但工作效率低，适用于大苗移植。在土壤条件允许的情况下，采用挖坑机挖穴可以大大提高工作效率。栽植穴的直径和深度应大于苗木的根系。挖穴时应根据苗木的大小和设计好的行株距，拉线定点，然后挖穴。挖穴时，表土放在坑的一侧，生土放在坑的另一侧。栽植深度以略深于原来栽植地径痕迹的深度为宜，一般可略深2～5cm。覆土时混入适量的底肥。先在坑底填一部分表（肥）土，然后，将苗木放入坑内，再回填部分肥土，之后，轻轻提一下苗木，使其根系伸展，再填满肥土，踩实，浇足水。较大苗木要设立3根支架固定，以防苗木被风吹倒。

（2）沟植法。先按行距开沟，土放在沟的两侧，以利回填土和苗木定点，将苗木按照一定的株距放入沟内，然后填土，要让土渗到根系中去，踏实，要顺行向浇水。此法一般适用于移植小苗。

（3）孔植法。先按行、株距划线定点，然后在点上用打孔器打孔，深度与原栽植相同，或稍深一点，把苗放入孔中，覆土。孔植法要有专用的打孔机，可提高工作效率。移植后要根据土壤湿度，及时浇水，由于苗木是新土定植，苗木浇水后会有所移动，等水下渗后扶直扶正苗木，或采取一定措施固定，并且回填一些土。要进行松土除草，追施少量肥料，及时防治病虫害，对苗木进行一次修剪，以确定其培养的基本树形。有些苗木还要进行遮阴防晒工作。

3.4　典型育苗实例

3.4.1　播种育苗典型实例

1. 沙棘播种育苗

沙棘是我国主要的水土保持经济树种，在西北、华北部分高原和风沙区作为固沙保土树种广为种植。

（1）采种与处理。沙棘一般 4～5 年生开始结实，4 月前后开花，9—10 月种子成熟，果实长期不落，采种期较长。采种有两种方法：①果枝剪后用石滚子将果实碾压，放清水浸泡一昼夜，揉去果内果皮，再用清水淘洗一遍，除去杂质，晒干贮藏；②在寒冬果实结冻时，将果实打落，收集后捣碎果皮，加水搅拌，过滤晒干备用。

准备播种前，先给沙棘的种子催芽。把种子放在 40～60℃ 的温水中浸泡一天左右，取出后换成低浓度的高锰酸钾溶液，浓度不要超过 2%，这样可以有效消毒，减少幼苗患病的可能。之后将其保存到湿润处，等到有 1/3 的种子开裂后，就可以进行播种了。

（2）育苗地选择。苗圃地要选择有灌溉条件的沙壤土，切忌选用黏重土壤，对苗圃地精耕细作，施硫酸亚铁 225～300kg/hm² 进行土壤消毒；施肥量可根据土壤肥力和粪肥质量确定，一般施有机肥 30～45kg/hm²、磷肥 225～450kg/hm²、碳酸铵 225kg/hm² 作为底肥。

（3）播种作业。为了让沙棘更好地生长，需要先整地。将土壤整平后施有机肥作为底肥，然后深翻一下，把肥料埋到下面。把催芽过的种子播到土壤中，行距为 20～30cm，埋入土中 3cm。播种后要浇适量水，以便它能快速发芽，一般 1 周左右就会出苗了。

（4）苗期管理。沙棘长出第一对真叶后，需要进行间苗，将长势较弱的苗除去，保留壮苗继续生长。等到长出第四对真叶时，需要第二次间苗，保持 8cm 的株距，以便幼苗能更好地发育。育苗期要注意保持温度和湿度，同时避免长时间暴晒。

2. 香樟播种育苗

香樟是亚热带常绿阔叶林的代表树种，材质优良，产樟脑、樟油，是南方珍贵阔叶用材树种和特种经济树种。

（1）种子采集。最适宜采种的是生长迅速、健壮、主干明显、通直、分枝高、树冠发达、无病虫害、结实多的 40～60 年生母树。当果实由青变紫黑色时采集，采种时间为 9 月末至 10 月中旬，用纱网或塑料布沿树冠范围铺一周，用竹竿敲打树枝，成熟浆果落下收集即可。

(2) 种实调制和贮藏。将浆果在清水浸泡 2～3 天，用手揉搓或棍棒捣碎果皮，淘洗出种子，再拌草木灰脱脂 12～24h，洗净阴干，筛去杂质即可贮藏。香樟种子含水量高，宜采用混沙湿藏。

(3) 苗圃地选择。苗圃地应选择地势平坦、水源充足、土壤深厚肥沃、排水良好、光照充足的沙壤土或壤土，地下水水位在 60cm 以下、避风的地块。

(4) 整地作床。圃地应适当深翻，翻土深度为 30cm。高床床面要平整，中央略高，以利排水。作床前施足基肥，施用厩肥或堆肥 22500～30000kg/hm² （或饼肥 2250kg/hm² 左右）。

(5) 播种作业。香樟可随采随播，最迟不过惊蛰。采用低温层积催芽，当种子露出胚根数达 20%～40% 时即可播种，一般在 2 月末至 3 月中旬。采用条播，沟间距 20～25cm，播种量 150～225kg/hm²，播种深度 2～3cm，覆土厚度 2cm。为保温保湿，可用松针或山草覆盖，厚 1cm 左右。

(6) 苗期管理。幼苗出土 1/3 后开始揭除覆盖，出土一半后全部揭除。当幼苗长到 5cm 高左右，有 4 片以上真叶时进行间苗，每米播种行保留苗木 10～12 株，防止幼苗过密而徒长，并根据需要适时松土除草。5 月末至 6 月初追肥 1 次，以尿素为宜，追肥量为 75kg/hm²，采用沟施。香樟主根性强，可在幼苗期进行切根，以促进侧须根生长。用锋利的切根铲与幼苗成 45° 角切入切断其主根，深度为 5～6cm，切根后浇水使幼苗与土壤紧密结合。速生期可每隔 20 天左右施尿素 1 次，施肥量为 75kg/hm²。速生期后期停施氮肥，适当追施磷钾肥，促进木质化，同时注意中耕除草。速生期苗木易遭到地老虎危害，可用 75% 辛硫磷乳油 1000 倍液灌根防除。

3. 柠条播种育苗

柠条是豆科锦鸡儿属落叶大灌木，为干旱草原、荒漠草原地带的旱生灌丛树种。是我国"三北"地区水土保持和固沙造林中的重要灌木树种，也是良好的薪炭林树种，嫩枝叶可供饲用。

(1) 结实特性。花期 4—5 月，荚果 6 月中旬到 7 月上旬成熟。种子千粒重 35～37g，当年种子发芽率 90%，3 年后发芽率 30% 以下，4 年后失去发芽力。

(2) 育苗地选择。应选择质地疏松、水肥适中的土壤。地下水水位 2m 以下的沙壤土为宜，以粉沙壤土最佳。

(3) 种子消毒。用 25% 敌百虫剂拌种，种子与药剂质量比为 400∶1，可防治柠条豆橡虫侵食种子。

(4) 种子催芽。用 0.5% 高锰酸钾溶液浸种 2h 后水浸 24h，捞出置温热室内催芽，可生火加温，并不断洒水、搅拌，待种子有 50% 露白时即可播种。或用 0.5%～1% 食盐水选种，去掉杂质，用 1% 高锰酸钾溶液消毒 20min 后，清水洗净，然后温水浸种 12h，捞出，混沙催芽，待种子裂嘴时即可播种。播前用温水浸种一昼夜，1% 高锰酸钾溶液消毒后直接下种。

(5) 播种作业。4 月下旬至 5 月初播种，播种量为 225～375kg/hm²。条播的开沟深度为 1～1.5cm，覆土 1.5～2.0cm，稍加镇压使种土接触。

（6）苗期作业与管理。播种 3 天后，柠条开始顶土出苗，7～10 天全部出苗。幼苗长到 4～5cm 时进行间苗，每米留苗 15～20 株。及时灌溉松土，适当施肥。喷洒 0.5％硫酸亚铁溶液防治苗木立枯病。播种的柠条种子和幼苗常遭受鼠兔害，可用药物或毒饵拌种驱杀。柠条根系发达，生长快，以 1 年生苗出圃为好。

（7）容器育苗。使用塑料薄膜袋容器繁育苗袋播种处理好的种子 3～4 粒，用沙壤土覆种 1～5cm，播后灌溉 1～3 次，每次要浇透，一般 6 天苗木就可出齐，出苗后 20～40 天后即可出圃。通常 5 月下旬育苗，1 个月后出圃；或 6 月下旬育苗，半个月后出圃。

（8）覆沙育苗。5 月中旬育苗，播前种子不经催芽处理，播种量为 375kg/hm²。开沟 2～3cm，播后覆盖过筛的细沙，厚度为 2cm 左右，灌足头水。6 月上旬幼苗出齐后，立即用 1∶1∶1000 的波尔多液喷洒，防治立枯病，喷洒 2 次，间隔期为 1 周左右。7 月上旬至 8 月下旬结合中耕除草灌水、施肥 2 次。

3.4.2 扦插育苗典型实例

1. 沙棘扦插育苗

沙棘扦插育苗是目前应用较为广泛的营养繁殖育苗方法之一，主要有硬枝扦插育苗和嫩枝扦插育苗。

（1）硬枝扦插育苗：①需要选择质地疏松、透水、透气性良好的沙壤土或沙土作为基质，否则要掺入一定数量的沙子和有机物质，以增加土壤孔隙度，提高土壤通透性，促进根条的生长。②可在休眠期采集供扦插用的硬枝，鉴别采条植株雌雄性别，并按需要比例采集雌性及雄性插条。华北地区，宜于育苗前一年的 10—12 月，或当年 3 月下旬选进入花期、生长健壮、无病虫害的植株，采集直径 0.5～1.0cm 的 2～3 年生枝条，剪成长 15cm 的带芽插穗，50～100 个为一捆捆好。③成捆的插穗放入背风向阳的地窖内储存，基部向下，用湿沙全埋或埋至全长的 2/3 处，保持地窖内空气温度为 0～5℃，相对湿度为 76％～85％，并定期检查，防止病菌感染。④插后立即喷透水一次。生根前每 1～2 天中午喷水一次，每次 3～4min，生根后适当减少喷水量至每 2～3 天一次，3 月中下旬第一批插穗后需于苗床上加设小拱棚，晚上覆草帘，以提高地温。插后 25 天左右，当插穗地上部分大量萌枝展叶，地下根系长 3～5cm 时，减少喷水次数，炼苗 5～7 天即可出圃，也可秋季落叶后出圃。

（2）嫩枝扦插育苗：①和硬枝扦插育苗相同，需要选择质地疏松、透水、透气性良好的沙壤土或沙土作为基质。②若有大棚或荫棚，控制 0～3cm 深处基质温度保持在 19.8℃以上，平均值在 22～24℃，叶面层的相对湿度为 90％以上，平均达 95％。③扦插时间，在我国华北地区 6 月中旬到 8 月中旬都可进行扦插。④采条最好选择生长居中的生长枝，沙棘嫩枝为当年 5 月底始，植株枝条顶端新抽生的绿色新枝，至 8 月上旬前新梢上部的半木质化的灰色枝条，直径为 3～6mm，剪成 7～17cm 的插条，保留 3～6 片叶片，保留顶芽。⑤在装满基质的容器中，用直径 5mm 的铁钎从基质表面垂直向下扎深 3cm 的孔，将制好的插穗基部 3～5cm 在 500ppm 浓度的 α-萘乙酸溶液中蘸 10s，然后插入基质插孔中，深度为 2～3cm，最后用手紧压插穗周围基质，使之与插穗基部密切接触即可。⑥插后第一周内每天喷水 2～3 次，每次喷 20～30s，约从第 8 天起炼苗，每天喷水减少至 1～

2 次，至 17～18 天，小棚卷起炼苗。25～26 天生根率已接近最高值，可以入荫棚，7 天后移入苗圃。

2. 杜仲嫩枝扦插育苗

杜仲是我国特有品种，全树均可利用（可药用、胶用和材用等）。

选用 1 年生播种苗上萌发的嫩枝或根萌苗或 2～3 年生幼树上的嫩枝进行扦插效果较好。当萌苗或嫩枝长到 6～12 片叶，穗条长度为 10cm 左右时进行扦插效果最好。扦插前一天用 0.3% 的高锰酸钾溶液对插壤进行消毒。扦插时，用开沟埋插方法或用与嫩枝基径粗度相当的小棒引孔，深度为 2～3cm，然后将嫩枝插入苗床。插床基质以粗河沙加适量细河沙效果较好。整个苗床要做到疏松、通透、潮润，以利生根。扦插后要搭荫棚和备有遮阳网，要经常洒水，保持床面湿润，要防止强烈日光照射。适宜生根的土温为 21～25℃，空气湿度在 90% 以上。

插穗的木质化程度和母树年龄大小是影响嫩枝扦插成活率的重要因素，若木质化程度低、母树年龄小，则所采插穗成活率高，反之则差，插穗下部剪口离下芽越远生根越容易，越近生根越晚，且成活率也越低。

3. 银杏扦插育苗

（1）硬枝扦插。

1）采集穗条：秋末冬初落叶后采条，或于春季扦插前 5～7 天结合修剪、嫁接采条。穗条应采 30 年生以下母树上的 1～3 年生枝条。随着枝条年龄的增加，生根率逐渐降低，同一枝条上，中部比顶部扦插成活率高。

2）插条处理：将枝条剪成长 15～20cm 的有 3 个以上饱满芽的插穗，扎起来，下端对齐，用生长调节剂浸泡。

3）扦插：以春插（3—4 月）为主。在扦插前，对基质或土壤进行药剂消毒。利用塑料拱棚进行春插的，可适当提前。扦插时先开沟，或用扦插锥打孔，插入插穗，地面露1～2 个芽，盖土压实，株行距为 10cm×20cm 或 10cm×30cm。使用营养袋扦插时，需刺穿营养袋的底部。

4）插后管理：①水分管理，露地扦插时，除扦插后需立即透灌一次外，若遇连续晴天，则要早晚各喷水 1 次，1 个月后，逐步减少喷水次数和喷水量；②遮阴，有条件的以塑料大棚遮阴为好，也可搭荫棚遮阳；③追肥，5—6 月插穗生根后，用 0.1% 的尿素或0.2% 的磷酸二氢钾液进行根外追肥，15～20 天一次，也可用薄粪水（粪：水＝1∶10）浇地。

（2）嫩枝扦插。

1）采穗条：母树为 2～15 年生的幼树，采嫩枝条在 6 月下旬至 8 月上旬，采半木质化枝在 8 月中旬至 10 月。

2）剪插穗：采后在室内剪成长 10～15cm、含 3～4 个芽、保留 2～3 片叶的穗条，在1000mg/kg 生根粉或萘乙酸液中速蘸 10s。

3）扦插：一般采用直插，扦插深度为 5～8cm。插后压实基质，并浇灌透水 1 次。插穗株行距为 5cm×10cm。苗床用塑料小拱棚覆盖，拱棚上方搭荫棚遮阴，透光率保持在30% 左右。

4）管理：扦插后，要求基质的含水量保持在 14％～16％，空气湿度在 80％以上，根据天气情况，结合喷水，揭开塑料膜，通风透气。一般情况下，插后 25 天左右即可生根，1 个月左右可进行拣苗。

4. 翅果油树扦插育苗

采用嫩枝扦插，于生长季节剪取翅果油树实生苗当年生新梢，作为接穗，穗长 15cm 左右，保留穗中上部健壮叶片 2～3 枚，在吲哚丁酸 500mg/L 溶液中速蘸 5～10s，扦插于荫棚下温室内沙基质中，注意保湿降温，1 个月后即可生根，生根率可达 80％。生根插穗经 1～2 周炼苗后，即可移入苗圃进行培养。

5. 枸杞扦插育苗

（1）硬枝扦插。于春季树液流动后萌芽前，选 1 年生粗度在 0.3cm 以上的充实枝条，截成长 15～20cm 的插条，插条上端剪成平面，下端剪成斜面。用 15mg/L 的 α-萘乙酸液浸泡插穗基部 24h，或用 100mg/L 浓度液浸泡 2～3h，按 15cm×30cm 株行距斜插于苗床中，插穗上端留 1～2 节露出地面。

（2）嫩枝扦插。时间在 6 月下旬至 8 月下旬，剪取较充实的半木质化新梢，用刀片削成长 6～8cm，上剪口平，下剪口斜，插穗下部叶片剪去，上部留 4～6 片（大叶留 3 个，并剪成半片）。基部用吲哚丁酸或 800～1000mg/kg 的 ABT1 号生根粉溶液速蘸处理后，插入基质，顶部露出 1～1.5cm，间距 7～8cm。插完后用 0.2％的多菌灵溶液均匀喷洒一遍，覆膜。枸杞嫩枝扦插后，要求棚内气温为 30～32℃，不能超过 34℃，基质温度为 25～28℃；空气相对湿度为 92％～95％；遮光度为 70％～80％。

3.4.3　其他育苗典型实例

1. 香椿无性繁殖

有埋根与留根育苗：埋根育苗方法简便，成活率高，苗木容易管理。采集的种根以 1～2 年生苗木的根为最好，健壮母树上的侧根，也可利用。种根在春季 3—4 月间采集，采后及时剪截，长度为 15～20cm，小头剪口要斜。随采随育为好，每亩可育 2000～3000 株。为使苗木生长整齐，应按粗度将种根分级育苗。为防止种根愈伤组织腐烂，保证地温，以利出土，一般可不浇水；若干旱时可采取行间开挖浇水，浇水和雨后要及时松土保墒。苗高 10cm 时要及时除去弱芽，留壮芽 1 个。

2. 肉桂育苗

肉桂是樟科樟属植物，原产自我国广西及越南，现广东、福建、云南、浙江、湖南及江西南部亦有栽植，为常绿乔木，是食品调味剂、中药材，还可以制作香皂、牙科制品及各种香水等。

（1）萌蘖育苗。萌蘖育苗主要用于培育大肉桂专用的造林苗木。于 4 月上旬，在肉桂林中选择 1～2 年生高 1.5～2m、直径为 2～2.5cm 的萌蘖，在近地面处，用锋利的小刀剥除茎部一圈宽 3～4cm 的树皮，随即用疏松肥沃的表土将剥皮部位覆盖，稍压实后淋透水。1 年后，剥皮处可长出 30～40 条新根，此时可把土扒开，用刀将萌蘖与母树之间的连接处砍断或用锯锯断，使萌蘖成为唯一的独立苗木，便可挖出移至林地造林。采用这种繁殖方法培育的苗木，因其长有发达的根群，定植后成活率高达 95％以上。缺点是难以获得大量的苗木。

（2）压条繁殖。通常采用高空压条法，在3—4月进行。在肉桂林中选择直径1cm以上和1～2年生枝条，在距离主干3～5cm处环状剥皮，宽2～3cm。剥皮时要求切口整齐干净，勿伤到木质部。要求皮部切口不破裂或松脱，以免影响长根，切口处若残留有皮部，则应用割刀轻轻刮除。在剥皮处以青苔作为包扎下敷料，敷上贴紧，然后再用塑料薄膜包扎，两头用绳扎牢。12～18天后，切口处便长出新根，半年后生根率可达80%以上。待切口处长出较多的新根后，在紧贴主干处将枝条平齐锯下，解开塑料薄膜，栽于苗圃或盛有营养土的容器内，压实周围土，浇水，放置荫蔽处。以后经常淋水、松土、除草、追肥，待根长粗后，可移到林地内造林。此方法繁殖造林成活率高，但要获得大量的种苗也较困难。

3. 桑树嫁接繁殖

桑树属桑科桑属，适应性强，分布范围广，果实桑葚可供饮料用、药用，桑叶可供药用和饲用，桑枝可供药用和编织用，桑皮还可以用于造纸。主要品种有新疆白桑、青皮湖桑等。

桑树常用的嫁接繁殖方法为枝接法。袋接是桑树枝接中应用最广的方法，具有操作简便、成苗快等优点，适用于大量繁殖苗木。其方法是，在春季气温转暖、砧木萌芽，形成层细胞分裂旺盛，皮层容易捏开时，即可开始袋接。如土壤干燥，应在袋接前1周左右浇水，使土壤湿润。袋接过程可分4步，即削、剪、插、埋。

（1）削接穗：削接穗时，要选饱满完整的冬芽，分4刀削成，第1刀在芽的反面下方约1cm处削成3cm左右的马耳形斜面，第2刀将削面前端的过长部分削去，第3、第4刀顺着削面左右向下斜削，使先端部分两面露青，最后在芽的上方1cm处剪下穗头，要求削面要平滑，先端3面露青，舌头宽窄适当，尖端皮层不可与木质部脱离。

（2）剪砧木：先扒开砧木周围深6～7cm的泥土，使根部露出，然后在根须下方的最粗处，选一无侧根的光滑面，剪成45°左右的斜面。砧木细的，斜面应稍大些，要求剪口平滑，皮层不破，否则要重剪。

（3）插接穗：用手指捏开砧木剪口的皮层，使木质部与皮层分离呈口袋状，然后把接穗皮层靠里、削面向外插入袋内，插紧为止，但不能用力过猛，防止插破环保层。要按砧木的粗细，配以适当的接穗。

（4）埋土：接穗插好后，随即埋土。选较湿润的细土，两手相向挤紧嫁接部位，两手用力要均匀，防止碰歪或摇动接穗，然后再用细土将接穗埋没1cm左右。

嫁接后，要注意及时除去砧芽。袋接法也可在室内进行，但要随挖砧木随嫁接，当天嫁接当天栽。此外，桑树枝接还可采用劈接、切接、腹接等多种方法。

第4章
高效水土保持植物
种植与管护

4.1 种 植

4.1.1 模式配置

4.1.1.1 空间布局

空间布局是指根据区域立地条件特点对水土保持植物进行空间配置，包括两个方面的内容：水平布局和垂直布局。

水平布局是指各种群在平面空间上的分布形式、比例以及相互间的关系，除密度这一形成水平布局的数量指标外，物种的分布形式也是反映水平布局的重要指标。种群内种植点的配置有行状（长方形、正方形及正三角形）和群状两种；种群间也有规则分布与不规则分布两种。在规则分布中形成不同形状的带、网或片等。在不规则的类型中，水平分布依地形、地貌、土地利用状况而变化。

垂直布局是指各种群在立面空间上的分布形式、比例以及层次关系。在长期自然选择和适应过程中形成的自然植被群落结构特征，对水土保持植物的垂直结构具有重要的参考价值。例如，多层结构的天然林，在有限的空间内生长着高低不同的多种植物，既有乔木、灌木，也有草本、菌类植物。乔木可以形成林冠层，而灌木位于林冠层下，林地上还生长有多种多样的草本植物及真菌类生物，这些植物对环境条件不同，彼此和谐地伴生在一起，各自分别处在不同的空间高度上，利用着适合于自身的不同强度的光照和其他条件。此外，在各个不同的层次上，还生活着多种动物、昆虫和微生物，从而构成了一个复杂的食物网，并由此而产生了相生相克的调控机制。

1. 平面分布设计及其类型

水土保持植物平面分布的设计，一方面须考虑到所在区域内不同地点，如小地形和微地形的变化，土壤养分、土壤温度和盐渍化程度的不同，同时也要考虑到分布本身造成的差异。例如，株型高大的林果与株型较小的草本间作混交，高大的乔木不仅对相邻较小经济植物的光照产生影响，而且其根系也与较小经济植物争夺养分、水分，形成了距离高大乔木带不同跨度适合较小植物生长条件的区域。为此，就要在乔木带两边一定范围内，种植较耐阴的同时对土壤水分、养分要求较低的植物。另一方面，水土保持植物种植是一种人工重塑的系统，经营的集约化更高，它的水平分布必须易于管理和操作。一般高效水土保持植物在平面分布上的配置方式以宽行密株、宽窄行结合为主，通常不采用正三角或正方形的配置形式；草本类植物在平面分布上的配置，也应以获得最佳的总体效益为目标。平面分布可以分为带状间作（果药间作、果农间作、经济林草间作）、均匀混交、团状混交等多种类型。

2．垂直分布设计及其类型

垂直分布设计时，应着重考虑地上空间高、矮层结合；土壤空间的深根、浅根层结合；光能利用的阳性与阴性、阳性与中性、中性与阴性，以及阳、中、阴结合等复层种植。

垂直分布大体上可分为 3 种基本类型：单层结构、双层结构和多层结构。

（1）单层结构：是垂直分布中最简单的一种，即不同植物种位于同一层次。因而不同物种间对光、热、水和养分等生活因子的竞争较为强烈，分化现象严重，生产力不高。

（2）双层结构：是高效水土保持植物种植最为常见的一种垂直分布形式，如热带的胶茶间作，暖温带的枣粮间作、果蔬间作，温带的松参间作等。这种分布形式，上层为乔木或灌木，形成林冠层，林木行间种植灌木或草本植物，从纵断面上看，成为上、下两个十分整齐的层次。

（3）多层结构：是按分布结构优化设计原理，把有共存互利效应的乔木、灌木、草本及菌类等多种植物种群在垂直空间上合理成层布置，以实现生态空间的高效利用。多层结构是高效水土保持植物结构系统最理想的垂直结构形式，但其结构设计技术复杂。主要有以下 3 种基本类型：

1）平原地区多物种组成的立体配置。这种立体配置主要是林-果-农或乔-灌-草相结合，一般为三层结构，如银杏-苹果-农复合型、香椿-樱桃-金针菜复合型等。

2）丘陵山地依地势和海拔进行带状多层次布局。这是以小流域为单元的生态经济型防护体系建设中的立体配置的主要形式。一般在小流域上游集水区之内坡面栽植沙棘等灌木或乔木经济林种以涵养水源、减少水土流失；坡面中部根据条件修建各种形式的梯田，栽植果树或其他林种、草；坡面下部坡脚处和沟道两侧土层深厚、土壤肥力较高的地方建成各种梯田、台地，建设高产经济林果；在沟道内布设柳谷坊、塘坝群，发挥群体效应，拦蓄径流泥沙。在每个水平带上又实行立体种植，如梯田埂坎栽植杜仲、花椒、柿；田面上种植苹果；行间种植豆科牧草或经济作物、药材等。

3）多物种组成的庭院经营。发展林、园、牧相结合的庭院经营，不仅栽植管理方便，而且对保持水土、发展经济具有不可低估的作用。庭院立体种植通常可划分为 4 个层次，种植的植物种类主要有杏、桃、核桃、苹果、梨、石榴、无花果、枣、李、桑、玫瑰及葡萄等，蔬菜有白菜、甘蓝、萝卜、洋葱、辣椒、韭菜等，并饲养禽畜和养蚕。庭院物种的空间分布特点是：层次多而界面又不甚明显，但设计有序，全年经营。

4.1.1.2 时间结构

时间结构是指高效水土保持植物生态系统各种组分的时间安排序列。一般来说，一个系统内的生态因子是相对稳定的。因此，时间结构主要是对不同物种的时间调控和配置，也就是根据各水土保持植物的生长发育特点及对环境条件的特殊要求，选择适当的植物种，延长生产时间，使资源和人力等得到充分利用。

时间结构设计包括季节时序设计和复合系统经营全过程的长、中、短期时序设计。前者是根据不同种生物学特性，合理运用套、复种生产技术，以提高自然资源的利用率，在设计上，应考虑长、中、短相结合和复合经营方式，重视短、中期套种，以短养长，以长促短。

合理安排生物组分在系统中的时间顺序，是提高复合系统功能不可忽视的问题。通过适当的时间结构安排，可以大幅度地提高光、热、水、土资源的利用率，利用物种间的互利关系，保持系统的持久稳定发展，更好地发挥植被的经济效益和水土保持等生态效益。

在高效水土保持植物复合系统中，植物种植在时间序列上有轮作、连续间作、短期间作、替代式间作、套种等多种形式。

4.1.2　种植技术

4.1.2.1　整地

主要包括清理和整地两项内容。清理方式有全面清理、带状清理、地块清理 3 种；清理方法有割除清理、堆积清理、化学清理等。园地清理后，即可进行整地。水土保持植物栽植是以土为基础的，整地具有改善土壤水分、养分和通气条件，影响近地表层的湿、热状况，提高栽植成活率，促进植物的生长发育，且利于栽植施工等许多优点。但是，如果整地工程设计不合理、施工不到位，不仅难以达到预期效果，甚至还会造成更为严重的水土流失。

1. 整地方式

整地方式分为全面整地和局部整地，局部整地又分为带状整地和块状整地。采用何种整地方式，主要根据地势、土壤、耕作习惯和水土流失等条件来确定。

（1）全面整地。全面整地是将准备栽植的地块全部挖垦。这种方式改善立地条件的作用显著，清除灌木、杂草彻底，便于机械化作业及进行林粮间作，苗木容易成活，幼林生长良好；但用工多，投资大，易发生水土流失，受地形条件（如坡度）、环境状况（岩石、伐根）和经济条件的限制较大。全面整地后幼林生长较好，但水土流失严重，用工量较高。全面整地只适用于坡度较小、立地条件在中等肥厚湿润类型以上的坡地或在林地内间种农作物习惯的地区使用。

（2）局部整地。局部整地是指根据栽植地的自然条件，只进行局部挖垦的整地方式。其中，把呈长条状翻垦土壤，并在翻垦部分之间保留一定宽度原状地表的局部整地方式，称为带状整地；而把呈块状翻垦土壤的局部整地方式，称为块状整地。局部整地又区分为多种不同的整地方法。

1）带状整地的主要方法。在坡度较大、地形相对比较完整的山坡栽植时，可采用带状整地。这一方法改善立地条件的作用较好，预防土壤侵蚀的能力较强，便于机械或畜力耕作，也较省力。山地进行带状整地时，带的方向可沿等高线保持水平；平原进行带状整地时，带的方向一般可为南北向，如风害严重，则可与主害风方向垂直。山地的带状整地方法有：梯田（水平梯田、反坡梯田）整地、水平阶整地、水平沟整地、撩壕整地等；平坦地的整地方法有：犁沟整地、带状整地、高垄整地等。

a. 梯田整地：梯田整地若应用得好，则是最好的一种水土保持方法。用半填半挖的办法，把坡面一次修改成 1.2m 以上若干宽度的水平台阶或反坡台阶，上下相连，形成阶梯，前者称为水平梯田，后者称为反坡梯田。每一梯面为一水土保持林木种植带，梯面宽度因栽植林木和行距要求不同而异。一般是坡度越大，梯面越狭。筑梯面时，可反向内斜，形成反坡梯田，以利于蓄水。梯壁一般采用石块和草皮混合堆砌而成，保持 45°～60°的坡度，并让其长草以作保护，梯埂可种植保护性灌木等。

b. 水平阶整地：在坡度 25°以上的地段，不宜采用梯田整地，因填挖多，坡面动土太宽，梯壁高，壁埂不易坚牢，容易造成崩塌。为此，可沿等高线将坡面修筑成狭窄的台阶状台面。阶面水平或稍向内倾斜，有较小的反坡；阶面宽因地而异，石质山地为 0.5～0.6m，土石山地及黄土地区为 0.8～1.2m，阶的外缘培修土埂；阶长为 2.5～5m，视地形而定。

c. 水平沟整地：沿山坡等高线开沟，将挖出的土堆放在沟下方，在埂的内壁栽树。沟深 0.3～0.4m，宽 0.4～0.6m，长 2.5～5m，视地形而定。

d. 撩壕整地：先挖水平带，带面宽度为 1～2m；然后在水平带的外侧做高度和宽度分别约为 15cm 的土埂；在土埂内挖壕，深度为 0.5～1m；带间距离因行距而定，一般是 3～7m。撩壕整地比水平沟整地在改善土壤条件、保持水土、促进植物生长方面有更大的优越性。

2）块状整地的主要方法。在坡度大、地形破碎的山地或石山区栽植时，可采用块状整地。块状整地是按照种植点的位置在其周围翻松一部分土壤，以利于苗木成活。这种方法灵活、省工、成本低，同时引起水土流失的危险性较小，但改善立地条件的作用相对较差，蓄水保墒的作用也不如带状整地。整地的范围视栽植立地条件、苗木大小及劳力情况而定；块状整地时，块状地的排列方向应与种植行一致，山地沿等高线，平原呈南北向。山地应用的方法有穴状整地、块状整地、鱼鳞坑整地，平原应用的方法有块状整地、高台整地等。

a. 穴状整地：为圆形坑穴，穴面与原坡面持平或稍向内倾斜。穴径 0.4～0.8m，深 0.25～0.8m。穴状整地可根据小地形灵活选定整地位置，有利于充分利用岩石裸露山地土层相对较厚的地方或采伐迹地伐根间土壤肥沃的地方，整地投工数量少，成本比较低，但其改善立地条件的作用较其他方法稍弱。

b. 块状整地：为正方形或矩形坑穴。边长 0.8～1m，深 0.25～0.8m。一般黏重的土壤坑穴标准大一些，沙壤土坑穴标准可以小一些。块状整地有较好的改善立地条件的作用和一定的保持水土功能，并且定点灵活，比较省工。

c. 鱼鳞坑整地：是一种常见的块状整地方法，在与山坡水流方向垂直环山挖半圆形栽植坑，使坑与坑交错排列成鱼鳞状。一般坑长 0.8～1m，宽 0.5～0.8m，深 0.25m，由坑内向外取土，使坑面成水平，并在坑外边筑成半环状土埂以保持水土。

d. 高台整地：为正方形、矩形平台，台面高出原地面。高台整地排水良好，但投工多、成本高，劳动强度大。一般用于水分过多的迹地、沼泽地，以及某些地区的盐碱地等。

2. 整地时间

一般来讲，一年四季均可以进行整地，但有些地区只能在春、夏、秋 3 季进行整地。

夏天整地，由于温度高，杂草种子尚未成熟，杂草被翻入地下易腐烂，雨季即将来临，有利于改良土壤结构，增强保墒能力，提高地力和消灭杂草；秋季整地，杂草种子可以埋入地下，入土越冬的幼虫、虫蛹等被翻到地表，对消灭杂草和害虫很有好处，经冬季冻融，土壤结构也可得到改良。但在气候干旱地区，秋季整地开春后土壤墒情没有夏季整地高。秋季栽植一般应在当年春天或夏天整地，在低湿的草滩地，阴湿寒冷的中、高山阴坡的积水部位，应提前1年或2～3年进行整地，待翻上来的草皮腐烂后，才宜于栽植植物。整地与造林不是同时进行的，而是比造林时间提早1～2个季节，称为提前整地或预整地。提前整地的优点是：改善土壤水分状况，在干旱、半干旱地区，可以充分利用大气降水，蓄水保墒，提高造林成活率；有利于植物茎叶、根系残体的分解，增加土壤中的有机质；便于从容地安排造林生产。一般在干旱、半干旱和半湿润地区，提前整地最好使整地与造林之间，有一个降水较多的季节，尽可能地多截蓄雨水。

4.1.2.2 栽植

1. 栽植密度与栽植方式的确定

高效水土保持植物的种植技术包括植物空间布局、整地、栽植方式、组织实施步骤等。空间布局主要是根据项目区域的区位条件、树种的生态学及生物学特性来确定。

（1）栽植密度。栽植密度是指单位面积上栽植苗木的株数。栽植密度关系着群体平面结构、光能利用和地力作用，直接影响着高效水土保持植物的产量、产品质量以及植被的水土保持作用。

栽植密度要依据水土保持植物种类、生物学及生态学特性、当地气候条件、土壤肥力、管理水平和水土流失程度而定。通常应考虑植物种的生物学和生态学特性、品种及砧木、立地条件、经营目的和管理条件、气候条件。

总之，影响栽植密度的因素多而复杂，但只要抓住充分利用立体空间资源、提高水土保持植物产量和品质、充分发挥植物的水土保持作用这一总的原则，因地制宜地综合考虑即可确定具体栽植密度。

（2）栽植方式。造林方式应在确定造林密度的前提下，结合经济利用土地，便于机械管理，以及当地自然条件和树种、品种的生物学特性来决定，常用的造林方式有以下几种：

1）长方形栽植：是当前生产中广泛采用的一种造林形式，其特点是行距大于株距，通风透光，便于机械操作管理及采收。

$$栽植株数＝栽植面积/（行距×株距）$$

2）正方形栽植：株距与行距相等，相邻4株可连成正方形。其优点是通风透光良好，管理方便。但若用于密植，其树冠易于郁闭，通风透光条件较差，且不利于间作。

$$栽植株数＝栽植面积/栽植距离$$

3）带状栽植（双行栽植、篱栽）：一般2行为1带，带距一般为行距的3～4倍，带内可采用株行距较小的长方形栽植。由于带内较密，群体抗逆性较强。

$$栽植株数＝栽植面积/[株距×（带距＋带内行距）/带内行数]$$

4）等高栽植：适用于坡地，栽植株数≈栽植面积/（株距×行距），计算株数时，应注意加行或减行的影响。

5）计划密植：是指开始栽植密度大，以取得早期产量和经济效益；当后期枝条交叉影响永久树和正常生长时，有计划地间伐或间移，以保证永久树后期的稳产。计划密植具有投产快、抗性强、土地利用率高等优点。计划密植的方式和密度，应根据品种、砧木、土壤和地势而定。一般平地常以正常栽植距离的 1/2 进行栽植，用苗木量增加了 4 倍，以后分两批进行疏移或间伐。永久树与间伐树是从属关系，当间伐树与永久树发生矛盾时，应控制间伐树，直至疏移或间伐。

2．栽植

（1）栽植时期。选择合适的栽植季节，可以提高造林成活率，并有利于苗木的生长发育。苗木成活的生理条件，首先是使苗木茎叶的水分蒸腾消耗量和根系吸收的水分补充量之间取得平衡。所以，最适合的栽植时期应该是茎叶水分蒸腾量小而根系再生作用最强的时间。栽植时期因树种和地区的不同而不同，在全国春季、夏季、秋季和冬季均有地区适合造林。

1）春季造林：树木容易成活，而且生长良好，因为早春栽植恰好与树木发芽前生根最旺盛的时期相吻合。同时，这一时期的气候和土壤条件都对生根有利。但春季造林不能过迟，栽植过晚时，苗木根系生长开始也晚，在芽开放以前还没有开始生根；由于叶片大量展开和天气逐渐转暖，植株地上部分蒸腾的水分不能和根系吸收水分达到平衡，苗木就不可避免地会干枯死亡。因此，春季造林要在土地解冻后立即进行，落叶树种必须在发芽前完成栽植。春季播种造林主要应限于岭南山地以北至秦岭、淮河一线以南地区，一般在3—4 月适宜；而在春雨较少的西部，应在雨量增多后的 5 月前后为宜。春季栽植时间很短，栽植顺序应按植物种发芽物候期，于土壤解冻后分批安排栽植。华中、华南地区，可先栽植常绿针叶树、竹类，再栽植落叶阔叶树，最后栽植常绿阔叶树。川滇地区春季高温、少雨、低湿，正值旱季中后期，是全年最旱的时期，故不宜进行春栽，而应将栽植时间提早至冬季或推迟到雨季。

2）夏季造林：在春旱严重的地区，可利用多雨的夏季造林，夏季播种可在秦岭、淮河以北到长城沿线一带，以及云贵高原地区进行，一般可以雨季开始初期，即 6 月上旬至7 月中旬为宜。适宜夏季播种的植物种类主要有松类、沙棘、柠条、毛条、花棒等。夏季植苗栽植时间长短各不相同，大体上西南比华中和华南长，华中、华南比华北长。夏季栽植选择蒸腾强度较小或萌芽能力强的植物种，同时要掌握好雨情，一般在下过一两场透雨、出现连阴天时为最好，切忌栽后等雨。

3）秋季造林：主要是播种一些大粒种子的植物品种，如栎类、核桃、山杏、油茶、油桐等。这些种子采集后立即播种，可以减轻果实、种子贮运工作量，种子在土内越冬具有催芽作用，翌年春天发芽早、生长快。在秋季植苗造林，华北、东北、西北地区可在植物已经落叶至土壤结冻前进行，而华中、华南气温仍高，不应在此时栽植。适于秋季栽植的植物主要是落叶阔叶树种。

4）冬季造林：南方某些地区（南岭以南至粤桂沿海丘陵山地区）温度高，土壤湿润，可以在冬季进行植苗造林，它实际上是秋季栽植的延续或春季栽植的提前。

（2）栽植前的准备。在做好造林整地的基础上，栽前的准备工作主要如下：

1）定点挖穴：无论是平地造林还是山地造林，均应按规划要求测量出栽植点，并在测好的定植点上挖栽植穴，表土和底土分别放置。穴深和宽一般为 40cm×40cm，将表土和心土分别放两边，然后放入有机肥，与表土混合后再行植树。

2）苗木准备：不论是自育还是购入苗木，都应于栽前进行品种核对、登记、挂牌。还应对苗木进行质量分级，要求根系完整、健壮、枝粗节短、芽子饱满、皮色光亮、无检疫对象，并达到一定高度。对畸形苗、弱小苗、伤口过多和质量很差的苗木，应及时剔除，另行处置。远地购入的苗木，因失水较多，应立即解包浸根一昼夜，充分吸水后再行栽植或假植。

3）肥料准备：为使定植的苗木及早恢复生长，提早投产，有条件的地区应于栽植时，施入一定量的有机肥，且应于栽植前准备充足，并运入林地。

（3）栽植方法。一般来说，栽植方法根据所用材料的不同可以分为播种法、植苗法和分殖法 3 种。

1）播种法：是把植物种子直接播种到栽植地的方法，简称直播。其特点是不需经过育苗和栽植，是一种较为简便的造林方法。适用于种子来源丰富，发芽率较高、根系发达，且较耐旱的树种，如板栗、核桃等。栽植区域应该立地条件较好，特别是土壤湿润疏松、灌木杂草不太繁茂的地方，鸟兽害及其他灾害性因素不严重或较轻微的地方，人烟稀少、地处边远地区可进行飞播。播种方法可以分为撒播、条播、穴播和块播等 4 种。播种量主要取决于种子的发芽率和单位面积上要求的最低限度幼苗数量。根据各地的生产经验，穴播时种粒大的核桃、板栗等，每穴播种 2～3 粒；种粒稍小的油茶、山杏、文冠果等每穴播种 3～5 粒；种粒中等的红松、华山松等每穴播种 4～6 粒；种粒较小的油松、马尾松、樟子松、云南松等每穴播种 10～20 粒。播种方法不同，播种量也不相同，穴播的用种量比条播、撒播的低。

2）植苗法：是以苗木作为栽植材料进行栽植建园的方法，是最为普遍的高效水土保持植物造林方法。目前大部分采用裸根栽植，栽植时苗木根系不带宿土，可以分为手工栽植和机械栽植，除北方平原地区外，大部分采用手工栽植，为了在生产上缩短苗期和延长造林季节，常用特制的容器育苗，连同容器带土栽植，可提高造林成活率和促进苗木生长。植苗法适用于绝大多数植物种和各种立地条件。在干旱、水土流失严重地区，植被繁茂及动物危害严重的区域，植苗法更具有优势。植苗法在苗木栽植前要对其进行保护和处理，苗木从苗圃起苗后，经过分级处理、包装、运输、假植等，苗木中的水分可能会流失较多，栽植后不易成活，这就要求对苗木地上部分进行截干、去梢、剪除枝叶、喷洒药剂等处理，地下部分采取修根、浸水、蘸泥浆、蘸其他化学药品等进行处理。植苗造林一般可以按植穴类型、苗木根系是否带土、同一植穴栽植苗木数量、使用工具等进行分类，按植穴类型可以分为穴植、缝植和沟植，按苗木根系是否带土可以分为裸根栽植和带土坨栽植，按同一植穴栽植苗木数量可以分为单植和丛植，按使用工具可以分为手工栽植和机械栽植。大树移栽是较为特殊的植苗方式，时间一般北方以早春化冻到发芽前为宜，南方则应根据当地具体条件确定时间，但是，最好在前一年围绕树干挖半径为 80cm 的深沟，切断根系，填入好土，促生出新根，秋天或春天，再在预先断根处稍外方开始掘树，为了保护根系，提高成活率，最好采用大坑带土移栽，并在移植前对树冠进行较重修剪，使根系和枝干部分的水分蒸发，坑内施入有机肥料，栽后边培土边夯实，在风大区域栽后应设立支柱，并应大量灌水，10 天以后再灌水一次，及时做好保墒工作。

3) 分殖法：是利用无性繁殖方法进行造林，其优点是造林技术较易，幼林初期生长较快，且可保持母树优良特性，但受立地条件限制较大，林分衰退较早。可以分为插条法、插干法、分根法、地下茎栽植法等。其中，插条法是利用树木的一段枝条作为插穗，直接插入栽植地的方法，应用最广，一般要求栽植地土壤较为湿润深厚，常用的经济树种有翅果油树、核桃、山核桃、柿等，枝条最好利用根部或干基部萌生的粗壮枝条，枝条年份随树种不同而不同。规格一般为长度 30～70cm（针叶树 30～60cm），下切口成平面或马耳形，插入深度根据立地条件和树种而异，落叶阔叶树在干旱、风沙危害大的地方，应深埋入地面下，水分条件好的地方可露出地面 3～5cm，常绿针叶树深度可为插穗长度的 1/3～1/2。插干法是将幼树树干或大树粗枝直接插入栽植地的方法，一般采用 2～4 年生直径为 3～5cm 的枝干，多用于旱柳、垂柳、白柳及某些杨树的栽植，在华北、西北、华中及华东部分省份推广的杨树长干深插即是插干法。分根法是利用刨取的粗根截成插穗插入栽植地的方法。一般在春季土壤解冻而植物未发芽前或秋季落叶后土壤未结冻前从发育健壮的母株根部挖取粗根，选取 1～2cm 的根条，剪成 20cm 的根穗，适用此法的植物品种有泡桐、漆树、楸树、刺槐、香椿和文冠果等。地下茎栽植法是竹类的栽植方法，如移栽母竹、移鞭芽、埋蔸和埋节等。

(4) 补植。补植是在栽植没有达到预期目标而采取的一种手段。失败了就应该重造，一般来说划定界线：成活率 40% 以下为失败，40%～80% 之间认定为补植界，80% 以上认定为合格。还有一种认定是根据保存率，其实这种认定还应该根据实际情况判别其郁闭度或盖度，一般乔木林郁闭度要在 0.2 以上，灌木林盖度在 30% 以上。

补植应从以下几个方面完善栽植行为：

1) 选苗：苗木质量关系重大，要注意选择枝条健壮、芽体饱满、无病虫害、形态优美的苗木。另外，因用于补植，苗木规格应与周边苗木的规格相统一协调。

2) 起挖：树木起挖前一周浇一次透水，让其补足水分，以避免起苗后过早脱水。起挖苗木一般要带土球。土球直径一般应按胸径的 8～10 倍计算，落叶树种也可用露根苗，根系长度也为胸径的 8～10 倍。起挖时沿规定的根幅外圈垂直向下挖。起挖过程中，遇粗根时用手锯锯断，以免根部劈裂，尽量不伤根皮和须根，保留原土。

3) 修剪：在乔木栽植前，要对树冠进行不同程度的修剪，以减少树木水分的蒸发，保持树体水分上下供需平衡。

4) 栽植："三埋两踩一提苗"是较为科学的树木栽植方法。这种栽植方法包括三次埋土、两次踩实以及一次将苗木向上提起的过程。

另外，树木种植要注意按原向进行种植，才能使植株更好地适应环境条件，提高成活率。对于原带土球不完整的苗木，根群已有不同程度的脱水，需用蘸根浆（2%磷酸二氢钾、2%白砂糖、1%维生素 B_{12} 针剂、95%黄泥浆）浸蘸苗根进行处理。根系不完整、损伤较大的树木，以及珍贵树木，栽植时根部应喷生根激素。

(5) 养护。树木栽植后应在略大于种植穴直径的周围筑成高 10～15cm 的灌水土堰，堰应筑实不得漏水。栽植胸径 5cm 以上树木时，植后应立支架固定，以防冠动根摇，影响根系恢复。以三角桩或井字桩的固定作用为好，且有优良的装饰效果，在人流量较大的市区绿地中多用。树木应在栽植当日浇透第一遍水，以后应根据当地情况及时补水，一般浇水不少于 3 遍。补植苗木处在缓苗期，在以后两年时间内应重点养护，特别是不能缺水，应定期进行检查和补水。

以上重点介绍了乔木的栽植，灌木栽植也是如此，灌木的补植地点更加零散，后期管理应更加细致，特别是浇水时不能遗漏。只要管理到位，成活率会大大提高。

（6）补植季节及注意事宜。

1）落叶树：在春季土壤解冻以后、发芽以前补植，或在秋季落叶以后、土壤上冻以前补植。

2）针叶树、常绿阔叶树：在春季土壤解冻以后、发芽以前补植，或在秋季新梢停止生长后、降霜以前补植。

死亡的树木挖除前应做好记录，并尽早补植。补植的树木应选用原来树种，规格也应相近似。若改变树种或规格，则须与原来的景观相协调，行道树补植必须与同路段树种一致。

4.1.3 典型设计

1. 东北黑土区高效水土保持植物配置典型设计

（1）内蒙古自治区扎兰屯市榛子林配置模式。

1）立地条件：对天然榛子灌木林改造，同时对覆盖率低的榛子灌木林进行补植改造，伐除上层木，确保透光通风，促进结实。该区域为大兴安岭东南中低山区至嫩江平原过渡地带，主要有中山、低山、丘陵及草原 4 种地貌类型，地块主要分布于中山及低山丘陵地带。

2）补植改造。

a. 土壤条件：山地阳坡、阴坡，土壤肥沃，土壤厚度在 35cm 以上。

b. 配置密度：111 株/亩，株行距为 3m×2m。

c. 整地方式：春季营林前一个月进行人工穴状整地，整地规格为 35cm×35cm。

d. 补植：春季人工植苗造林，坐水栽植，回填表土，分层覆土，踏实，不窝根，先覆表土后覆心土至根径以上 2cm。栽植后，旱情严重时浇水保苗。

3）抚育管理：重点平茬复壮、作业时间在早春榛子休眠季节进行，留茬高度为 5cm 以下，茬口要平整。人工穴内松土、除草，连续 3 年，每年 3 次，每年 6—9 月进行。科学水肥管理，加强防火管理。

（2）黑龙江省伊春市笃斯配置模式。

1）立地条件：属于小兴安岭林区，以暗棕壤为主，地块主要分布于坡岗、缓坡、坡脚等地，区域年均降水量为 600~800mm。

2）整地选地。选择土壤 pH 为 4.3~4.8，选择或改善土壤结构为适中的壤质土。选择粗度 0.5cm 带有饱满芽的健壮休眠枝进行插穗，剪插条过程中需要剪掉影响生根和生长的花芽，插条应及时使用，如果不能及时扦插，则应将其保存于潮湿塑料袋贮藏于 2~4℃条件中。笃斯硬枝插穗经激素处理后，生根率明显提高，经吲哚丁酸和 ABT 生根粉处理的插穗生根率最高，扦插基质以苔藓基质的插穗生根率最高。

3）种子采集、制备与处理。笃斯种子在小兴安岭地区大多于 7 月末至 8 月初成熟，应及时采集；果实采集后放置洁净容器中 3 天，待果实完全自行软化后再使用物理方法破碎成熟果实，破碎后的果实使用钢制细网纱过滤器初步过滤去除果浆及水分。之后将剩余残渣部分使用容器进行反复漂洗去除果肉、果皮和其他杂质，收集沉淀于容器底部的果实种子。将剩余种子做除水处理，摊开后放置于阴凉处完全阴干，收集阴干的种子，密封于密闭容器中 2～4℃保存。每 300kg 鲜果实可制备出 1kg 左右的种子，种子千粒重约为 400mg；使用 0.001g/mL 的赤霉素溶液浸泡种子 12h 以上；使用 0.3% 的高锰酸钾溶液浸泡消毒河沙 6h 以上。将完全浸泡后的种子与消毒后的湿河沙按照 1∶5 的比例均匀混拌，置于 16℃的暖房中，当种子裂嘴达到 30% 时即可播种。

4）整形与修剪。笃斯生长过程中喜好阳光充足、通风良好的环境。因此，根据其生长生活习性，在栽植 2 年，待其形成花芽时，应及时将其花芽疏散，以便促进其根系生长发育，进而使树冠生长繁盛，增加树枝生长量。生长 3 年后需要每年对其进行至少 3 次的修剪，第 1 次修剪时间为防寒解冻之后，剪去树枝顶端干枯部分和基部过密及病虫害树枝，每株丛保留 8 个二年生树枝；第 2 次修剪时间为 5 月中旬，剪除底部距地面 30cm 以内的侧枝，待笃斯树枝开花结果后及时进行疏花疏果，以便促进其生长发育，增加果实产量和提高果实的质量；第 3 次修剪时间为采摘果实后，剪除结果后的干枯枝条，每株丛只保留 10 个壮枝。

5）田间管理。清耕除草及覆盖：树体注意浅耕，如土壤条件稍差，可通过覆盖来增加土壤湿度；在生长过程中，一般可以在 3 年左右对其生产环境的土壤和自身的叶片进行分析测定，进而确定肥料配方施肥量以保证其能够正常生长发育，肥料以硫酸铵、酸性硫酸钾等酸性无机肥为主，一般分为两次施用，第 1 次在开花后，第 2 次在果实发育及新梢生长旺盛时期。

2. 北方风沙区高效水土保持植物配置典型设计

（1）新疆维吾尔自治区若羌县沙区红枣栽植模式。

1）立地条件：地处塔克拉玛干沙漠南缘，极端干旱，地表水匮乏，大风沙尘频繁，光热量丰富，昼夜温差大。

2）园地选择：枣树对土壤要求不高，但幼树期耐盐碱能力不强，因此枣树建园要选择在盐碱度较低的耕地内。要求地下水水位在 5m 以下，土壤总含盐量不高于 0.3%，pH 在 8.0 以下，地表水或地下水稳定，无霜期在 170 天以上，绝对最低温不低于 -23℃。

3）苗木：应选用发育健壮无病虫害的一级、二级红枣根蘖归圃苗或嫁接苗。苗木起苗后剪截枣头和二次枝，最宜随起随栽，如不能及时栽植，应及时进行假植。

4）定植：栽植前开沟，沟深 30～40cm，宽 50～60cm。沟间距为设计行距，开沟以南北走向为好，利于枣树采光及节水。栽植前，应将主干上的二次枝全部剪除，同时将苗木主干顶端剪除 2～3cm。然后进行修根，修根后，将枣树根系蘸泥浆处理。枣树主要在春季栽植，栽植的最佳时间为 4 月 5—20 日。苗木放入栽植坑后，均匀填土，填至根颈后轻轻上提，使根系舒展，然后踏实，深度应比苗木原深度深 2～3cm，栽后应及时灌水。

5）密度配置：纯枣园株行距以 2m×3m 为宜。红枣间作，必须在红枣两侧各留适当的隔离带，株行距以 1m×4m、1.5m×4m、2m×4m 为宜。

6）土壤管理：以改善土壤团粒结构，提高土壤透气性，促进苗木生长为目的，及时中耕松土锄草；松土锄草要做到里浅外深，不伤害苗木根系，深度以 6～10cm 为宜。秋季在定植带或树体周围 1～3m 范围内，结合秋施基肥深翻土壤，可以增厚活土层，改良土壤，消灭地下越冬害虫。

7）肥料管理：每年在 10 月底以前，即枣树落叶后至土壤上冻前施 1 次基肥。1 年生枣树株施农家肥 5kg、二铵 50g、硫酸钾 20g；2 年生枣树株施农家肥 7kg、二铵 70g、硫酸钾 30g；3～4 年生枣树在树冠外围挖深宽 40cm 的环状沟，株施农家肥 10～20kg、二铵 100g、硫酸钾 50g。夏季追肥宜采用叶面肥，有磷酸二氢钾、硼酸等；喷施时间为枣树盛花期和果实膨大期。沙区枣树施肥应高度重视补钾肥和微量元素肥料（如锌、硼肥等），以保证枣树所需营养均衡供应。

8）灌水：枣树一年内必须浇"五水"：①催芽水，在早春萌芽前浇灌；②花前水，在枣树的初花期（约 5 月中下旬）浇灌；③保果水，在幼果发育期（6 月中旬至 7 月下旬）浇灌；④促果水，在 7 月下旬至 8 月浇灌；⑤封冻水，在土壤上冻前浇灌，封冻水不能灌得过晚，11 月 5 日以前必须灌完，防止新栽枣树发生冻害。

9）整形修剪：冬季整形修剪从落叶至第二年萌芽前都可以进行。常见的几种树形有自由纺锤形、小冠疏层形、开心形、主干疏层形。

枣树夏季修剪以 5—7 月进行为好，可抑制枣头过旺生长，减少营养消耗，提高坐果率、枣果的产量和品质。对于刚萌发无利用价值的枣芽，应及早从基部抹除，以节约营养。萌芽展叶后到 6 月，对枣头一次枝、二次枝和枣吊进行摘心，阻止其枝梢生长，有利于当年结果和培养健壮的结果枝组。对于枣头一次枝，摘心程度依枣头所处的空间大小和长势而定，一般弱枝重摘心，壮枝轻摘心。摘心程度要适度，过强时虽当年结果很多，但影响结果面积增大，往往翌年二次枝上大量萌发枣头；过轻时，坐果率降低，品质差，结果枝组偏弱。摘心一般在 5—7 月进行，这时枝条分布匀称，冠内通风透光良好。

10）提高坐果率的措施：主要措施是摘心、花期喷肥、开甲、疏花疏果等。花期喷肥一般在 6 月上旬，枣树盛花初期进行（有 40% 的花朵开放就可以进行喷肥）。一般用 0.3% 的尿素或 0.3% 的磷酸二氢钾进行叶面喷洒，能显著提高坐果率，可增产 20% 以上。整个花期喷肥一般进行 3 次，每次间隔 5～7 天。在枣树花期喷洒硼酸水溶液，能够促进花粉萌发或花粉管伸长，促进枣花授粉受精。疏花疏果一般一个枣吊留 2～4 个枣果，木质化枣吊留 10～15 个枣果，将多余的枣花和畸形的幼果全部疏除。开甲方法为：初次开甲在距地面 20～30cm 处的树干上进行，以后开甲部位逐年上移；开甲时用利刃绕树干环切两道，深达木质部，将切口间的韧皮部剥掉，甲口宽 0.3～0.5cm。

（2）新疆维吾尔自治区青河县大果沙棘高产栽培模式。

1）立地条件：中低山、丘陵地带，属大陆性北温带干旱气候，年均降水量小，温差大。

2）品种选择：雌株品种选择有楚伊、向阳、阿尔泰新闻等良种，雄株选择花期长、花粉量大的品种，如阿列伊等。

3）苗木规格：苗木选择 1～2 年生一级、二级扦插苗，苗高不低于 30cm，主干木质化充分，无折断、劈裂、病虫害，根系完整。不建议用 3 年以上大苗（因为主根老化，侧根不发达影响造林质量，也不利于后期整形修剪）。

4）造林技术。

a. 地类选择：在退耕地、撂荒地、贫瘠的山地、河滩地、沙地、丘陵山地都可以正常生长，适宜的土壤 pH 为 6.5～8.5，土壤含盐量为 0.4%～0.6%。

b. 整地方式。

（a）带状开沟整地：此方法适合比较平坦的退耕地、沙漠化土地，既可以节省劳力和费用，又可以保护大部分植被不被破坏，减少土壤风蚀，达到蓄水保墒的目的。整地规格为沟深 25cm，宽不小于 50cm，沟间带宽依栽植行距而定。

（b）条、台田整地：此种整地适用于盐碱地。土地盐碱化主要是土壤中盐分含量过高，排不出去造成的。沙棘虽有一定的抗盐碱能力，但当土壤含盐量超过 0.6%，pH 超过 9.0 时，生长就会受到影响。因此，在盐碱地栽植沙棘必须修筑条、台田，使田间水分流畅，解决缺水和积水问题，盐分则随水带走。修筑的条、台田田面宽度，要从实际出发，因地制宜适当确定，一般田面宽 20～30m，排水沟深 0.5～1.0m。

c. 种植：沙棘纯林株距 2m，行距 3m，种植密度为每亩 111 株，雌雄株比例为8∶1～10∶1，即每亩地雌株 99～101 株，雄株 10～12 株，雄株均匀配置。

d. 栽植技术：采用植苗造林方法，春季要适时早栽，栽植前按 40cm×40cm×40cm 规格挖好定植坑，每株准备腐熟厩肥 10kg，与表土充分混合后施入，然后将雌雄株苗木按规定的植点进行栽植。栽植时要适当深栽，埋土比原土印深 5cm 为宜，也可栽后截干。在土壤水肥条件较好的退耕地可在夏季用容器苗造林，或选择秋季造林，造林方法与春季造林相同。

e. 抚育技术。

（a）水肥管理：每年春季到秋季前需灌溉 3～4 次水，使整个园地土壤水分保持在70%～80%。除移植前施底肥外，在每年春季结合降雨追肥 1～2 次，尿素 165kg/hm²，过磷酸钙 333kg/hm²。每隔 3～4 年施农家堆肥 4500kg/hm²。

（b）整形修剪：沙棘移植苗定植后到结果前，树冠一般不修剪，只对单茎植株略加截短，形成多杆密植树冠。结实后，剪去过密的枝条、病枝、断枝和枯枝。生长期的剪枝强度不宜过大，否则会引起树势营养生长过旺而影响生殖生长。

（c）病虫害防治：防治病虫害首先从营林措施入手，加强林分管理。在病虫害发生情况下，化学药物防治也是重要的手段，主要应防治沙棘猝倒病、干枯病、沙棘锈病等。

f. 采收与加工：沙棘果实虽然可以长时间挂于枝上，但从果实营养成分变化的角度考虑，以果实成熟期限前后采摘最为适宜。果实采收以后应及时冷冻保存或榨汁。榨汁保存时，果渣晾晒风干，取出种子，并将种子摊晒晾干，使其不含有过多水分。

3. 北方土石山区高效水土保持植物配置典型设计

（1）河北省迁西县板栗配置模式。

1）立地条件：燕山海拔 800m 以下低山丘陵坡耕地、片麻岩荒山或部分低产沙化耕地。

2）品种选择：以优质高效乡土树种京东板栗为主，选 2 年生一级苗，地径 1cm 以上，根系完整，无病虫害苗木。

3）整地方式：实施水平沟整地，即在坡面上自上而下，沿等高线每隔 2～5m 开沟，沟有梯形、长方形有、三角形等，沟的深度和宽度根据坡度确定。一般沟深、宽各 1m，挖沟时用生土筑沟坎，表土填于沟中，在水平沟中间或外侧挖穴状坑。坡度较小的沙化耕地采用穴状整地。整地规格以 60cm×60cm×60cm 为主。可视立地条件选择造林密度，株行距选择 2m×3m、3m×3m 或 3m×4m。

4）栽植：植苗造林春季、秋季均可进行，栽植时注意表土回填，施足底肥。采用"三埋两踩一提苗"法进行栽植，要踩实。秋季造林栽植后注意苗木防寒保暖，最好用土埋上。

5）抚育管护：主要是松土、除草、除蘖、培土、修枝、灌溉、施肥、补植、病虫害防治等，促进幼林生长。加强抚育、修剪、浇水、施肥等管护措施。一般连续抚育 2～3 年，每年 1～2 次。施肥时注意在距幼树 20～30cm 处开沟，深 15～20cm，逐年向外扩展，施后浇水覆土。

（2）北京市板栗配置模式。

1）立地条件：年均气温 7～12℃，全年日照时数 2700～2800h，有效积温 4200℃，无霜期 170～200 天，土壤微酸性。

2）栽植密度：株行距 3m×4m，每亩栽植 55 株。

3）整地规格：栽植前 1 个月进行人工穴状整地，规格为 0.8m×0.8m×0.6m。

4）苗木规格：选用 2 年生以上，苗高 80cm，芽体饱满，有 3～4 条以上完整侧根优质壮苗。

5）造林时间：秋季或春季均可，植苗前修根，栽植后浇水，待水渗下后覆膜；并及时定干，在树周边修梗筑盘。

6）嫁接时间：栽植后第二年，苗木地径达到 2cm 以上，春季 4 月初采用插皮接的方式进行嫁接。

7）品种选择。

a. 怀黄：该品种树势健壮，萌芽力、成枝力强，嫁接当年就可以结果，坐果率高，结果母枝短截后抽生结果枝比率高。每个果枝平均着蓬 2.33 个，每个果蓬含坚果 2.44 粒，出实率 46%，鲜果单粒重 7.1～8.0g。此品种自然生长条件下树形为半圆形，结果母枝平均长度为 32.87cm，属中长果枝，但母枝短截后能抽生果枝，枝条皮孔小，密度中等，呈椭圆形，球果为中型，重 56.6g，呈椭圆形，刺束中密，坚果为圆形，皮色为栗褐色，有光泽，茸毛较少，坚果种脐小。此品种 4 月 11 日左右芽开放，开花盛期在 6 月 6 日左右，9 月 15 日左右果实成熟，10 月 28 日至 11 月 14 日为落叶期。

b. 怀九：该品种树势健壮，萌芽力、成枝力强，嫁接当年就可以结果，坐果率高，结果母枝短截后抽生结果枝比率高。每个果枝平均着蓬 2.37 个，每个果蓬含坚果 2.35 粒，出实率 48%，鲜果单粒重 7.5～8.3g。此品种自然生长条件下树形为半圆形，树姿开张，结果母枝平均长度为 65cm，属长果枝，但母枝短截后能抽生果枝，枝条皮孔较小，小而疏，呈椭圆形，球果为中型，重 64.7g，呈椭圆形，刺束中密，坚果为圆形，皮色为栗褐色，有光泽，茸毛较少，坚果种脐小，此品种 4 月 13 日左右芽开放，开花盛期在 6 月 4 日左右，9 月 17 日左右果实成熟，10 月 27 日至 11 月 16 日为落叶期。

4. 西北黄土高原区高效水土保持植物配置典型设计

（1）甘肃省清水县核桃配置模式。

1）立地条件：山地至梁峁过渡地带、陇中南部温带湿润区，年均降水量为 524mm，四季分明。

2）整地：定植前 1 个月沿等高线大穴整地，结合实际，株行距采取 4m×5m，6m×5m，植穴规格为 80cm×80cm×80cm，每穴用 50～25kg 有机肥和 25kg 人粪尿与本土拌匀后，再覆盖表土层，留待 1 个月后定植。

3）育苗：苗木质量要求品种优良纯正，苗木根系发达，侧根完整，无病虫害，分枝力强，容易形成花芽，抗逆性强，符合国家苗木质量标准一级以上。

4）栽植：在春季或秋季进行。栽植时先将熟土回填，将苗木定植在熟土上，然后再将苗向上轻提，使其根系舒展，忌根系直接接触底肥，再分层覆土，踩紧踩实，定植后浇足定根水，覆膜保墒。核桃树体较大，定植密度较低，前期在树间种草，防止水土流失，既可以以草养地，又可以草养畜。

5）抚育管理：前期促进幼树生长发育为主，及时松土、清除杂草。松土在每年夏、秋两季各进行一次。幼树在结果前，年施氮肥 50g、磷钾肥 10g；进入结果期后，视产量和树势适当增加施肥量；整地时放入基肥，以农家肥为主，追肥每年进行 2 次。

6）整形修剪：应把握"因树修剪、随枝作形、有形不死、无形不乱"的原则，在 1.2～1.5m 处定干，可采用疏散分层形和自然开心形。

（2）山西省灵石县核桃高效立体栽植模式。

1）立地条件：黄土残垣区，部分为土石山区的干旱丘陵山区，属暖温带大陆性气候。

2）配置：核桃栽植密度 30～45 株/亩，具体配置有核桃＋药材、核桃＋蔬菜、核桃＋豆类及林下养殖等。

3）品种：品种有"中林 1 号""辽核 1 号"和"晋龙 1 号"，林下间作植物有黄芪、枸杞、甘草、苜蓿、花生、土豆等。

4）苗木：以优良品种的嫁接成品苗为好，苗龄最好是 2～3 年生的成品壮苗，苗高 1m 以上，地径 1cm 以上，主根侧根完整，无病虫害。

5）整地：平缓地带采用 100cm×100cm×100cm 穴状整地，坡耕地采用大鱼鳞坑整地，规格为长 120cm、宽 50～60cm、深 70～80cm，并注意沿等高线呈"品"字形排列，充分拦截利用地表径流。栽植密度根据立地条件、栽培品种和管理水平而定，一般株行距以 3m×5m 或 4m×5m 为宜，即 33～45 株/亩。

6）栽植：栽植前每穴施入优质农家肥，并拌入磷肥，然后熟土回填。苗根如有损伤，先将损伤及烂根剪除掉，放入水中浸泡 12h，或用泥浆蘸根，使根系吸足水分以利栽植成活；栽植时将苗木放入坑内，使根系舒展，用熟土填埋与地面相平，分层踏实后，再浇足定根水，然后用地膜对穴面进行覆盖。为防止冬季抽条和冻害，在秋末应采取封土堆或套袋封土办法，防止苗木失水干枯，第二年春天土壤解冻后除去封土，扶正幼树。

7）管理：定植后根据幼苗的定干高度进行短截，以促进主干生长。维持地上部分需水和地下根系吸水的水分平衡和营养关系。短截剪口下面留 4～5 个饱满芽为整形带，抹掉多余的萌生芽。主干截留高度依据立地条件、栽植密度和品种特性而定，一般距地面80～150cm。短截后要注意保护剪口，防止伤口失水。待幼树苗发芽新梢长到 20cm 时，选留一个生长势强壮的芽培养主干。如苗干低于定干高度，应在其中上部选饱满芽先行短截萌发后，留一个健壮新梢，待达到定干高度后进行定干。

核桃立体栽植，要注意留足保护带，防止耕作损伤幼树，不宜间作高秆作物，同时注意肥水地面管理和整形修剪。通过整形修剪，培养合理的树形骨架，并根据核桃树种的生物学特性，通过截、疏、放、伤、变五大技术手法达到其群体与个体、生长与结果、衰老与更新间均衡协调，达到树体骨架牢固，枝组合理，果多质优，稳产长寿之目的。整形修剪前期应注意避开秋季 11 月至翌年 3 月下旬的伤流期。同时还要注意对核桃"举肢蛾"等病虫害的及时有效防治。

5. 南方红壤区高效水土保持植物配置典型设计

（1）湖南省沅江市苎麻栽植模式。

1）麻园规划：丘陵山区的苎麻多种在山丘、坡地，因此麻园区块大小、形状等方面都要与地形、土壤和气候相适应，并与道路、排灌系统相协调。区域形状可为带状长方形、平行四边形或梯形，但长边必须与等高线平行，一般采用 2∶7～5∶7 的长方形，区块长 100～200m、宽 30～40m，区块的长边要与主风向垂直。

2）建园：在丘陵区建园，必须在保水、保肥、防风害的前提下，根据地形起伏不平、地块大小不一的特点，搞好规划，道路、沟渠的设置，要便于运输、排灌和施肥。坡地应做成梯田，梯田长度为 30～100m 不等，田面宽依坡度大小而定，一般为 3～10m 为宜，并在梯田的两端和最上、下两端修建宽 1.5～2m 的道路。土壤的 pH 以 5.5～7.0 为宜，但要在土层要深厚、土质疏松（松土块垒在 0.5m 以上）、土壤肥沃（含有机质 1.6% 以上）、排水良好和背风向阳的地方。

3）整地：在前一年的夏、秋季或冬季翻好土壤，通过伏晒，冬培或种植一季冬作物，为翌年春栽苎麻创造条件。新麻园深耕要在 0.5m 以上，其他地块最少也要耕 0.33m 以上。做田开沟，田面宽度依据地势、土质和地下水，确定至 2.3～4.0m，田沟宽 0.33m，深 0.15～0.2m。基肥以农家肥为主、化肥为辅，迟效肥和速效肥相配合，以条施和穴施为宜，一般用肥量，每亩穴施土杂肥 5000～10000kg，人、畜粪 1000～200kg，过磷酸钙15～25kg。

4）扦插繁育：选择植株均匀、整齐，外观形态一致的原始植株群体作为母本。母本麻园栽培密度为行距 0.7m、株距 0.3～0.4m。选择晴天 9∶00 以后开始取苗，要避免高温下取苗。削取长度为 8～15cm 的插枝，保留茎尖 3～5 片小叶，下部 1cm 左右处保证有一个节，将削好的插枝在消毒液（0.8% 的高锰酸钾或 500～1000 倍的托布津、多菌灵等）中浸 3min 后放在阴处备用。主要扦插步骤为：浇水、插苗、浇水、插竹拱、盖膜、遮阴。将经过消毒的插枝密集地扦在放有细砂的条沟上，扦入深度为 2～3cm；以行距 10～12cm、株距 6～7cm 进行排列，每亩苗床扦插 8×10^4～10×10^4 株为宜。插苗后及时用洒水壶浇上清水，湿透苗床为止。苗龄 30～40 天，基部长满根，新叶 2～3 片时可以出圃；

第一次出圃后，要深挖苗床并暴晒 2～3 天，然后整地进行第二次育苗。田间沟道宽约 40cm；行距约 60cm，株距约 50cm，每亩株数为 2000 株左右。

5）田间管理：适时追肥，一般头麻从出苗至齐苗 1 个月内追肥 2 次，第一次叫"提苗肥"，做到苗出土、肥下地，每亩施 500～750kg 人畜肥或 4～5kg 尿素。第二次叫"壮苗肥"，在苗高 33cm 左右时，亩施尿素 10～15kg，或腐熟的饼肥 50～75kg 加钾肥 7.5～10kg，1 个月后追施第三次肥，这次叫"长杆肥"，亩施尿素 12～15kg；搞好冬培，要在苎麻收后进行深中耕，一般要深中耕 10～17cm，重视施冬肥，苎麻一年三收，养分消耗大，需在冬季进行施肥，以有机肥为主，可以进行穴施、条施、点施和满园施，一般每亩施腐熟人畜粪 3000kg；要培土覆盖，冬季要给培土保暖防冻、促孕芽、生根、壮苗，培土厚度以 33cm 为宜。

测土配方施肥：要以土壤测试和肥料田间试验为基础，根据作物需肥规律、土壤供肥性能和肥料效应，在合理施用有机肥料的基础上，提出氮、磷、钾及中、微量元素等肥料的用量、施肥时期和施用方法。头麻需亩施氮肥 8～10kg、磷肥 3.1～4.5kg、钾肥 4.3～5.7kg。二、三季麻按实际情况进行施肥。

6）适宜区域：可在南方红壤区的丘陵与平地的土层较厚区域进行推广。

（2）江西省新余市渝水区油茶栽植模式。

1）造林地选择：选择海拔 300m 以下、土层厚度 40cm 以上的阳坡或半阳坡。

2）品种：选取通过国家和省级认定的"长林系列""赣无系列"高产优良无性系油茶苗，种植后 2～3 年开始挂果，8 年进入盛产期，平均亩产茶油可达 40kg 以上。

3）苗木选取：使用轻基质无纺布容器苗或地径 0.5cm 以上、苗高 30cm 以上的大田苗造林。

4）造林季节：以早春 1－2 月造林为好，最迟不晚于 3 月中旬，尽量选在年前或年后的阴雨天气造林。

5）整地方式：坡度小于 5°的采取机械全垦整地方式，坡度 15°以上的采取机械带垦整地方式。

6）栽植技术：阴雨天气，栽植前在穴内施足底肥（油茶专用肥），并回表土覆盖。栽植时苗木分品系深沟配置，深栽踩实。土壤含水量较低时，可将营养杯浸透水后再栽植。栽植后，采用稻草铺盖树蔸保湿，增加秋季抗旱能力。

7）施肥：立地条件较差的小班地块穴内底肥施以鸡鸭粪 2kg，以提高土壤肥力，改善土壤结构。立地条件较好的小班地块穴内施以 2kg 油茶专用肥，造林后 3 年内每年春冬季各施肥一次，每次施 20kg/亩复合肥或 50kg/亩油茶专用肥。

8）造林密度：立地条件较好、坡度 15°以下的小班株行距为 3m×3.5m，坡度大于 15°的小班株行距为 2.5m×3.0m。

9）抚育：造林后，前 3 年每年抚育 2 次，以后每年抚育 1 次。抚育方法为扩穴培土，以油茶为中心，在半径为 0.5m 的区域内除去杂草，挖深为 10～20cm，及时修剪，认真做好各阶段的病虫害防治工作。

6.西南紫色土区高效水土保持植物配置典型设计

（1）重庆市万州区木姜子配置模式。

1）整地方式：在前一年的夏、秋季开荒、翻地。整地前，先清除林地上的杂草、灌木和树蔸。整地方式有全垦、穴垦和撩壕。根据资金、劳力、林地立地条件和经营方式的要求选择整地方式。按株行距定点开穴，表土入穴，穴径为 40cm×40cm×30cm。

2）施基肥：每穴施饼肥 1kg 或农家肥 15～25kg，然后回填表土。

3）栽植密度：一般初植密度为 1.5m×2.0m，进入花期雌雄区分后定植密度为 2m×3m。

4）栽植时间：一般选在秋冬或第二年春季进行。定植宜选在阴天或晴天傍晚进行，雨天土太湿时不宜进行。

5）栽植方法：所有苗木尽量做到当天起苗当天栽植，不栽隔夜苗，确保栽植质量。栽植苗木时，注意枝干舒展，不能扭曲，覆土时，先放表土，后放心土，边覆土边夯实，使土壤与根系充分接触。最后将余下的心土及周围的土壤回填到苗木周围成馒头状，雨季不致积水。

6）浇水：新植苗木应在当日浇透第一遍水，7 天内浇透第二遍水，15 天内浇透第三遍水，以后根据天气情况每半月浇一次水，直至成活为止。

7）查苗补植：栽植后，应经常检查苗木的成活情况，发现死苗的应及时补植，以保全苗。

8）配置授粉树：木姜子为雌雄异株，先花后叶。木姜子花芽分化早，栽后第二年有些已进入花期，应分辨雌雄植株，雄株花期稍早，1—2 月开花，树皮为深绿色；雌株 2 月开花，树皮为淡绿色。进入花期后，按 9∶1 的比例重新配置雌雄株，去雄株后，及时补栽发育成熟的雌株，移栽时须带土团。留授粉树时，尽可能分布均匀，栽植密度保留 111 株/亩。起苗时应在圃地留部分苗木，供调剂雌雄株之用，雌雄呈梅花状进行配置，以利于充分授粉，提高木姜子的产量及效益。

9）适宜地块：在我国长江以南各省份海拔 100m 以上，年均气温 10～18℃，年均降水量 1200～1800mm，pH 为 5～6 的酸性黄壤均可推广。

10）目前良种基地建设不成规模，应加强木姜子良种基地建设，攻克木姜子无性系列技术。

（2）四川省达州市油橄榄栽植模式。

1）立地条件：一是理化性能好，质地疏松，通透性强，蓄水保肥，黏土含量为 20%～30%；二是土壤 pH 在 7～8，以利于油橄榄树对营养元素吸收平衡；三是具备排灌条件，能使油橄榄生育过程中土壤含水量保持稳定状态。

2）栽植密度：一般传统种植模式在 4m×6m 或者 5m×6m，每亩种植 20～30 株；现代集约种植模式株行距为 2m×5m 或 1.5m×5m，每亩种植 60～100 株。

3）整地：有 3 种整地方式，即块状整地，定植前进行范围为 1m×1m×1m 至 2m×2m×1m 的植穴式整地，定植随油橄榄植株的生长逐年扩穴；带状整地，整地深度为 0.8～1m，带宽 3～5m；全垦整地，整地深度为 0.8～1m。

4）育苗：一般在每年的 2—3 月，选择在树冠的外围，生长期约 1 年以上木质化的扦插条，剪取扦插条时尽量选择傍晚、阴天、雨天等光照不强的时候，并要采取喷水或覆盖措施，避免扦插条失水过多而导致成活率低，选择好扦插条后还要对其做一些处理，每个扦插条留 3～5 个节，长 8～12cm，在顶端保留 1～2 对叶子，下剪口宜剪成斜面，以利于其生根，把扦插条浸泡到生长溶液中 2～8h。在扦插床上直接插入，深 2～3cm，并把顶端的叶子外露。扦插完后要立即灌水，并在扦插床上搭上拱棚，同时在上面覆盖保温遮阴物品。

5）移栽：当扦插条长到 3～5cm 时，就可以移栽了，分品种移栽到油橄榄种植区域，在移栽时幼苗上要尽量多带些土壤，同时要避免强光照射，宜选择阴天或傍晚时移栽幼苗，移栽后要做好遮阴工作，并适量浇水以确保油橄榄的成活率。树坑挖好后，按要求回填杂草、表层土并加施底肥，如圈肥、磷肥等长效肥料。在栽树时，肥料一定不能接触根，并且必须灌足定根水，待水干后再覆盖一层表土。用木杆或竹竿扶直树干，这是幼树生长的关键，不可忽视。在树旁插一根竹竿或木棍，用草或绳子把树按"8"字形捆在竹竿上，保证树主干直立（若遇吹风下雨，树干歪斜，应及时扶正），树冠形成快、采光好、分枝均匀，生长快，结果早。

6）抚育管理：除杂，特别做到园内以树冠投影面 1m 外应无杂草，其他空地可用刀砍去杂草，所清除的杂草可覆盖在树盘上，以保湿，减少土壤蒸腾，要求距树干 20cm 内不要覆盖，以免病虫危害不易被发现。杂草过多会影响树的生长发育，并影响光照（斜树），杂草不仅在营养上同树争肥、争水、争空间、争阳光，而且容易感染和掩蔽病虫危害，所以清除园内杂草极其重要；施肥，油橄榄幼树施肥每年进行 2～3 次，施入肥料以有机肥为主，有机肥营养齐全，含氮、磷、钾、钙、硼，更重要的是可以改变土壤的物理结构，提高土壤的肥力，有机肥包括厩肥、圈肥、农家肥、杂草（草皮）等，也可施入磷肥、复合肥、二铵、尿素等化学肥料；整形修剪，油橄榄树一般可长到 10m 左右，为了方便后期采摘及管理，要合理控制油橄榄树的高度，在幼树期就要定期修剪以利其长成合理树形，提高空间利用率、增大采光面积，实现丰产稳产。修剪首先要培养主干，约 50cm 高，主枝按不同方向留 3～4 个分枝。通过科学修剪使橄榄树树形合理牢固，枝条分布匀称，通风且易于采光，要适当控制植株生长，调节好树体结构，合理分配养分，尽量减少病虫害。

7. 西南岩溶区高效水土保持植物配置典型设计

（1）广西壮族自治区平果市任豆＋金银花栽植模式。

1）立地条件：可在岩溶裸露 50％ 以上的多石窝、缝隙石山地。

2）密度配置：根据土壤分布情况，采用见缝插针配置方法，任豆 750～1000 株/hm²，金银花 150～250 丛/hm²。

3）种苗：任豆采用植苗造林，金银花采用半年生扦插苗。

4）整地：采用局部整地，任豆种植穴为 40cm×40cm×30cm，金银花要锄松缝隙定植坑。种植前半个月将农家肥与穴土混合以备种植。

5）施肥：金银花每年施肥 2 次。

6）抚育管理：清除杂草，用土壤封闭除草剂来抑制没发芽或者刚发芽的杂草的生长，如杂草已长到一定高度，则选择人工方法进行除草，生长的前期每年要进行 4～5 次杂草处理；整形修剪，于秋季落叶时期和春季发芽前期，剪除老枝、弱枝和断枝，充分利用空间，增加枝叶量和使开花时间相对集中；水肥管理，栽种后的两个生长周期是发育定型期,在春夏季时期追加其生长所需的氮、磷、钾复合肥和牲畜厩肥,在雨季时期挖沟通渠,排除多余的水分,在干旱期要进行浇灌。

7)病虫害防治:针对可能出现的白粉病、蚜虫、炭疽病等多种症状,除了要及时发现并喷洒杀虫剂来抑制病虫害的繁殖外,还要提高管理手段进行金银花病虫害的有效防治。

(2)云南省石屏县杨梅种植模式。

1)立地条件:海拔在 1300～1800m 的缓坡山地,土壤为富含石砾的沙质红壤和黄壤,土壤 pH 在 4.5～5.5。

2)整地方式:定植前 2 个月,开挖定植穴,穴规格为 1m×1m×0.8m,穴开挖后晒塘 1 周。

3)底肥:每穴拌厩肥 30～50kg 或腐熟饼 5～6kg,加 1kg 过磷酸钙为基肥,覆土待种。

4)密度配置:根据气候、土壤肥力、土层厚度和品种特性而定。株行距可选择 4m×4m、4m×5m、3m×5m 等,每亩 33～40 株,"东魁"品种宜稀些,其他品种可适当密些。

5)定植:多采用冬春植,裸根苗在 12 月下旬至翌年 1 月上旬,选无风阴天种植为宜。袋苗只要有水源保证,全年都可种植。种植时根舒展,不能触及肥料,覆细土、压实,可在嫁接口上部培土高 10～15cm,浇足定根水,并在树盘 1m 内进行地膜覆盖,以后新植幼苗要注意浇水。无野生杨梅的新区,应搭配 1‰～2‰ 的雄株,以提高杨梅授粉率和结实率,定植雄株位置应根据地形及风向而定。

6)修剪:修剪过长和劈裂根系,苗木中心干嫁接口上留 25～30 处短截并摘除部分叶片。干旱年份宜全部摘除叶片。

(3)贵州省龙里县刺梨种植模式。

1)立地条件:土层深厚、光照良好,有灌溉条件的地带。

2)品种选择:可选用的刺梨品种有"贵农 2 号""贵农 5 号""贵农 7 号"。

3)定植时间:刺梨的定植应在落叶以后,在植株休眠期内,早栽比晚栽有利于翌年的生长与结果。在我国西南地区,以 12 月栽植最为适宜。

4)整地:定植穴深、口径宽度均不低于 50cm。挖坑时熟土和生土分开堆放,用熟土与农家肥充分和匀,填入坑底,踩实。

5)底肥:为保证能达到早果、丰产,定植时必须改良土壤,施足底肥。一般亩施入有机底肥在 6000kg 以上。

6)栽植密度:目前生产上常用的株行距以 (1.5～2.0)m×(2.0～3.0)m 为宜,即每亩在 111～222 株。采用普通品种和土壤条件优良时,适当稀植;采用披散型品种和土壤条件差时,适当密植。

7)种植:种植时尽量收集周围表土填坑;树苗根部覆土后,轻提树苗稍稍抖动,以利根部舒展。覆土让根部成馒头状,踩实。定植后必须充分灌水。栽植密度较大时,最好采用挖壕沟栽植。选择山地或丘陵地作为园地时,应整水平梯带,以免水土流失。

8）施肥：每年施基肥 1 次，追肥 2 次。基肥在冬季施，一般 11 月施基肥，基肥选用腐熟的有机肥，适当配加一定量的速效氮肥效果更好，有机肥施用量为 1000kg/亩。在 2 月抽梢前追施 1 次以氨态氮为主的氮肥；在 6 月初和 7 月初，各追施 1 次氮磷钾复合肥。6—7 月温度高，湿度大，单独追氮肥容易诱发白粉病，因此要控制好施肥量，氮肥不能施得过多，同时在单独追肥前应注意白粉病的预防。

9）土壤管理：新建的刺梨园，应提倡果园间作覆盖，以降低夏季的土壤高温和强烈的水分蒸发，增加刺梨的空气湿度，以有利于刺梨的生长发育。盛果期刺梨园，要勤除杂草，以减少杂草对水分、养分的消耗。

10）灌水：在我国南方，虽然雨量充沛，但季节性的降雨不均往往导致春旱、伏旱的发生。刺梨根系分布浅，抗旱力弱，干旱胁迫会严重抑制植株的生长和开花结果，降低产量和品质，因此在遇到干旱时要及时灌水。

11）整形修剪：刺梨的适宜树形是近于自然丛生状的圆头形，要求枝、梢自下而上斜生，充分布满空间，互相不交错或过密，内部通风透光。修剪时期以落叶后的冬剪为主，辅之以生长期的适量疏剪。落叶后，疏剪枯枝、病虫枝、过密枝和纤弱枝，尽量多留健壮的 1～2 年生枝作为结果母枝；对衰老的多年生枝进行重短截，促使其基部萌发抽生强枝并成为新结果母枝。树冠基部抽生的强旺枝要尽量保留，作为老结果母枝的更新枝。树冠中下部过于衰老的结果母枝要剪除。对衰老的刺梨园，应进行树冠的回缩更新修剪。刺梨对修剪的反应敏感，老枝上的隐芽较多，回缩更新修剪具有显著促进刺梨隐芽萌发抽枝的作用。由于刺梨具有抽生徒长枝形成大型结果母枝在次年结果的习性，因此回缩更新修剪使刺梨抽生徒长枝的数量增多，更新树冠和促进徒长性结果母枝形成的作用明显，使修剪后第一年树冠就得以恢复，第二年就十分丰产。对于严重衰老、产量极低的刺梨园，也可进行隔行台刈更新，方法是从地面以上 20cm 处将大枝全部剪除，只留 20cm 的丛桩。台刈更新修剪后，结合刺梨园的深翻，重施基肥，加强肥水管理。春季丛桩上的隐芽大量萌发新梢后，及早定梢，抹除多余的新梢，选留 15 个左右的强旺新梢培养成为结果母枝，第二年可以恢复正常产量，以后进行常规的修剪，在 3～4 年内能够维持高产稳产。

12）病虫害防治：刺梨常见的病虫害有白粉病、蚜虫、刺蛾、黑刺粉虱及食心虫等。白粉病夏秋皆有发生，应于 6 月上旬发病初期及时喷粉锈宁；蚜虫主要危害新梢，宜用 80% 敌敌畏 2000 倍液喷洒或蚜虱净 0.4% 溶液喷雾；黑刺粉虱寄生于叶背面，在 5—8 月发生虫害时，可用 2000 倍菊酯类农药防治。用 2.5% 敌杀死 6000 倍液在 7 月上旬至 8 月连喷 2 次可防治食心虫。

13）采收：刺梨果皮由绿色转变为黄色时，其中的维生素 C 含量达到最高值，此后果实进一步成熟，果色由淡黄转为黄色以至深黄色时，维生素 C 的含量又稍有下降。为了提高刺梨鲜果的营养价值，应在果实接近完熟、果皮由绿开始转为黄色时采收。采收时间应选无雨天为好，雨天采收的果实不耐贮运。

14）推广区域：凡年均气温 11～15℃、10℃ 以上年有效积温在 3100～5500℃ 范围、年均降水量在 1100mm 以上、土壤 pH 为 5～6 的微酸性壤土、沙壤土、黄壤、红壤、紫色土的贵州大部分地区都能栽培。

4.2 抚 育 与 保 护

4.2.1 抚育

4.2.1.1 土壤管理

水土流失地区土壤结构差，养分含量低，影响水土保持植物根系生长，新梢生长量小，叶片稀少，产量低，所以在水土流失地区除了采取防止水土流失的技术措施外，还应对土壤进行适当的改良以及合理的管理，以利于植物生长。常用的方法有以下几种：

（1）清耕法：经常耕锄，使土壤保持疏松，无杂草状态。一般在秋冬深耕，春夏多次浅耕，可减少杂草与水土保持植物争水、争肥，减少地面水分蒸发，改善土壤通气条件；但长期清耕，会加剧水土流失，使土壤肥力下降，必须大量施用有机肥加以补偿。

（2）生草法：在水土流失地区的园地内任其自然生草或人工种草，使其覆盖整个地表。一般树盘无草，其余全部生草，在适当时期刈割，或任其枯萎，或用除草剂杀死，就地翻压作为覆盖，或作为有机肥料进行翻埋。生草法对增加土壤有机质、促进团粒结构形成、防止表土冲刷、调温保湿防寒有良好效果。我国南方雨水较多，气温较高，杂草生长快，生草法是最有效的措施之一。但必须选择适宜的草种，常见的有百喜草、糖蜜草、圆叶决明、印度豇豆、马唐、艾蒿、藿香蓟、多花黑麦草、日本菁等。同时注意刈割时期，避免与水土保持植物争水、争肥。为了减轻生草不利的一面，亦有采用带状生草或间歇生草，这样既可防止土壤冲刷，增加土壤有机质，又能定期耕作，避免与经济植物争水、争肥。

（3）覆草法：在冠下用秸秆、杂草、垃圾土等进行覆盖，有防止水土流失、抑制杂草、减少蒸发、调节土温、防止返碱和增加土壤有机质及有效养分的作用，但长期覆草常招致病虫及鼠害。

（4）清耕覆盖作物法：在水土保持植物旺盛生长期保持清耕，雨季种植覆盖作物，待作物成长后，适时刈除覆盖或翻埋，兼有清耕与覆盖的优点，减少两者的缺点。

（5）间作、套种：幼年阶段的木本水土保持植物，其植株矮小，地面空间较大，用以种植间作物或套种，可充分利用阳光和土地，以短养长，而且可以覆盖地面，抑制杂草生长，减少水土冲刷，提供树盘覆盖材料。间作、套种的植物应矮小，要因地制宜，合理安排，常用的间作、套种植物主要是耐旱耐瘠的豆科作物、草类、蔬菜类、薯类，以及药用作物黄菊、甘草、党参、红花、益智、砂仁、姜黄和生姜等。间作物要与木本经济植物保持一定距离，同时要注意轮作和管理，间作物收获后，把秸秆、残留物等尽可能地就地翻埋，这对改良土壤、开辟肥源、保持水土、提高经济效益具有重要意义。

4.2.1.2 施肥

施肥是指在土壤缺乏有机质和各种养分含量较低，土壤结构、质地及酸碱度等不理想的情况下，对土壤养分进行补充。施肥主要通过施基肥、土壤追肥和根外追肥3种形式在不同时期进行。

（1）施基肥：基肥是水土保持植物年周期中所施用的基本或基础肥料。施基肥是3种施肥形式中最重要的一种，对植物一年的生长发育起到决定性的作用。施用基肥，应以各种腐熟、半腐熟的有机肥为主，适当配以少量无机肥。施用基肥的最佳时期，是采收后的秋末至冬初。秋施基肥，正值根系生长的第 3 次高峰，断根后容易愈合；通过施肥翻地，可疏松土壤，提高土壤通透性，使土壤中水、肥、气、热因子得以协调。基肥的施用量，应占全年总施用量的 1/2 或 2/3。

（2）土壤追肥：土壤追肥是水土保持植物从春天萌动到收获前，根据树体生长和结果情况及不同生育期需肥特点而补充的肥料。具体施肥时期、数量及次数，应根据树种、品种、树龄、树势、结果情况或设计产量而定。一般地讲，追肥分为花前、花后、果实膨大期、花芽分化前和采后肥。总施肥量约等于全年施肥量减去基肥量；每次追肥用量，视全年追肥次数而定。如果全年追肥 5 次，则每次约占总施肥量的 1/5。土壤追肥多用无机肥，也可用充分腐熟的有机肥。

（3）根外追肥：根外追肥是指在水土保持生育期，根据需要将各种速效肥料的水溶液，喷洒在树体叶片、枝条及果实上的肥料，属于一种临时性的辅助追肥措施。主要适用于用量小或易被固定的无机肥料。根外追肥注意事宜为：①同时喷两种以上肥料或与农药、生长调节剂混喷时，首先要了解是否可以混喷，其次是混喷液一定要均匀；②掌握好喷施浓度，一般大量元素肥料的施用浓度为 0.1%～3%，微量元素肥料浓度为 0.02%～0.5%；③喷施时间以当日 9 点以前，16 点以后进行为宜，阴云天可全天喷。若喷后 1 天内遇降雨，则应补喷；④喷施前要使肥料充分溶化。

土壤施肥方法有环状沟施肥、放射沟施肥、条沟施肥、全园撒施肥、灌溉式施肥等。环状沟施肥是在树冠外围稍远处，挖环状施肥沟进行施肥，多用于幼树；放射沟施肥是以树干为中心，在离树干 60～80cm 处，向外开挖 6～8 条放射施肥沟进行施肥，沟长超过树冠外围，里浅外深；条沟施肥是在水土保持植物林地行间、株间或隔行开沟施肥，也可结合深翻进行，此法有利于机械化作业；全园撒施肥是在成年树或密植园，根系已布满全园，将肥料均匀撒在园内再翻入土中；灌溉式施肥是结合滴灌、喷灌等形式进行施肥，供肥及时，肥分分布均匀，既不伤根系，又保护耕作层土壤结构，可节省劳力，降低成本，提高劳动生产率。

施肥量的确定可以通过以下 3 种方法：①参考当地林地的施肥量，对当地施肥种类和数量进行广泛调查，对不同的树势、产量和品质等综合对比分析，总结施肥结果，确定既能保证树势，又能获得早果、丰产的施肥量，并在生产实践中，结合树体生长和结果，不断加以调整，使施肥量更符合树体要求；②田间肥料试验，根据田间试验结果确定施肥量，这种方法比较可靠，测土施肥方法与设备也日趋完善并简化，易于被掌握；③叶分析，通过对树体叶片进行分析，可以得知多种元素的数量，以便及时施入适量的针对性肥料，目前应用较为普遍。

4.2.1.3 水分管理

水分管理主要包含灌水管理和排水管理。

1. 灌水管理

（1）灌水时期。一般认为当土壤含水量降到田间最大持水量的 60%，接近萎蔫系数时即应灌溉。目前可以通过土壤水分张力计测定，也可以手测或目测。目前，生产上多依据物候期来确定灌溉时间。花前灌水,北方地区多春旱,花前灌水有利于植株开花、新梢生长和坐果;花后灌水,在落花后至生理坐果前进行,以满足新梢生长对水分的需求,并缓解新梢旺长与果实争夺水分的矛盾,从而减少落果;果实膨大期灌水,在生理落果后果实膨大时进行,此时水分充足有利于加速果实膨大,以增加单果质量和产量,并有利于花芽分化,提高花芽分化质量;果实采收后灌水,结合施采后肥而及时灌溉,有利于根系吸收和光合作用,从而积累大量营养物质;土壤封冻前灌水,以利于植株安全越冬和减轻风蚀。

(2)灌水方法。由于各地的降水量、水源和生产条件不同,所采取的灌溉方法有以下几种:①喷灌,通过灌溉设施,把灌溉水喷到空中,形成细小水滴,再洒至叶面上,此法可减少径流和渗漏,节约用水,减少对土壤结构的破坏,改善果园小气候,省工省力,缺点是灌溉湿润土层较浅,不适于深根性树种应用;②滴灌,是以水滴或细小水流缓慢地滴于植株根系的方法,可节约用水,有利于实现机械化管理,缺点是灌溉时常发生滴头堵塞,影响灌溉均匀度,并且设备成本较高;③沟灌,是按植物栽植方式,将一定长度的一行树堆成一定高度的土埂,做成通沟,再依次对每行树进行灌溉,简单易行,灌水集中,用水量较少,全园土壤浸湿均匀;④穴灌,在树冠下开不同形式沟穴,将水倒入其中,待水浸透后填土,此法用于水源不足、灌水不便的园地,灌水集中,较省水,但费工费时;⑤漫灌,常用于地势平坦、水源充足的地区,将地块分成若干小区,进行大水全面灌溉,优点是灌水时间短,一次灌水量充足,维持时间长,但是费水,土壤侵蚀较重。

2.排水管理

排水管理主要目的是调节土壤水分和空气的矛盾,一般土地在两种情况下需要排水:①土地处于地势低洼地段或盐碱地上;②在雨季每次降雨过后,土地因无排水工程而造成积水。平地及低洼地,一般采取明沟排水和暗沟排水两种,山地及坡地,应结合水土保持工程修建排水沟。

4.2.1.4　树体管理

建立牢固而合理的树体骨架、群体结构,在充分利用光能的基础上,调节植物主要器官的质量和数量。主要内容是整形、修剪和花果管理。

1.整形和修剪

整形是根据不同树种的生物学特性、生长结果习性、不同立地条件、栽植制度、管理技术以及不同的栽植目的要求等,在一定的空间范围内,培育一个有效光合面积较大,能负载较高产量、生产优质产品、便于管理的树体结构;修剪是根据不同树种生长结果习性的需要,通过短截、疏枝、回缩、摘心等技术措施,剪成所需要的树形,以保持良好的光照条件,调节营养分配,转化枝类组成,促进或控制生长和发育的技术。

整形修剪的原则有以下3种:①因树修剪,随枝造型,即在整形修剪中,根据不同树种和品种的生长结果习性、树龄和树势、生长和结果的平衡状态,以及园地所处的立地条件等,采取相应的整形修剪方法及适宜的修剪程度,从整体着眼,从局部入手。在修剪过程中,应考虑该局部枝条的长势强弱、枝量多少、枝条类别、分枝角度的大小、枝条的延伸方位,以及开花结果情况;②有形不死,无形不乱,要根据树种和品种特性,确定先用何种树形,但在整形过程中,又不完全拘泥于某种树形,而有一定的灵活性,对无法成形的树，根据生长情况，使其主、从分明，枝条不紊乱；③轻剪为主，轻重结合，因树制宜，灵活运用，在修剪过程中以轻剪为主，对部分延长枝和辅养枝进行适当重剪，以建造牢固的骨架。

修剪一般可以分为冬季修剪、春季修剪、夏季修剪及秋冬季修剪。不同时期修剪的效果有所不同，只有根据不同树种、品种的树体生长情况，在年周期内及时采取相应的修剪措施及时期，才能达到壮树增产的效果。修剪方法有如下几种：①短截，是对树梢一部分进行剪除，目的是去除顶芽，促进侧芽萌发分枝，可以影响分枝的数量和质量，一般是旺树旺枝宜轻，弱株弱枝宜重；②缩剪，在多年生枝上短截或疏剪，在树冠相接的过密的果园，缩剪可以改善树间的透光条件，增加结果面积；③疏剪，根据不同植物的结果习性，通过疏剪去掉不结果或妨碍生长的冗枝、弱枝，保留生长健壮的；④摘心，即摘除新梢先端的幼嫩部分，多在生长期进行，不同时期摘心有不同作用，新梢旺盛生长期摘心，可促进二次分枝生长良好，加速树冠形成，缓慢生长期摘心有利于花芽分化，落果前摘心，可节约养分，提高坐果率和增大果实；⑤伤枝，是抑制生长的措施，只适用于生长过旺的植株及枝条，有环剥、割伤、绞缢、倒帖皮、扭梢、折梢、拿枝等；⑥曲枝、拉枝、撑枝，是改变枝条的生长方向和角度，从而改变枝条内部养分和激素的分配，幼年树生长过旺，用此法可抑制生长，提早结果；⑦缓放，对枝条不剪，以便缓和新梢生长势，并促进短枝成花结果。

2. 花果管理

对以花、果、种子为经营目的的植物，加强花期管理和果实管理，对提高果实的商品性状和价值，增加经济效益，具有重要意义。花果管理是指直接用于花和果实上的各项技术措施。

（1）疏花疏果：在花量过大、坐果过多、树体负担过重时，正确运用疏花疏果技术，控制坐果数量，使树体合理负载。所谓合理负载量是指树体保证当年果实数量、质量及最好的经济效益，不影响翌年必要花果的形成，维持当年健壮树势，并具有较高的贮藏营养水平。根据综合指标法、经验确定负载量法、干周法或干截面积定量法和叶果比法或枝果比法等确定合理负载量，进行疏花疏果。方法主要有人工疏花疏果、化学疏花疏果等。

（2）果实采收：是田间管理的最后一个环节，如果采收不当，不仅降低产量，而且影响果实的耐藏性和产品质量。首先是要确定采收期，运用果实可采成熟度、食用成熟度和生理成熟度等划分其果实成熟程度，然后从调节市场供应、贮藏、运输和加工的需要，劳动力的安排，栽植管理水平，树种品种特性，以及气候条件等，来确定适宜的采收期。采收技术主要有人工采收和机械化采收，在整个采收过程中应防止一切机械损伤，还要防止折断果枝、碰掉花芽和叶芽等。

3. 树体保护

（1）撑枝与吊枝：树上结果较多，常使枝条下垂，易压断大枝，或在大风地区易被摇晃而折断枝条，可用撑枝或吊枝方式来保护。撑枝是用木棍、竹竿支撑，上端支于重力点下方，下端稳立土中，使其不动摇。吊枝是在树冠中心立一支柱或主枝中央临时套一铁圈或绳圈，固定在适当高度位置，圈上结挂若干草绳，下端分别绑扎各大枝的着力点，使各绳索呈伞状分布。

（2）伤口保护及治疗：植物主干或主枝因病虫、风折、日灼及不合理修剪造成的伤口；或一些以树皮为经营目的，如厚朴在树液流动期进行剥离树皮后造成的伤口；还有一些割取树液树脂的植物，如漆树割取树液时，留下的伤口，均应加以保护和治疗，以防伤口腐烂、蔓延。其方法是先用利刀将伤口削平，如已腐烂，则应将腐烂部分刮除干净，使皮层边缘呈弧形，然后用 1.036kg/L 的石硫合剂或 2%～5%硫酸铜液消毒，再用柏油、桐油或接蜡涂上保护；亦可用鲜牛粪 1 份、黏土 2～3 份、少量头发混合制成牛粪泥，加少量石硫合剂包扎伤口，如再加入 0.01%～0.1%NAA 等可加快愈合伤口。

（3）树洞整修：将洞中腐朽物全部刮除干净，见到活组织为止，尽量使切口平整，用药物消毒伤口，再用砂石水泥拌和填补树洞；或者伤口刮净消毒后，剪取比伤口更长的枝条，两端削成楔形，用腹接法将接穗两端插入切口内，对准形成层用小钉固定，塑料薄膜包扎。

（4）刮树皮与剥树皮：植物老枝干上的木栓组织裂缝多，成为病虫越冬场所，刮（剥）去树外皮，可除去病虫越冬巢穴，有利于加速生长，增强树势，刮后最好树干刷白或喷石硫合剂。

（5）涂白：将涂白剂，即 13 份生石灰加 0.5 份石硫合剂（或者石硫合剂的残渣再加 0.5 份食盐，油脂少许，兑水配成灰浆），涂抹于主干及主枝上可减轻日灼和病虫害。

4. 田间管理

（1）幼年时期管理措施：幼年阶段主要是进行营养生长，建成植物体，为开花做好形态和内部物质积累的准备。管理措施有：早期应根据植物萌发生长的要求，进行覆盖，以提温增墒，提高成活率；后期可结合稀薄液肥浇灌并覆盖进行防旱保湿，保证植物生长对水分和养分的需求；雨季为防止植穴积水，应及时排水；扩穴改土和松土，改善土壤的理化性状，有利于根系向四周扩展生长；施肥上，以增施有机肥为主，适当施用速效肥，要以薄肥勤施为原则，以氮肥为主，在每一次抽梢前后施用；进行适当的间作，最好间作绿肥，以改良土壤；根据不同水土保持植物特性进行整形修剪。

（2）结果初期管理措施：施肥上要减少氮肥比例，增施磷、钾肥，控制枝梢生长过旺，提高枝梢质量；培养健壮结果母枝，促其老熟；结果母枝老熟后，抑制营养生长，促进花芽分化；花前肥不宜过早施；修剪宜轻。

（3）结果盛期管理措施：枝梢生长和结果期间，要及时提供营养，维持树体正常吸收和消耗；丰产年份根系负担重，生长衰弱，对不良环境抵抗力低，要重视浇水、排水，防止细根缺水死亡或积水窒息，以致降低吸收能力，树势减弱；重视改善土壤环境，增施有机肥，深耕改土，促进根系活力；提高叶片质量，延长有效叶的寿命，在树体养分消耗高峰期，充分利用叶面吸收能力，喷施叶面肥；减少无效消耗，修剪宜重。

（4）结果衰退期管理措施：有计划地更新根系，通过改土、培土、松土，施入有机肥，创造有利于根系更新的土壤环境，延缓老根衰亡，增加新根生长量；促进新梢生长，施入的肥料宜提高氮素比例，配合磷钾肥；有计划地进行老根更新，促进萌发健壮更新新梢，选留生长位置合适的不定芽等。

（5）衰老期管理措施：一般进行砍伐，另建新园。

由于利用器官主要是枝、干、叶、皮、根等营养器官及树液、树脂，这类水土保持植物不管是幼年树，还是成年树，主要任务是促进营养生长，抑制生殖生长和衰老。管理措施为：①施肥以氮肥为主，磷、钾肥适当；②在生长期保证水分充足供应，秋冬季适当控水，保证安全越冬；③深翻改土，促进根系生长，增强根系吸收能力，以提供给地上部旺盛营养生长所需的水分和各种矿质营养；④重视地上部的整形修剪，合理采用短截技术，以促进分枝和培养中、长枝，摘除花、果，减少营养消耗；⑤有些水土保持经济植物在刈割树皮、取胶或取漆后，应注意伤口保护，促进伤口愈合，并适当进行枝条更新。

4.2.2 保护

4.2.2.1 冻害、霜害、寒害与冷害

（1）冻害：是指在越冬期间遇到 0℃ 以下低温或剧烈变温或较长期处在 0℃ 以下低温中，造成的经济植物冰冻受害的现象。我国植物冻害常以植物种栽培分布的北部边界较为严重，一般热带、亚热带、温带在冬季都可能发生；根颈，树干，皮层，一年生枝、芽、叶均可发生受冻，但不同器官受冻的轻重程度不同。一般花芽比叶芽易受冻，根颈最易受低温和变温的伤害，根颈受冻后，常引起树势衰弱或整株死亡。当树干受冻后树干纵裂，严重时引起整株死亡。枝条冻害多是由于品种抗寒力弱或枝条不充实。成熟的枝条以形成层最抗寒，皮层次之，木质部和髓部最弱。因此，轻微受冻时只表现髓部和木质部变色，尚可恢复生长，严重时伤及皮层和形成层，则枝条失去恢复能力。防御冻害的主要措施是选择抗寒植物种和品种，加强秋冬季的肥水管理，树盘覆盖，主干刷白、包草，在迎风面立风障等。

（2）霜害：是指植物在生长期夜晚气温短期降到 0℃ 以下，土壤和植株表面急剧降温，水汽凝结为霜，对植物造成的伤害。其与冻害不同的是多发生在晚秋和早春。晚秋一般经济植物尚未进入休眠，而早春有些植物萌芽早，故均易遭受霜害危害。霜冻对温带经济植物无致命损伤，但对于热带、亚热带植物则损伤较大，如咖啡、菠萝、黄檀等，轻则枝叶受害枯死，重者危及主干甚至整株死亡。一般防霜措施效果不大，但不同小气候条件之间有很大差异。霜冻在寒流通过的过道、山口、低洼地（所谓霜穴）最为严重，要尽量避免在这些位置栽培不耐寒的经济植物。

对霜害和冷害的防御措施有：控制肥水，使枝条提早成熟和延迟萌芽、开花；霜害前可采取灌水或喷水、熏烟或覆盖等措施减轻危害。

（3）寒害：是指在较温暖气候条件的低温季节，0～10℃ 的低温条件，对热带、亚热带地区喜温植物（如橡胶、龙眼、荔枝等）造成的伤害。寒害发生在生长缓慢或停止生长期，主要是生理机能受到干扰，代谢机能受阻，从而逐渐出现受害，严重影响经济植物的产量、品质。

（4）冷害：是指在温暖期间植物遭受 10℃ 以上较长时期（一般 3 天以上）的低温伤害。冷害主要发生在植物孕穗期、抽穗期、开花期和灌浆期，常造成植物生长发育的机能障碍，导致减产。冷害全国各地均可发生，但主要发生在东北地区和南方初秋季节，对喜温作物水稻、玉米、豆类危害较大。

4.2.2.2 干旱、冻旱

（1）干旱：是指长期空气干燥、土壤缺水，导致经济植物体内水分亏缺，从而影响植

物正常生理代谢和生长发育的一种农业气象灾害。植物长期缺水，体内水分失去平衡，最终导致萎蔫或死亡。干旱缺水使植物体内能量代谢紊乱、原生质结构破坏、营养物质吸收和运输受阻、光合作用下降、生长衰弱、老叶过早枯黄脱落，同时引起生殖器官萎缩和脱落，特别是在干旱时又施速效氮肥的情况下，更易发生这种情况。因此，干旱年份除要及时灌溉外，还要注意控制叶片与果实的合适比例。水分不足，还会影响产品品质，削弱植株抗病虫害的能力。不同植物抗旱能力不同，凡根系分布广、根量大、叶片多毛茸或角质和蜡质厚、叶片小、叶片肉质的植物种，抗旱能力较强。为了抵御干旱造成的危害，可选择抗旱品种和砧木，地面覆草或覆膜可保持水分，深耕并施有机肥可改良土壤结构，合理施肥可提高植物抗旱性，合理种植绿肥作物可改善园内的小气候和保持水土，也适当喷施抗蒸腾剂等。另外，要注意运用排灌等综合抗旱措施。

（2）冻旱：是指冬春期间由于土壤水分冻结或地温过低，根系吸收水分受到限制，而地上部分枝条的蒸散强烈，造成植株严重缺水的现象。冻旱是低温与生理干旱的综合表现，可使枝干缺水皱皮和干枯。北方幼龄树受害尤为严重，受害程度随着树龄的增大而减轻。冻旱是当前北方干寒地区经济树木生产中存在的重要问题。预防冻旱的措施有：选栽抗旱、抗寒的树种、品种，营造防护林，改造园地小气候，树盘冬季覆草、埋土，早春及早去除覆草以利于根系及早恢复吸水，合理的肥水管理使枝梢老熟，增强其越冬能力。

4.2.2.3 日灼

日灼是阳光直射引起的局部伤害。在强烈的阳光下，叶片的温度比气温高 $5 \sim 10℃$，树皮的温度可能高 $10 \sim 15℃$，或更高些。最常见的日灼发生在裸露的果实表面和枝干的皮层上，严重者引起局部组织死亡。在水土流失地区，由于土壤缺水，在高温和强日照的作用下，水土保持经济植物极易发生日灼危害。防治日灼的措施有：树干涂白、缚草、涂泥及培土等；适当地修剪，避免枝干裸露。

4.2.2.4 环境污染

在生物环境中，一切能导致环境异常而影响生物活动的因素，都属于环境污染范畴。伴随现代工业迅速发展，生物生活的环境同时受到越来越严重的污染威胁，也给人类自身带来很多不良影响。环境污染包括大气污染、水质污染、土壤污染 3 个方面。大气污染主要有二氧化硫、氟化氢、氯气、臭氧、二氧化氮、一氧化碳、铅尘、粉尘、烟毒和碳氢化合物等，它们对植物危害最为严重。一般污染物浓度大时易发生急性伤害，可导致经济植物枝、叶、花、果表面出现各种颜色和大小的害斑，影响正常生长发育；浓度低时污染物被植物吸收，表面不显被害症状，但在植物体内不断积累有毒物质造成生理代谢异常和紊乱，影响经济植物产量和品质。水质污染、土壤污染则来自空气污染的散落物、工厂的废水、生活污水、垃圾污泥和化肥的施用，如含酸类化合物、氰化物、砷、汞、镉、铬等，这些污染物不易被土壤分解，而被吸收到植物体内累积，引起植物中毒死亡或进入人体造成危害。此外，在经济植物栽培生产过程中，还存在着不合理使用农药所造成的农药污染，对果实品质影响极大。防治或减轻污染危害的措施有：加强环境保护，减少污染物；选择合适的经济植物种类，进行合理的轮作和间、混、套种，减轻病虫害的发生，减少农药用量；实行水旱轮作，以减轻或消除农药在土壤中的残留；减少用污水灌溉，或利用氧化还原处理和长距离的排灌渠道的净化作用，使污染物凝聚、沉降，使水质达到灌溉水质的标准。

4.2.2.5 有害生物的危害

有害生物种类多、数量大，对经济植物生存、产量和产品品质影响极大。长期以来，植物生产领域对有害生物危害的防治主要集中在杂草、病、虫等方面。然而，近年来在退耕还林（草）区鼢鼠、鼠兔和草兔等有害啮齿类动物对栽培植物的危害日益加剧，特别是对新建的经济林危害更大。

1. 鼢鼠危害防治

（1）清耕除草：使用机械或化学措施清除园地杂草，使鼢鼠食物缺乏，自然减员，以减少危害。

（2）合理密植：促进幼林冠层提早郁闭，减少直根类杂草滋生也是控制鼢鼠危害的行之有效的生态措施之一。

（3）翻耕抚育：在幼林地，行间用犁进行翻耕，可直接改变鼢鼠活动的小环境，破坏鼢鼠的食物基础和原来的寻食洞道结构，迫使鼢鼠迁移。据研究，该措施可使鼢鼠密度下降 73.1%。

（4）林农复合：依据农林复合系统各生物组分间的克生关系，也可以减少鼢鼠对树木的危害。苏籽不仅是一种很好的油料作物，而且林间套种苏籽对鼢鼠有一定的驱避作用。据西北农林科技大学鼠害课题组连续 2 年的套种试验，林间套种苏籽可使甘肃鼢鼠密度下降 87.01%，树木被害率下降 95.23%。

（5）物理机械防治：当园地面积较小或鼠口密度较小时，可采用弓箭法和防鼠沟等物理机械方法防治。

（6）灌水法：主要适用于离水源较近和土壤致密等条件下的园地灭鼠。在靠近水源的地方，挖开鼠洞用水灌，使鼠不能忍受溺水窒息的痛苦，而被迫逃出洞外，以利捕杀。

（7）烟熏法：挖开洞道，在洞口点火，将烟吹进洞内，鼢鼠被烟熏后即死在洞中或熏出洞外而被捕杀，这是最原始的烟雾剂烟熏灭鼠法。烟熏时，在燃料中加入一些干辣椒或硫黄粉，效果会更好。

（8）丁字形弓箭法：是一种传统的灭鼠方法，它具有速度快、准确率高、操作简便等优点。安弓时，箭头离洞口的距离一般为 6～8cm，箭头插下时带下的表土应掏净，然后用探棍检查箭头是否插在洞中央。如果箭头正好在洞中央，此时用土将弓背固定好，再将钢钎提起，用撬杠固定，再将用手掌捏成的土块连同塞洞线一起封洞，土块要中间厚、四周薄，要求湿度适中，不能用泥，以免封得过死，土块贴洞口的一面要求人手未接触过。如果鼢鼠触动封洞的土块，则塞洞线立即脱落，引发撬杠松开，钢钎借助橡皮条弹力射下，正好射中鼠体。

（9）无公害化学灭鼠剂防治：近年来陆续生产出抗凝血灭鼠剂，如杀鼠灵、杀鼠醚、杀鼠酮、氯敌鼠、敌鼠钠盐、溴敌隆、大隆等慢性毒杀剂。其特点是作用缓慢、症状轻、不会引起鼠类拒食，灭鼠效果明显优于急性灭鼠剂。

2. 鼠兔危害防治

（1）化学灭鼠剂防治：利用化学药剂灭鼠兔，具有经济、迅速、高效等特点，一般很少受时间、地点和环境条件的限制，特别适用于母树林、种子园、苗圃或大面积鼠兔危害的防治。鼠兔化学防治常采用洞口投饵、区域投饵和定点投饵技术投放灭鼠剂，投饵时间以鼠兔繁殖和危害期前为最好。

（2）物理机械防治：主要是用鼠夹、鼠笼、电猫等器具进行防治。人工机械防治需要大量的人力、物力，进度较慢，一般用于小范围或特殊环境鼠兔防治或作为大面积化学药剂防治后的补救措施。

（3）利用天敌防治：在幼林地栽植活孤立木可招引猛禽类天敌栖息、停留，对控制周围害鼠数量有明显的作用。一般每公顷有 3～5 株、高 4m 以活孤立木的幼林地，害鼠的种群密度比无活孤立木的幼林地低 50％～60％，但天敌有滞后现象。

3．草兔危害防治

（1）灭鼠剂蘸根与叶面喷施：应用克鼠星系列无公害灭鼠剂蘸根与叶面喷施，可有效防治草兔对新植幼树的危害。

（2）物理机械捕杀：采用下套等物理机械捕杀方法进行防治。

（3）机械阻隔防治：在草兔危害严重的园地，可在新植幼树周围用树枝插篱障，能有效预防草兔对新植幼树的危害。

（4）涂干防治：利用草兔的厌污特性，可用牛油或废柴油对幼树涂干，能有效预防草兔的危害。

4.3 保 障 措 施

4.3.1 落实土地

落实土地分两种情况：一种情况是，按国家发展改革委的规定，在项目可行性研究报告阶段，要进行土地预审工作，土地要取得土地预审相关文件，要落实具体坐标情况；另外一种情况是，通过土地使用权的流转或通过土地使用权人集体商谈取得一致意见后，对土地进行相应约定。除这两种情况外，目前还没有其他方式。

林业产权制度改革后，流域内多数山地权属已归农户所有，个别农民只考虑眼前的经济效益，生态环境意识淡薄，对安排的治理措施不支持，导致一些措施实施困难。水土保持植物种植的土地问题一直困扰着各级组织实施部门，目前，大部分治理工程中的土地一般属于集体所有，但是随着治理的进一步深入，治理工程与土地的矛盾问题愈来愈突出。这就要求治理工程应积极改变思路、做法，要更加能够体现农民意愿，在高效水土保持植物种植设计时可以让农民充分参与其中，不要让土地成为制约农民增产增收的瓶颈。

新水土保持法中的第十三条规定，为了保证土地资源、水资源对水土保持的支撑作用，规定了水土保持规划应当与土地利用总体规划、水资源规划等相协调，并应当征求专家和公众的意见。水土保持治理工程不仅仅是政府行为，也是社会行为，征求公众意见，目的是听取群众的意愿和呼声，维护群众的利益，提高针对性、可操作性和广泛性，使治理所确定的目的与任务转化为社会各界的自觉行动，如果没有群众参与，不广泛听取意见，治理项目再好也得不到群众的支持，土地问题也就成为制约水土保持高效植物建设的基本问题。

落实土地是高效水土保持植物种植的第一步，如沙棘在砒砂岩项目区治理种植上由于占用土地问题，导致项目进展受阻，经过当地政府、业务主管部门的大量协调，农民还是不太愿意占用他们的土地进行治理，因此，落实土地思路、想法及做法在设计文件中有单独保障章节，保证设计能落到实处，具有可操作性。

4.3.2 签订合同

对实施的治理项目采取治理合同管理，明确治理措施的质量要求和施工进度，强化施工方质量意识和责任感，做到操作有序，治理有数，职责分明、扶助明确、村民放心。

承包治理应签订土地承包合同，通过合同保障土地承包合同当事人的合法权益。通过治理取得经济收入或效益是承包治理者的合法权益，是国家对承包治理者劳动成果的尊重和保护，也体现了土地使用人责、权、利的统一。

合同中明确政府、承包人的责、权、利，包括教育培训等都应进行相应规定。

4.3.3 组织实施

项目法人负责前期工作、工程建设和建成后的运行管理，对项目建设全过程负责，委托有关专业技术服务单位承担项目设计和监理任务；委托当地农民沙棘协会和沙棘龙头企业等组织农户种植沙棘；在与沙棘种植农户签订的沙棘种植合同中提出包收沙棘果实的条款，并明确规定收购沙棘果实的最低保护价。这种管理模式在项目实施过程中减少了很多中间环节，提高了项目管理效率。

4.3.4 技术指导与监督管理

4.3.4.1 技术指导

1. 技术培训

编制高效水土保持植物种植及管护技术简要操作规程，并开展种植、管护、采收等环节技术培训。

2. 技术交底

技术交底是在某一单位工程开工前，或一个分项工程施工前，由相关专业技术人员向参与施工的人员进行的技术性交代，其目的是使施工人员对工程特点、技术质量要求、施工方法与措施和安全等方面有一个较详细的了解，以便于科学地组织施工，避免技术质量等事故的发生。各项技术交底记录也是工程技术档案资料中不可缺少的部分。主要内容包括以下几个方面：

（1）工地（队）交底有关内容：如是否具备施工条件、与其他工种之间的配合与矛盾等，向甲方提出要求，让其出面协调等。

（2）施工范围、工程量、工作量和施工进度要求：主要根据自己的实际情况，实事求是地向甲方说明即可。

（3）施工图纸的解说：设计者的大体思路，以及自己以后在施工中存在的问题等。

（4）施工方案措施：根据工程的实况，编制出合理、有效的施工组织设计以及安全文明施工方案等。

（5）操作工艺和保证质量安全的措施：先进的机械设备和高素质的工人等。

（6）工艺质量标准和评定办法：参照的现行行业标准以及相应的设计、验收规范。

（7）技术检验和检查验收要求：包括自检以及监理抽检的标准。

（8）增产节约指标和措施。

（9）技术记录内容和要求。

（10）其他施工注意事项。

3. 技术支持

针对高效水土保持植物栽植过程中的技术支持，要从以下几个方面在种植上进行注意。

（1）挖坑。对于裸根苗，树穴直径应比裸根苗根幅放大 1/2，树穴深度为树穴直径的 3/4。对于土球苗，树穴直径应比土球直径加大 40~60cm，树穴深度为穴径的 3/4。

（2）修剪。苗木在栽植前或栽植后，必须对移植苗木的枝条、根系、叶片、花序、果实等进行适当修剪。

（3）栽植。苗木要直立端正，不倾斜，栽植时不可过深或过浅，过浅苗木易失水死亡，过深则易发生"闷芽"现象，常导致苗木迟迟不发芽，或发芽、展叶后抽回死苗现象发生。

（4）支撑。大树苗应在浇灌定根水之前，及时架设三角支撑固定。

（5）灌水。应在定植后 24h 内浇灌一遍透水，3~5 天内浇灌二遍水，7~10 天内浇灌三遍水。待三水充分渗透后，用细土封堰。

4. 质量保证

采用验收、检查及后评估等方式对高效水土保持植物种植进行质量确定与评估。

4.3.4.2 监督管理

1. 明确监管职责

（1）各级政府的监管职责。各级人民政府对高效水土保持植物开发治理项目工作要按照属地管理原则，对辖区内项目负全面责任；明确其主要负责人，对项目管理负全面领导责任；分管负责人对项目负综合监管领导责任。明确责任，落实专人负责项目监督管理的具体工作。

（2）主管部门工作职责。各级政府项目主管部门对本行政区域项目实施统一监督管理，切实加强对本地项目的综合监督管理和指导协调。

2. 健全项目监管工作制度

（1）实行定期督查工作制度。各级政府行业主管部门要定期督导检查职责范围内的项目进展，相关部门负责人要结合职责分工，加强对项目工作的督导检查。

（2）实行专家技术咨询与问题解决机制。各级政府主管部门要成立专家库，有针对性地对高效植物开发治理项目及市场建立专家定期会商与解决隐患问题的制度。

（3）实行工作问责制度。各级政府和有关部门主要负责人及有关负责人执行责任规定不力，发生重大及以上突发事件，导致严重影响和后果的，要调查分析原因，分清相应责任，对屡纠不改、屡纠屡犯行为，要严格依法依纪进行责任追究。

（4）实行目标责任制和考核评价制度。各级政府及有关部门领导班子和班子成员在年度考核中，对职责范围内的工作进行述职，接受考核评议。

3. 强化监管工作保障

（1）加强组织领导。各级政府要高度重视项目监管工作，切实加强组织领导，支持主管部门依法开展治理项目，努力构建各有关部门各负其责、水行政主管部门统一协调监管的工作格局。

（2）强化队伍建设。各级水行政主管部门要加强综合监管队伍建设，配备适应工作需要的技术人员，不断提升工作素质，提高综合工作效率。

4. 实现互联网＋动态管理

苗木、栽植、抚育、管护一条龙，产品产前准备、产中生产、产后销售前后响应。

5. 项目归档

按相关法律法规，对项目实施过程的相关文件进行归档。一般按文书合同类、图纸类、财务类、工程类等分别编写目录，统一归档。

6. 项目兑现

在符合国家政策的条件下，按合同相关规定，针对建设方承诺内容，兑现合同条款内容。

第 5 章
高效水土保持植物开发
利用方向定位

5.1 开发方向分类

高效水土保持植物按其开发方向主要可划分为饮料食品类、药品保健品类、工业原料类、生物能源类和其他类等 5 大类。其中，可开发为饮料食品类产品的高效水土保持植物共 183 种；可开发为药品保健品类产品的高效水土保持植物共 389 种；可开发为工业原料类产品的高效水土保持植物共 320 种；可开发为生物能源类产品的高效水土保持植物共 41 种；可开发为其他类产品的高效水土保持植物共 67 种。

5.1.1 饮料食品类

(1) 饮料类。在我国可用于加工制作成饮料饮品或有开发潜力的植物有 80 多种。沙棘、苹果、刺梨、猕猴桃、椰子、芒果、酸枣、山葡萄、笃斯等水果可加工制作成果汁饮料。这类植物除少部分果实可直接食用外，一般均需加工制作成饮料或食品使用。加工成的各类果汁饮料在满足人们饮品口味的基础上，还能够提供丰富的营养元素。例如，蔷薇类果汁饮料含有多种维生素，特别是维生素 C 的含量很高；沙棘果汁含有多种维生素和对人体有益的多种矿质元素；酸枣果汁也是很好的保健饮料。

红茶、绿茶、银杏茶、金银花茶、柿叶茶、苦丁茶、绞股蓝茶、沙棘叶茶、椴花茶等可加工分装为茶饮料。其中，除红茶、绿茶外的茶饮料也多是功能型饮料。例如，柿叶茶不仅含有较高的维生素 C，而且还含有防治心脑血管疾病的黄酮，长期饮用可防治心脑血管病。绞股蓝茶中含有皂苷，具有很好的滋补强身作用。红景天饮料具有抗辐射、抗衰老、抗疲劳的作用，是很有价值的保健饮料。椴花茶是一种在欧洲销量较好的饮料。椴花茶与中国菊花茶的饮用方法相似。虽然椴树每年开花的时候满树结满白色的椴花，但真正被用来做茶的数量很少，它具有安神功能。

(2) 蔬果类。果蔬的主要成分是人体所必需的一些维生素、无机盐、生物酶及植物纤维，果蔬中蛋白质和脂肪的含量较少。高效水土保持植物中可作为蔬果食用的很多，如洋葱、竹笋、芦笋、黄花菜等蔬菜，蓝莓、苹果、梨、核桃、板栗等瓜果，香椿、刺五加、槐花、槐芽、栾芽（木兰芽）、紫花苜蓿茎叶等野菜。

(3) 油制品。油脂多存在于植物的种子或果皮中，为提取植物油脂的主要原料。油料植物的种子或果皮经清理除杂、脱壳、破碎、软化、轧坯、挤压膨化等预处理后，再采用机械压榨、CO_2 萃取或溶剂浸出法提取获得粗油，再经精炼后获得植物油。植物油主要含有维生素 E，钙、铁、磷、钾等矿物质，脂肪酸，是人类膳食中需要保证的营养。按原料可分为：大豆油、菜籽油（黄芥、油菜）、棉籽油、米糠油、玉米油、葵花籽油、花生油、油茶籽油、芝麻油、椰子油、棕榈油、蓖麻油、橄榄油和特种油脂（沙棘油、月见草油、文冠果油）等。

（4）调味品。我国大宗辛香料植物资源丰富，通常用于炖肉等的添加料，可使食物香味浓郁。可用于加工调味品的植物资源有砂仁、天竺桂（或阴香、细叶香桂、川桂等 8 种樟科樟属植物，用于加工桂皮）、月桂（用于加工桂叶）、八角、花椒、洋葱汁、肉蔻、胡椒、辣椒、丁香、芥末、茴香、小茴香、薄荷等。

（5）食用色素。食用色素是人们在制作食品时经常使用的一种食品添加剂。截至 1998 年底，国家批准允许使用的食用天然色素共有 48 种，包括天然 β 胡萝卜素、甜菜红、姜黄、红花黄等。其中，大部分色素的原料都是植物的皮、壳、叶、渣等，以此做综合利用。制取方法除焦糖色系以糖类物质在高温下加热焦化而得外，多以水或相关溶液抽提，再进一步精制，浓缩干燥而成。也有将呈色植物组分经干燥、粉碎直接应用的。还有通过组织培养等生物技术方法来制取的。可用于天然色素提取的植物有萝卜、甜菜、姜黄、红花、辣椒、紫甘蓝、苋菜、密蒙花等。

（6）甜味剂类。传统上常用蔗糖作为甜味剂，但食用蔗糖可造成龋齿、肥胖、糖尿病和心脏病等病害，而合成的糖精对人体有害，许多国家已明令禁止，这就促使人们从植物中寻求更加安全、低能量、优质而廉价的新天然甜味剂。分布于山丘区的罗汉果、马槟榔、甜茶等植物，甜味物质含量较高，有的已经在食品中得到广泛应用。

罗汉果分布在我国南方的广西、广东、湖南等省份。罗汉果为原卫生部首批公布的药食两用名贵中药材，其所含罗汉果甜贰比蔗糖甜 300 倍，不产生热量，是饮料、糖果行业的名贵原料，是蔗糖的最佳替代品。常饮罗汉果茶，可预防多种疾病，可以起到防治冠心病、血管硬化、肥胖症的作用；有清热解暑、化痰止咳、凉血舒骨、清肺润肠和生津止渴等功效；可治急慢性气管炎、咽喉炎、支气管哮喘、百日咳、胃热、便秘、急性扁桃体炎等症，糖尿病患者亦宜服用。

甜茶主要分布在陕西、甘肃、安徽、浙江、江西、福建、湖北、湖南、广西、四川、贵州、重庆等地。野生甜茶具有相当高的营养价值，其中以广西甜茶最具有代表性，其所含的多种成分，具有清热解毒、防癌抗癌抗过敏、润肺化痰止咳、减肥降脂降压、降低血胆固醇、抑制和延缓血管硬化、防治冠心病和糖尿病等众多的保健功能。除上述所含微量元素外，还富含维生素 C、维生素 B_1、维生素 B_2、维生素 B_3、超氧化物歧化酶，鲜甜茶中维生素 C 的含量高达 115mg/100g，特别是还富含 4.1％的生物类黄酮、18.04％的茶多酚和 5％的甜茶素。

（7）其他。以山楂、苹果、梨、沙棘、菠萝、蓝莓、山茱萸等为原料除可加工上述食品、饮料外，可以加工制作成果酱、蜜饯及罐头等多种食品。

5.1.2 药品保健品类

药用植物资源是指自然资源中对人类有直接或间接医疗作用和保健护理功能的植物总

称。广义的药用植物资源包括农林栽培和可利用的植物在内，但通常所指的是野生原料植物。我国对药用植物资源的开发利用历史悠久，是我国人民防病治病、康复保健的物质基础，具有丰富的科学内容和很高的实用价值，是祖国医药学宝库的重要组成部分。药用植物资源开发利用的产品主要是人类用以防病治病的中药和类保健品等，以及农药类、功能性饲料添加剂等相关产品。

高效水土保持植物资源中，开发方向为药品保健品类的植物可进一步细分类，如中草药类、农药类、维生素等提取物类。

（1）中草药类。我国已发现的药用植物有 1 万多种，大部分分布在山丘区水土流失地区。其中，属于高效水土保持植物的有银杏、余甘子、杜松、山楂、五味子、丁香、沙棘、接骨木、枸杞、酸枣、乌柏、石斛、金钱草、金银花、杜仲、厚朴、山茱萸、益智果、小檗、独一味、砂生槐、天仙子等。

（2）农药类。包括土农药植物，如算盘子、蓖麻、醉鱼草、马桑、除虫菊等约 500 种。它们含有除虫菊素、植物碱、糖贰类等物质，有杀虫灭菌或除芳的功能。其中，算盘子分布于长江流域以南各地。其果实常用于治疗痢疾、泄泻、黄疸、疟疾、淋浊、带下、咽喉肿痛、牙痛、疝痛、产后腹痛。有小毒，可用作土农药。马桑产自云南、贵州、四川、湖北、陕西、甘肃、西藏等地，果可提取酒精，种子含油，茎叶含栲胶，全株有毒，可用作土农药。醉鱼草产于江苏、安徽、浙江、江西、福建、湖北、湖南、广东、广西、四川、贵州和云南等地。全株可用作农药，专杀小麦吸浆虫、螟虫等。

（3）维生素等提取物类。植物提取物是以植物为原料，按照对提取的最终产品的用途的需要，经过物理化学提取分离过程，定向获取和浓集植物中的某一种或多种有效成分，而不改变其有效成分结构而形成的产品。按照提取植物的成分不同，形成贰、酸、多酚、多糖、萜类、黄酮、生物碱等；按照性状不同，可分为植物油、浸膏、粉、晶状体等。我国植物提取物是中药商品出口的主要组成，出口额占中药产品总出口额的 40％ 以上，是中药出口第一个超过 10 亿美元的商品类别。

生物碱是一类复杂的含氮有机化合物，具有特殊的生理活性和医疗效果。如麻黄中含有治疗哮喘的麻黄碱，莨菪中含有解痉镇痛作用的莨菪碱等。

挥发油，又称精油，是具有香气和挥发性的油状液体，是由多种化合物组成的混合物，具有生理活性，在医疗上有多方面的作用，如止咳、平喘、发汗、解表、祛痰、祛风、镇痛、抗菌等。药用植物中挥发油含量较为丰富的有侧柏、厚朴、辛夷、樟树、肉桂、吴茱萸、白芷、薄荷、薰衣草等。

单宁，为多元酚类的混合物。存在于多种植物中，特别是在杨柳科、壳斗科、蓼科、蔷薇科、豆科、桃金娘科和茜草科植物中含量较多。药用植物盐肤木上所生的虫瘿药材称五倍子，含有五倍子鞣质，具收敛、止泻、止汗作用。

此外，还有糖类、氨基酸、蛋白质、酶、有机酸、油脂、蜡、树脂、色素、无机物等提取物，各具有特殊的生理功能，其中很多是临床上的重要药物。

5.1.3　工业原料类

（1）香精油类。我国发现的香精油类植物有 400 余种，其中可供工业化加工利用的有

120 余种，木姜子、樟树、枫茅、夷兰、金合欢等都是我国目前用于生产的香料植物；桂油、松节油、柏木油、山苍子油等产量居世界前列，贸易量大的还有花椒油、肉桂油、薄荷油、留兰香油、桉叶油、厂黄樟油、薰衣草油、茉莉浸膏等。

金合欢原产澳大利亚，在我国分布于浙江、台湾、福建、广东、广西、云南、四川等地。金合欢花极香，可供提取香精，可提炼芳香油作高级香水等化妆品的原料，金合欢花油与紫罗兰酮类香料、鸢尾酮非常和谐，是调配其他花香精的重要香料。

山苍子主要产于江苏宜兴、浙江、安徽南部及大别山区、江西（庐山海拔 1300m 以下）、福建、台湾（海拔 1300～2100m）、广东、湖北、湖南、广西、四川、贵州、云南（海拔 2400m 以下）、西藏等地，是我国的特有资源。山苍子油是我国贵重的出口油种，它内含柠檬醛，是香料工业重要的天然香料之一。通常用于提制柠檬醛，供合成紫罗兰酮类香料和维生素等。也可直接用于调配日化香精和食用香精，还可作为清新剂香精头香的清鲜香气。

留兰香原产南欧，在我国河南、河北、江苏、浙江、广东、广西、四川、贵州、云南等地有栽培，新疆有野生。原料经分子蒸馏可精制成留兰香精油。留兰香油是橡皮糖调和香料的主要原料，可用于食品如口香糖等的香味添加剂，也用于医药以及牙膏等的调和香料。

（2）建筑材料类。我们的日常用品中，许多都是由植物原料制成的。例如，来源于乔木树的木材，用途非常广泛，可用来建造房屋，也可以用于加工制作木地板、家装家居板材等。

常用的建筑材料木材有：水曲柳、椴木、桦木、马尾松、檀木、香樟木、黄杨木、楠木、椴木、核桃木、榉木、木荷、黄连木、麻栎、枫香、橡木、栎木、胡桃木、樱桃木等。其中，条木地板是室内使用最普遍的木质地面，多选用水曲柳、枫、柚、榆、松、杉等树材。拼花木地板是较高级的室内地面装修材料，多选用水曲柳、核桃、栎、榆、槐等质地优良、不易腐朽开裂的硬木树材。

（3）纤维类。我国重要纤维植物有 190 种，主要利用禾本科、鸢尾科、香蒲科、龙舌兰科、棕榈科等单子叶植物的杆叶以及榆、桑、锦葵等的茎、皮部或果实的棉毛，用以纺织、造纸、编制等。瑞香科、桑科一些植物的韧皮纤维是制造特种纸张和高级文化用纸的最好原料；用来生产"葛布"的野葛、生产"夏布"的兰麻、罗布麻、亚麻、苎麻等均是很好的纺织用纤维；椴树科、梧桐科、桑科等的植物纤维可以纺织麻袋、绳索和帆布；棕榈科的黄藤、白藤，防己科的青风藤等，都是很好的纺织植物；木棉纤维是救生圈、枕芯等的优良填充料。

其中，罗布麻主要分布于辽宁、吉林、内蒙古、甘肃、新疆、陕西、山西、山东、河南、河北、江苏及安徽北部等地。由罗布麻加工制成的罗布麻纤维具有较强的抗紫外线辐射穿透性，是天然的远红外发射材料，具有保暖作用。罗布麻种子纤毛可作枕头等的填充物用。

桑树原产我国中部和北部，现自东北至西南各省份均有栽培。桑枝中含有丰富的纤维素、半纤维素，其中桑皮中的纤维含量非常高，且强力大，伸度好，适合制造人造棉、人造丝、纤维板和纸张。

黄藤主要分布于广东东南部、香港、海南以及广西西南部，在云南西双版纳有栽培。黄藤茎叶纤维可作为造纸和纺织工业的原料，藤粗壮坚硬，可编织藤椅、藤篮、藤席等各式藤器。

苎麻在我国重庆、云南、贵州、广西、广东、福建、江西、台湾、浙江、湖北、四川，以及甘肃、陕西、河南的南部有广泛栽培。苎麻的茎皮纤维细长，强韧，洁白，有光泽，拉力强，耐水湿，富有弹性和绝缘性，可织成麻布、飞机的翼布、渔网、人造丝、人造棉等，与羊毛、棉花混纺可制高级衣料；短纤维可作为高级纸张、火药、人造丝等的原料，也可织地毯、麻袋、壁纸等。

（4）鞣质及染料类。鞣质是有机酚类复杂化合物的总称，又称单宁，其商品名称是栲胶。鞣质是从含鞣质植物中浸提出来的产品，也是染料和媒染剂。鞣质广泛分布于植物之中，目前已知含鞣质较多的植物有 300 多种，其中符合经济开发的植物有数十种，如松柏科的油松、落叶松、云杉、铁杉，三尖杉科的粗框，胡桃科的化香树，壳斗科的栓皮栎等，漆树科的盐肤木，红树科的角果木、秋茄树，蔷薇科的悬钩子，豆科的黑荆树等。

植物染料是指利用自然界之花、草、树木、茎、叶、果实、种子、皮、根提取色素作为染料。20 世纪初，化学合成染料问世，因合成染料优异的染色性能、众多的品种和廉价的成本，使植物染料逐渐地退出了染料市场。近年以来，随着人们环保意识的增强，认识到化学合成染料对人体的健康和环境产生严重的损害和破坏，于是天然植物染料以其天然、无污染等特性在染色行业再次占领一席之地。

国产植物染料通常有：蓝色染料——靛蓝；红色染料——茜草、红花、苏方；黄色染料——槐花、姜黄、栀子、黄檗；紫色染料——紫草、紫苏；棕褐染料——薯莨。

（5）树脂及树胶类。富含橡胶、硬胶、树脂、水溶性聚糖胶等的高效水土保持植物，如松科的马尾松等，槐、金合欢，杜仲、多种卫茅、夹竹桃科的鹿角藤、杜仲藤及菊科的橡胶草等，它们分别产各种胶脂。其中栽培的三叶橡胶树仍是现今橡胶的主要来源。松脂是马尾松等松树树干的流出物，每年产量很大，经提炼后生产脂松香和松节油，主要用于出口，在世界贸易中占有一定份额。

树胶既可从树木中提取（如桃胶），也可从草本植物的种子中提取（如葫芦巴胶），都称"植物胶"，属于多糖类物质，水溶性好，在食品、化工、石油、冶金等行业得到大量使用。杜仲果皮、树叶、树皮等部位均含有丰富的杜仲胶，其中杜仲果实内杜仲胶含量达 12%（果皮含胶率高达 17%），是世界上十分珍贵的优质天然橡胶资源。从杜仲中提取的胶类，已成为被十分看好的解决橡胶资源的一个重大方向。

马尾松主要分布于江苏（六合、仪征）、安徽（淮河流域、大别山以南）、河南西峡、陕西汉水流域以南、长江中下游各省份，南达福建、泉城红、泉城绿、广东、台湾北部低山及西海岸，西至四川中部大相岭东坡，西南至贵州贵阳、毕节及云南富宁。马尾松也是我国主要产脂树种，松香是许多轻、重工业的重要原料，主要用于造纸、橡胶、涂料、油漆、胶粘等工业。

（6）其他。蒜头果油含有二十四碳烯酸，是生产十五碳二烯酸进而合成高档香料的原料。风吹楠油是提取月桂林酸、肉豆蔻酸的原料。白背叶油、蓖麻油、乌桕油、油桐油是生产油漆、涂料、润滑油的良好原料。牛油树油、苍耳子油等可制高档油墨用油。

5.1.4 生物能源类

木材、草类等可提供能量（燃料、动力）的植物资源统称为能源植物资源。高效水土保持植物资源中，将开发方向为生物能源类的植物进行归纳、分类，可分为固体能源和液体能源两类。

（1）固体能源类。能提供生物质固体能源的植物多为常规能源植物，除提供薪柴用于直接燃烧外，还可用其枝干压缩生产颗粒燃料等。根据植物分布的地带性，全国不同水蚀类型区可生产固体能源的生物质能源植物如下：

1）西北黄土高原区：沙棘、柠条、紫穗槐、沙柳、旱柳等。

2）华北土石山区：刺槐、旱柳、沙棘、紫穗槐、荆条等。

3）东北黑土丘岗区：辽东栎、蒙古栎、毛棒、胡枝子类等。

4）南方红壤丘陵区：栎类、桉类、相思类、栲类、马尾松、化香、木麻黄、南酸枣等。

5）西南土石山区：包括西南紫色土区和西南岩溶区，主要有栎类、铁刀木、黑荆树、白刺花、车桑子等。

这些植物的能源利用价值，主要决定于其生物量和热值。

（2）液体能源类。生物乙醇和生物柴油是我们通常所说的液体能源。其中，生物乙醇是指通过微生物的发酵将各种生物质转化为燃料酒精。目前工业化生产的燃料乙醇绝大多数是以粮食作物为原料的，从长远来看具有规模限制和不可持续性。以木质纤维素为原料的第二代生物燃料乙醇是决定未来大规模替代石油的关键。生物柴油是清洁的可再生液体能源，它是以大豆和油菜籽等油料作物，油棕和黄连木等油料林木果实，工程微藻法等油料水生植物以及动物油脂，废餐饮油等为原料制成的一种清洁含氧液体燃料。

可生产液体能源的常规能源的植物，通常是指那些具有合成较高还原性烃的能力、可产生接近石油成分和可替代石油使用的植物以及富含油脂的植物。可生产液体能源的植物资源种类丰富多样，大体上可划分为以下4大类：

1）大戟科生物柴油植物：如油桐、千年桐、乌桕、余甘子、蓖麻、麻风树、蝴蝶果等。含油大戟可制成类似石油的燃料，大戟科的巴豆属制成的液体燃料可供柴油机使用。

2）豆科生物柴油植物：如大豆、蚕豆、花生、苦配巴、油楠等。例如，苦配巴是常绿乔木，品种繁多，一般可高达 $20\sim25m$。在苦配巴树干上钻个孔就能流出油来，每个洞流油 3h，能得油 $10\sim20L$，这种油可以直接在柴油机上使用。据估计，$1hm^2$ 苦配巴植物每年可产油 50 桶。

油楠是热带、亚热带的能源树种，其树干木质内含有丰富的一种淡棕色可燃性油质液体，气味清香，颜色如同煤油，用棉花蘸上一点火就着，可燃性能与柴油相似，经过滤后可直接供柴油机使用，可作为柴油的代用品。当油楠长到 $12\sim15m$ 高，胸径为 $40\sim50cm$ 时，油楠树的心材部位就能形成黄色油状树液，分泌出树脂。当削开它的韧皮部或砍断枝丫时，油脂就会从伤口自行溢出。林业工人和当地居民常用来点灯照明，叫它"煤油树"。

3）其他生物柴油植物：如棕榈科的油棕，红豆杉科的香榧，橄榄科的乌榄，壳斗科的板栗，茶科的油茶等，胡桃科的核桃、黑核桃、山核桃等，无患子科的文冠果、细子龙和茶条木等，山茱萸科的光皮树、毛株，蔷薇科的巴旦杏，漆树科的黄连木、阿月浑子、腰果等，木樨科的油橄榄，胡颓子科的翅果油树等，忍冬科的接骨木等，交让木科的牛耳枫等，大风子科的山桐子等。樟科的木姜子的种子含油率达 66.4%，黄脉钓樟的种子含油率高达 67.2%。

连木种子油可用于制肥皂、润滑油、照明，油饼可用作饲料和肥料。叶含鞣质 10.8%，果实含鞣质 5.4%，可提制烤胶。果、叶亦可制黑色染料。黄连木种子含油量高，种子富含油脂，是一种木本油料树种。随着生物柴油技术的发展，黄连木被喻为"石油植物新秀"，已引起人们的极大关注，是制取生物柴油的上佳原料。

光皮树栽植 3～5 年后便可开花结果，15 年内可进入盛产期，果肉和果核均含有油脂，干全果含油率为 33%～36%，出油率为 25%～30%，每株大树年产油 15kg 以上。油色橙黄透明，油脂除食用和医用外也可作为工业原料，点灯无烟味，还可作为军工机械仪、仪表的润滑油，油漆原料及燃油替代品。

4）生物乙醇植物：这些植物富含碳水化合物，利用这一特征，通过加工所得到的最终产品是生物乙醇或酒精。常用植物为禾本科植物，如木薯、甜菜、甜高粱、甘蔗等。目前，美国销售的"汽油"中，70%以上实际是乙醇汽油（1：9 的混合燃料）。巴西用甘蔗发酵生产乙醇作为汽车动力燃料。从目前发展趋势来看，为了防止产生粮食紧缺问题，开发利用非淀粉类纤维性生物质转化为乙醇的方法，已成为各国的研究和开发重点。

乙醇汽油属于可再生能源，是一种由粮食及各种植物纤维加工成的燃料乙醇和普通汽油按一定比例混配形成的新型替代能源。按照我国的国家标准，乙醇汽油是用 90% 的普通汽油与 10% 的燃料乙醇调和而成。它不影响汽车的行驶性能，还减少有害气体的排放量。乙醇汽油作为一种新型清洁燃料，是当前世界上可再生能源的发展重点，符合我国能源替代战略和可再生能源发展方向，技术上成熟安全可靠，在我国完全适用，具有较好的经济效益和社会效益。乙醇汽油是一种混合物，而不是新型化合物。在汽油中加入适量乙醇作为汽车燃料，可节省石油资源，减少汽车尾气对空气的污染，还可促进农业的生产。

其中，燃料乙醇是由薯类（甘薯、马铃薯、木薯、山药等）、粮谷类（高粱、玉米、大米、谷子、大麦、小麦、燕麦、黍等）、糖质原料（甘蔗、甜菜、糖蜜等）、野生植物（橡子仁、土茯苓、蕨根、石蒜等）、农产品加工副产品（米糠饼、麸皮、高粱糠、淀粉渣等）、纤维质原料（秸秆、甘蔗渣等）、亚硫酸造纸废液等经过发酵而制得。

（3）气体能源类。发酵产气是一种生产气体能源的常用方法。美国通过种植巨型海带，以特殊的采收船采收，经自然发酵或人工加速发酵，用来生产合成天然气。沼气池更是一种在我国普遍使用的生产气体能源的方式。美国奥兰多市净化池里的风信子长势良好，污水是这种植物的最好营养物。因此，种植风信子可以达到一箭双雕的目的，不仅可以净化水源，而且可以得到可燃气体。此外还有一些植物，通过热化学气化，可以生产气体能源。

（4）其他能源类。能够提取燃料的植物不一定都要在泥土里才能生长。加拿大科学家在地下盐水层中发现了 2 种生产石油的细菌，一种是红的另一种是无色透明的。它们繁殖很快，2 天可收获 1 次。1 平方海里（约为 3.43km²）的水域里 1 年就可生产 14 亿 L "生物石油"。

目前大多数能源植物尚处于野生或半野生状态，人类正在研究应用遗传改良、人工栽培或先进的生物质能转换技术等，以提高生物质能源的利用效率，生产出各种清洁燃料，从而替代煤炭、石油和天然气等化石燃料，减少对矿物能源的依赖，保护国家能源资源，减轻能源消费给环境造成的污染。到 2016 年，全球总能耗有 14％来自生物质能源。专家们认为，生物质能源将成为未来可持续能源的重要部分，生物质能源植物具有广阔的开发利用前景。

5.1.5　其他类

这类植物主要开发方向就是用作饲料、天然香料、蜜源类、化妆品类、园林景观绿化、经济昆虫寄主类等。

（1）饲料。目前我国已经发现有开发利用潜力的饲料植物有 500 余种，除禾本科、豆科外，还有毛食科、玄参科、伞形科、旋花科、菊科、茄科、黎科、觅科、十字花科和莎草科等的植物，可用于直接饲喂牲畜或用作青贮饲料。此外，桑、柞木等历来都是蚕饲料。

（2）天然香料。植物性天然香料是以芳香植物的花、枝、叶、草、根、皮、茎、籽或果等为原料，用水蒸气蒸馏法、浸提法、压榨法、吸收法等生产出来的精油、浸膏、酊剂、香脂、香树脂和净油等，如玫瑰油、茉莉浸膏、香荚兰酊、白兰香脂、吐鲁香树脂、水仙净油等。

含精油的植物分布在许多科属，主要有唇形科、桃金娘科、菊科、芸香科、松科、伞形科、樟科、禾本科、豆科和柏科等，其产区遍布于世界各地。例如，我国的薄荷、桂皮、桂叶、八角茴香、山苍子、香茅、桂花和小花茉莉、白兰、树兰等，印度的檀香和柠檬草，埃及的大花茉莉，圭亚那的玫瑰木，坦桑尼亚的丁香，斯里兰卡的肉桂，马达加斯加的香荚兰，巴拉圭的苦橙叶，法国的薰衣草，保加利亚的玫瑰，美国的留兰香以及意大利的柑橘等，这些香料在国际上都素负盛名。国际上常用的天然香料有 200～300 种，我国生产的有 100 种以上，其中小花茉莉、白兰、树兰等是我国的独特产品。

（3）蜜源类。我国已发现的蜜源植物有 300 多种，分布遍及全国，养蜂者故而根据南北方植物开花的时序来迁徙放蜂采蜜。荆条花粉丰富，有利发展蜂群，一般亩产蜂蜜 20～50kg。刺槐花期短，丰富，一般亩产蜜 10～25kg。荔枝分早、中、晚 3 个品种，一般亩产蜜 20～50kg 以上。椴树流蜜量较大，一般亩产蜜 40～60kg，低山区有大小年现象。胡枝子流蜜不稳定，一般亩产蜜 10～40kg。乌桕流蜜量分大小年，一般亩产蜜 20～40kg。龙眼流蜜分大小年，一般亩产蜜 10～30kg。

苹果为蜜粉源植物，花期为 4～5 月，泌蜜粉期 20 天左右，适温 22℃以上。可形成单花蜜，一般蜂群年产 10～15kg。年群蜂产粉量依据需要而定。

荔枝蜜是我国南方地区生产的上等蜂蜜，颜色为琥珀色，芳香馥郁，带有浓烈的荔枝花香味。荔枝盛产于南方，蜜源主要分布于我国华南地区，如广东、福建、广西等省份，被誉为"果中之王"。荔枝蜜采用荔枝之花蜜，气息芳香馥郁，味甘甜，微带荔枝果酸味，既有蜂蜜之清润，又无荔枝之燥热，具有生津、益血、理气等功效，是岭南特有的蜜种。

椴花很小，每朵花都由 5 个花瓣组成，柱头 5 只，中间都含有亮晶晶的蜜汁。椴花蜜色泽晶莹，醇厚甘甜，结晶后凝如脂，白如雪，素有白蜜之称。其比一般蜂蜜含有更多的葡萄糖、果糖、维生素、氨基酸、激素、酶及酯类，具有补血、润肺、止咳消渴、促进细胞再生、增加食欲和止痛等多种疗效，是蜂蜜中的珍品。

（4）化妆品类。目前，国内外应用于化妆品行业的植物约有 500 种，它们在化妆品中的作用大致有以下几类：

1）消炎止痒。这类植物的共同特点是含有抗致病皮肤真菌和细菌的生物活性天然物质，能防治多种皮肤病。常见的植物有芦荟、甘草、川芎、紫草、接骨木、龙胆、苍耳、地榆、丹参、射干等。

2）软化保湿。这类植物通常含有多糖类、果胶、皂角苷及类胡萝卜素等成分，它们能赋予角质层中的角朊细胞亲水力，有助于从大气中吸收水分，让皮肤处于湿润状态。常见的植物有芦荟、黄柏、甘草、杏、益母草、连翘、常春藤、绞股蓝等。

3）收敛作用。这类植物主要含丹宁及黄酮类化合物，对皮炎和局部组织蛋白有收敛作用，可保护皮肤黏膜，常见的植物有芦荟、金缕梅、杨梅、牡丹、芍药等。

4）调理作用。这类植物主要含有丰富的氨基酸、有机硫化物以及皂苷等成分。主要植物有七叶树、薏苡、茶、油茶、芦荟、鼠尾草、绞股蓝、接骨木等。

5）防色素斑。常见的植物有桔梗、射干、麻黄等。

6）抗晒作用。这类植物含有的活性成分是天然的紫外线吸收剂，其对紫外线的吸收波长极大值在 280nm 左右，所以能防止紫外线对皮肤的损伤。常见的植物有薏苡、紫草、芦荟、母菊、鼠李等。

7）防裂作用。主要是植物油脂类具有防裂作用。常见的种类有橄榄油、红花油、沙棘籽油、椰子油、野漆树油、茶籽油、乌桕油等。

（5）园林景观绿化。

1）柳树。柳树能适应各种不同的生态环境，主要分布于北半球温带地区。旱柳产自我国华北、东北、西北地区的平原，垂柳遍及我国各地。

柳树树形优美，放叶、开花早，早春满树嫩绿，是公园中主要树种之一。如垂柳枝条纤细低垂，柳叶如眉，宜作为水边绿化植物。

2）槐树。原产自我国，现于南北各省份广泛栽培，华北和黄土高原地区尤为多见。其中，国槐是庭院常用的特色树种，其枝叶茂密，绿荫如盖，在北方多用作行道树或配植于公园、建筑四周、街坊住宅区及草坪上。龙爪槐则夏秋可观花，花蕾可作为染料，果肉能入药，种子可作为饲料，是防风固沙、用材及经济林兼用的树种，宜门前对植或列植，也可作为工矿区绿化之用，对二氧化硫、氯气等有毒气体有较强的抗性。

3）香叶树。树干通直，树冠浓密，在园林工程中，作为中层林冠，耐阴、耐修剪，可作高 3～5m 的绿篱墙或路中央的隔离带，是较好的景观绿化树种。在瘠薄的坡地上密植，是较好的水土保持树种；在公路中间隔离带种植，剪顶保持一定高度，郁闭性好。

4）红松。产于我国东北长白山区、吉林山区及小兴安岭爱辉以南海拔 150～1800m、气候温寒、湿润、棕色森林土地带。

红松不仅是优良的用材树种和经济树种，还是水土保持、水源涵养林的最佳选择树种。以 $1hm^2$ 红松林为例，每年可吸收二氧化碳 13t，同时排放出氧气 9.5t，并释放出大量的负氧离子，高于城市 5～8 倍，非常有益于人的健康，可消除有害的病菌和尘埃、净化空气。可用作庭荫树、行道树、风景林，用于马路绿化、景园绿化。

5）醉鱼草。在园林绿化中可用来植草地，也可用作坡地、墙隅绿化美化，装点山石、庭院、道路、花坛都非常优美，也可作切花用。

（6）经济昆虫寄主类。我国已发现的各类经济昆虫寄主植物有 50 多种，例如，紫胶虫寄主植物有木豆、思茅黄檀、白花树、滇刺枣、番荔枝、酸豆等；五倍子蚜虫寄主植物有黄连木、红鼓杨和盐肤木等；白蜡虫寄主植物有白蜡树、女贞树等。

5.2 市 场 分 析

我国的优势水土保持植物资源经过多年的栽植、管护，目前已得到发展壮大，水土保持植物开发产业已在我国国民经济中占有重要地位。随着产业发展，已逐步形成以经济林为基地，加工生产企业遍地开花的繁荣之势。据《2016 年中国国土绿化状况公报》，2016年全国经济林面积达 $3588 \times 10^4 hm^2$，产值为 1.2 万亿元，与 1998 年相比，面积增加 $1258 \times 10^4 hm^2$，产值增加 4200 亿元。上述数据可以反映我国水土保持植物开发产业市场在不断扩大，产值逐年增加，发展前景良好。本书针对高效水土保持植物的不同开发利用方向，分别进行统计分析。

5.2.1 饮料食品类

对高效水土保持植物资源中开发方向为饮料食品的植物进行归纳，进一步细分类，如饮料、干果、蔬菜、淀粉、油脂、辛香料等。

（1）饮料类。随着人们生活水平的提高和消费观念的改变，饮料已经成为人们日常消费的必需品。中国食品饮料行业协会的数据显示，2001 年我国饮料行业的饮料总产量为 $1491 \times 10^4 t$，较 2000 年增长 25.7%。2005 年达到 $2260 \times 10^4 t$，2005—2015 年以年均 5% 的速度增长。因此，总体来说，饮料消费是呈现不断增长的趋势。

同时，随着生活水平的提高，人们对饮料的需要不只停留在解渴这个最根本的需求，饮料产品由单一化走向多元化，形成了包括包装水、碳酸饮料、凉茶、即饮咖啡饮料、茶饮料、果汁饮料以及新概念饮品等多品类饮料市场，并且掀起了饮用无兴奋作用的天然保健饮料的热潮，形成了一个很大的产业门类——果汁饮料。果汁饮料是用成熟适度的新鲜或冷藏果实为原料，经机械加工所得的果汁或混合果汁类制品，含有丰富的维生素、矿物质、微量元素等，能够为人们提供水果中所含的丰富的营养物质，低糖、天然、有营养，具有较高的保健功能。因此，被越来越多的人认可和喜爱。

近年来，我国果汁饮料行业呈高速发展态势，天然果汁饮料的年销售量逐年提升，市场需求不断增加。饮料行业报告显示，果汁行业占饮料市场 20% 的市场份额，统一鲜橙多市场果汁占有率为 20%，年生产果汁饮料产品达 $1447 \times 10^4 t$，年市场零售规模近 800 亿元。

在品种方面，我国果汁饮料主要由浓缩果汁、100% 的纯果汁和 3%～9% 不同果汁含量的果汁饮料组成。

在原料方面，目前，我国果汁饮料市场已经打破了传统的单一橘子型的格局，形成了数十种批量生产的果汁饮料品类，其中包括苹果汁、柑橘汁、鲜橙汁、椰子汁、鲜桃汁、葡萄汁、芒果汁、杏汁、石榴汁、番石榴汁、猕猴桃汁、刺梨汁、西番莲汁、沙棘汁、黑加仑汁、山楂汁、山枣汁、越橘汁、杏仁露、花生露等饮料。

在品牌方面，经过近些年的市场发展和充分竞争，逐渐形成以统一、康师傅、汇源、可口可乐、健力宝、百事、农夫果园、娃哈哈、顺鑫、乐天华邦等为首的果汁加工生产企业。

有特殊营养成分和保健效果的小浆果类植物主要是越橘科小浆果、沙棘属植物、蔷薇属植物（刺梨、金樱子）、桑科植物（馒头果、无花果、薜荔）等，极具开发价值，其深加工产品不仅包含饮料类，还可延伸到食品、化工、医药等领域，也越来越受到人们的关注。除了上述提到的较为常见的无兴奋作用的天然保健饮料外，还有余甘子果汁、酸豆果肉汁、拐枣果柄汁、樱桃李果汁等已经被开发出来，并且正逐步形成新产业。

（2）干果类。干果类是国际市场贸易量较大的农产品品种，近年来，在我国农产品总贸易中占4％左右，各类干果类出口总额每年约3.5亿美元，进口总额约2.4亿美元。随着我国加入WTO，果类植物的发展面临着资源品种调整以及参与国际市场竞争的双重任务，需要在稳定大宗质优果类生产的同时，以市场为导向，发展具有中国特色的果类植物。

核桃、腰果、榛子、扁桃是国际市场上的四大干果，我国具有资源优势。其中，核桃年产量为 26.5×10^4 t，年出口量为 2×10^4 t。我国板栗产量居世界首位，占世界总量的70％，年出口量为 4×10^4 t。我国核桃、板栗年出口创汇总额约1亿美元。以山核桃、银杏等为特色的中国特产经济植物干果类，味佳、营养好，近年来受到国际消费者的认可，有望进一步扩大国际市场销路，该类资源的开发应得到足够的重视。

（3）蔬菜类。蔬菜是人们日常生活中最重要的食品之一，蔬菜生产对于提高人们生活、安置农村剩余劳动力、增加农民收入水平有着重要的作用。特别是野菜的开发利用。

我国野菜资源丰富，极具开发潜力和前景。长期深受国人喜爱、口味独特、营养丰富的山野菜品种，如刺槐、国槐、香椿、刺五加、杨树、柳树、核桃等，其嫩芽、花卉等，长期以来是老百姓十分喜爱的木本蔬菜。我国的野生蔬菜种类多、数量大，相关资料显示，分属63科、700种左右，其中具有中草药成分的种类约占60％，常食用的野菜也有100～200种。

随着生产的发展与人民生活水平的提高，人们生活水平由温饱型向营养保健型转变，饮食结构日趋多样化，野菜以营养价值高，具有医疗保健作用，风味独特，无污染而被誉为"绿色食品""健康食品"，日益受到人们的喜爱，其价值与地位被消费者与市场认可，这为野菜的产业化发展提供了极好的机遇与市场条件。为满足市场对野菜的需求，近些年来野菜种植逐渐兴起，有的地区发展面积较大，正在向产业化方向发展。江苏省南京市野菜已实行集约化经营，形成了八卦洲、沙洲圩、江心洲等多个野菜生产基地，主要生产蒌蒿、菊花脑、马兰、荠菜、苜蓿、马齿苋、枸杞头及香椿头等野菜；贵州省上市的野菜已达40种以上，外销的有紫萁蕨干、蕺菜制品、黄精、天门冬等；安徽省太和县是我国香椿的名产区,现已建立了香椿商品生产基地,产品除内销外还远销东南亚各地;海南省五指山野菜有守宫木、野茼蒿等十几个种类,生产厂家已通过产品技术鉴定,与农户签订了种植购销合同,统一向农户提供优良种苗,严格规范生产技术操作规程,明确禁止化肥、农药的施用,建立生产基地监督管理档案和生产技术档案,派技术员对生产基地进行定期检查,确保了产品的最终质量;广西壮族自治区在"九五"期间发展了 $667\sim1333hm^2$ 野菜生产基地,估计至少可获 2000 万~4000 万元的经济效益。

目前,我国野菜产业由原来的自采自食逐渐向产业化方向发展;由采摘自然生长的野菜逐渐向人工栽培发展;由原来的一般初产品逐渐转向加工甚至深加工产品进入市场;由原来地方性的几种野菜逐渐向相互引种的多样化方面发展;由原来就地采食的一般性蔬菜变为受市场重视的高档绿色蔬菜。

野菜不仅对调节蔬菜的淡季供应、增加蔬菜种类、丰富蔬菜的口味有明显的作用,而且野菜产业的发展在国内外市场上均有较大的潜力,特别在增加出口创汇方面前景广阔。

(4)淀粉类。我国约有野生淀粉植物 300 余种,分布于全国各地。在粮食丰收的今天,虽然野生淀粉植物不再用来补充粮食之不足,但产生许多特殊用途的植物淀粉提取物,如葛根粉、蕨根粉、魔芋淀粉、油莎豆等在食品行业有着特殊的保健功能和加工性能,可满足特殊人群的需要。

(5)油脂类。我国特种油脂植物资源丰富,它们可为食品、化工、医药行业提供特种脂肪酸。除了有大宗经济油脂植物的种植外,近年来又从野生植物中筛选出了有重大经济价值的油脂植物进行种植。月见草、红花、紫苏子、山茶、水飞蓟、葡萄等植物种子中提取出的富含亚油酸、亚麻酸等不饱和脂肪酸的油脂,可作为高级保健食用油。

近年来,随着我国植物油自给率的不断下降,不与粮食争地的油茶开始受到国家的重视。至 2020 年,我国油茶种植面积已达 $450\times10^4hm^2$,与 2013 年相比增加 $70\times10^4hm^2$。除了利用这些传统的油料作物生产食用植物油之外,从米糠等粮食作物副产品中也可以提取植物油,由于受技术水平的限制,这种植物油产量不高,但是由于原料来源丰富,在目前我国植物油油源紧张的情况下非常具有发展前景。

(6)辛香料类。辛香料是我国的特色资源,产销量均居世界前列,我国年辛香料出口量高达 230×10^4t,贸易额近 100 亿元。辛香料植物品种有近 200 个,主要品种有桂皮、八角茴香、辣椒干、生姜、大蒜、洋葱、胡椒等。辛香料与人们日常生活息息相关,国内外市场潜力巨大。

长期以来,我国辛香料的生产和出口多是以原料和粗加工产品为主,如大蒜、葱、姜等大宗产品多是以保鲜的原料出口,部分产品以粗加工产品出口,所以我国占世界辛香料市场的份额很低,只有 5%,与我国辛香料产量极不相称,也间接说明了种植、开发辛香料类植物具有广阔前景。

5.2.2 药品保健品类

我国中草药种类多,藏量丰富,使用历史悠久,驰名中外,可用于加工生产药品保健品。根据对 2006—2010 年国家食品药品监督管理总局公布的保健食品的统计,对其中中药保健食品(含中药或中药提取物)的数量进行了研究统计分析。截至 2017 年,仅我国已审批保健食品 15879 个，年产值 1000 多亿元。而原以"药健字"问世的保健药品市场占有率亦不断提高，产品年产值不断增长。中药保健食品和药品行业的健康发展使得每年国内外对中草药原料的需求量很大。目前大多数中草药原料为野生的，也有半栽培的，人工栽植中草药的大型基地为数不多。许多药材是使用根类，采挖对其资源破坏很大，除科学计算可采量并严加控制外，应当大力提倡在全国不同地区建立中草药材商品基地，一方面可以保证药材的质量，另一方面可形成巨大而稳定的中药材产业；同时，采挖时应结合水土保持工程整地，逐步形成台阶状利于保水保肥的坡面类型。目前栽植面积较大的有杜仲、川黄檗、厚朴等，并且具有产值高的特点。其中，杜仲、川黄檗、厚朴等产值均达千万元以上。

更为重要的是，应重视对非根利用植物资源的筛选，开发植物花、果、叶或枝条，从而能在保证最大程度开发利用的前提下，还可继续发挥其水土保持功效。这方面的植物有金银花、黄花菜等花蕾用植物，沙棘、文冠果、油茶、麻风树等果用植物，青风藤、茶等枝叶用植物。逐渐加大这类非根利用药用植物的栽培，并进行精细化深加工，形成规模化生产和产业化发展，必将对保健食品和药品的有序、稳定发展起到巨大作用。

5.2.3　工业原料类

我们的日常用品中，许多都是由植物原料制成的。例如，来源于树的木材，用途非常广泛，可用来建造房屋，也可以制成纸张。橡胶是工业常用的一种原料。天然橡胶来自生长在巴西和东南亚的橡胶树；人们在橡胶树的树皮上划一个小口，它就会流出一种叫作胶乳的乳状树液。胶乳经干燥和加工后可制成轮胎、胶水和其他多种产品，杜仲果皮、树皮中含有丰富的杜仲胶，是世界上优质的天然橡胶资源，具有很高的开发利用价值。许多草本植物的秸秆也是生产纤维制品的原料，如芦苇秆现已被广泛用于制造纸张，野葛可加工为葛布，用来生产织物的苎麻、罗布麻、亚麻等，均是很好的纺织纤维原料。罗汉果、槟榔、甜茶等可代替传统的蔗糖充当甜味剂。

（1）用材类。我国以培育用材为主要目的的栽培物种有 30 余种，栽培总面积约 $63.25 \times 10^4 \mathrm{hm}^2$，总数量为 5.66 亿株，投产面积年产值约 31.95 亿元。其中，红松栽培面积最大，达到 $49.11 \times 10^4 \mathrm{hm}^2$，其次依次为红椿、水曲柳、任豆、核桃楸、合果木、水杉、岷江柏木等。

（2）香精油类。我国是世界上香料植物资源最为丰富的国家之一，有分属 62 个科的400 余种香料植物，工业化生产的有 120 多种，其中品质较好、贸易量大的有山苍子油、花椒油、玫瑰油、中国肉桂油、八角茴香油、薄荷油、留兰香油、中国桉叶油、中国柏木油、黄樟油、香茅油、香叶油、香根油、松节油、芳樟油、茉莉浸膏、桂花浸膏、薰衣草油等。可用于提取香精油的植物多产自长江以南诸省份，而以薰衣草、玫瑰和多种伞形科植物为代表的少数香料植物生长于长江以北。据统计，我国生产的植物香精油约占世界总量的一半以上；天然香料年产量 4 万多 t，产值近 100 亿元，年创汇近 4 亿美元。

（3）色素类。近年来，国内外食品工业中已广泛应用天然食用色素。我国色素植物种类很多，分布于南北各地，开发利用天然食用色素植物潜力很大，如已得到开发利用的栀子黄色素、姜黄色素、大金鸡菊黄素等。过去，各地生产植物色素的小厂较多，主要因原料和加工技术不规范，产品质量差，无法使用，没有销路而关闭。当前应加大投入，从建立商品原料基地起，以高新提取技术获得高纯度的植物色素产品，形成天然色素产业，并着眼于出口创汇。

（4）甜味品类。天然甜味品是食品加工和医疗保健事业的重要原料。罗汉果果实中含罗汉果糖，甜度为蔗糖的 300 倍；甘草根中含甘草甜素，甜度为蔗糖的 30～50 倍。这是一个新兴的产业，应建立植物甜味品原料基地，开发新的产品，以满足国内外市场的需要。

对于工业原料类，如榛子、板栗、核桃、银杏、黄连木、木姜子、化香树、罗汉果、罗布麻、苎麻等，开发产品系列长，可开发包括纤维、香精油、鞣质及染料、树脂及树胶、甜味剂等产品，特点是产业链长、随市场波动小、收益较好，劣势与食品药品类相似，是对开发产品依赖性较强。

5.2.4 生物能源类

生物能源具有可再生，易于生物降解，燃烧排放的污染物比石化柴油少，基本无温室效应等优点，是典型的"绿色能源"，是石油燃料的理想替代物。目前全球石油价格不断上涨，加之化石能源的不可再生性，随着其资源量的逐年减少，生物质能源愈来愈受到人们更多的关注。我国目前对进口石油的依存度已超过 50%，降低依存度的出路就是大力开发生物质能源和替代石油产品。大力发展生物能源不仅能够减少温室气体效应，解决化石能源危机的战略需求，而且是我国新世纪发展循环经济的有效选择，是发展节水型农业的重要途径，是生物能源的原料保证，对维持和促进资源、环境、社会经济的协调发展具有重要的战略意义。

目前大多数能源植物尚处于野生或半野生状态，人类正在研究应用遗传改良、人工栽培或先进的生物质能转换技术等，以提高生物质能源的利用效率，生产出各种清洁燃料，从而替代煤炭、石油和天然气等化石燃料，减少对矿物能源的依赖，保护国家能源资源，减轻能源消费给环境造成的污染。

生物质能源已和石油产品一样，成为世界各国能源结构的组成部分。中国科学院发布的《中国工业生物技术白皮书 2015》显示，2014 年我国生物燃料乙醇年产量约 216×10^4 t，生物柴油年产量约 121×10^4 t。许多民营企业相继开发出拥有自主知识产权的生产技术，海南于 2001 年 9 月建成年产近 1×10^4 t 的生物柴油试验工厂，经测试，油品主要指标达到美国生物柴油标准，产品价格具有市场竞争力，是我国生物柴油产业化的标志。

据报道，我国是世界上第三大生物燃料乙醇生产国和应用国，仅次于美国和巴西。近年来，国际原油价格持续走低，在国家财税政策调节的引导下，我国燃料乙醇行业逐渐向非粮经济作物和纤维素原料综合利用方向转变，积极开展工艺和示范项目建设。预计未来几年，我国的燃料乙醇生产能力将达到 1000×10^4 t/a。

作为生物能源的另一个重要领域，我国生物柴油产业发展处于成长期。生物柴油总产能为 $300 \times 10^4 \sim 350 \times 10^4$ t。但由于受到原料供应的限制，生产装置开工率不足，尚无法满足巨大的市场需求。为此，生物柴油企业正在积极寻求替代原料，开发和推广生物柴油新技术，加快建设工业装置。生物质能源将成为未来可持续能源的重要组成部分，在全球

能源市场上具有广阔的开发利用前景，但其生产成本和产品价格高目前仍是制约其发展的劣势。

5.2.5　其他类

天然染料以其自然的色相，防虫、杀菌的作用，自然的芳香赢得了世人的喜爱和青睐。天然染料虽不能完全替代合成染料，但它却在市场上占有一席之地，并且越来越受到人们的重视，具有广阔的发展前景。天然植物染料特别适合应用于开发高附加值的绿色产品，用天然染料染色的织物，其发展前景非常好。

随着人们生活水准的不断提高，花卉在国内外的需要量极大。我国是世界上许多著名花卉的货源中心。杜鹃花、报春花、菊花、兰花等类花卉都是世界上著名的花卉。近年来，又从野生花卉中筛选出绿绒蒿、马先蒿、构兰等花卉新品种，丰富了花卉市场品种。我国野生花卉开发潜力很大，可在全国各地建立野生花卉的驯化基地，培育新的商品花卉，以丰富国内外市场。

此外，如蚕桑资源、蜜源植物资源、昆虫寄主植物资源等，通过不同类型的转换及开发，能够促进产业链的延伸，对传统产业变革产生深远的影响。高效水土保持植物资源开发受到世界范围内的广泛重视，不断有许多特殊功用的物质被发现，每一种资源的开发，都将形成新的经济增长点。

我国山丘区分布或种植的野生植物资源极其丰富，如紫苏、红花、刺梨、沙棘、越橘、月见草、杜仲、红景天、紫杉、山苍子、葫芦巴、皂荚等，通过合理的科学的开发利用，能够形成新型的特色水土保持植物资源开发业。种植这些品种比常规品种能获得更高的经济效益，并将丰富我国人民的物质生活，符合国内外植物资源产业的发展方向。

5.3　开发利用方向定位

每一区域到底需要发展多大面积的植物资源，需要建设多大的仓储容量，开发什么产品，上什么生产线，才能在所在区域站稳脚跟，同时着眼全国，放眼世界，是各流域机构、各省（自治区、直辖市）普遍关心的问题。他们迫切需要这方面的专业信息来指导水土保持植物的种植和开发，从而更好地为当地生态环境建设、资源基地建设和"三农"工作服务。

长期以来，我国在水土保持工作中形成的"重生态、轻经济"习惯，使各地水土保持部门对高效水土保持植物资源知之甚少，对其布局、种植、开发，更是缺少系统的思路和总体总局。根据各区域的高效水土保持植物资源分布情况，企业及基地发展规模以及市场需求情况，分析得出了短期内我国不同区域部分常用高效水土保持植物开发利用方向。

5.3.1　东北黑土区

该区的根本任务是通过高效水土保持植物资源建设，保护黑土资源，保障粮食生产安全，合理保护和开发水土资源，促进农业可持续发展。该区可以木材有序采伐加工、干果以及小浆果的开发利用为主要方向。

东北黑土区的大小兴安岭林区中有我国主要用材林基地，主要有红松、水曲柳、白桦等植物资源。由于这里的树木十分稠密，只有拼命地向上长，才能最大限度地接收到阳光，因此，这里的树木一般都很直、很高，是上等的建筑材料。可生产加工锯材、人造板、地板块、纸浆等7大类140多个品种。由于红松、偃松等松树的果实内仁可食用，是市场上常见的松子，因此东北黑土区亦可发展产值高的松子食品加工产业。此外，与松树半伴生的松蘑也驰名中外，可加工鲜蘑、干蘑包装出售。

东北黑土区是我国小浆果类天然分布和种植的主要地区，主要种类有蒙古沙棘（大果沙棘）、蓝莓（笃斯）、果莓（树莓）、黑加仑等。根据近年来东北黑土区的植物开发产业基地建设和企业发展情况，该区可以风味独特、营养价值高的小浆果为主，进行鲜果、干果以及果汁加工生产，并结合生产企业的加工技术生产市场需求量大、产值高的保健食品或药品。如沙棘产品可以不同沙棘原汁含量的沙棘果汁为主打，辅以沙棘黄酮和沙棘油加工，并在未来潜在高产值沙棘化妆品方面加以研发和试生产。

此外，可积极推动漫川漫岗区坡耕地植物埂带建设，重视黄花菜、紫花首楷、芦笋等在埂带建设中的运用，发展地埂经济产业。

5.3.2 北方风沙区

北方风沙区的根本任务是通过高效水土保持植物资源建设，防风固沙，保护绿洲农业，优化配置水土资源，调整产业结构，改善农牧区生产生活条件，保障工农业生产安全，促进区域社会经济发展。

北方风沙区光能资源十分充足，特别适合沙生植物生长。该区种植有一些高效水土保持植物，如核桃、枣、扁桃（蒙古扁桃、长柄扁桃）、阿月浑子、枸杞等。根据这些特点和植物资源特色，北方风沙区适宜以扁桃、阿月浑子、核桃等为主的干果产业开发，可不仅局限干鲜果销售，还可以扁桃、阿月浑子、核桃等为原料进行多种小食品系列的开发。

北方风沙区也可围绕沙棘、枸杞植物资源基地，建设沙棘、枸杞产业，开发沙棘、枸杞系列产品，如枸杞干、枸杞果茶、枸杞糕、枸杞糖、枸杞叶茶等产品。

北方风沙区的瓜果亦久负盛名，以新疆的苹果、葡萄、梨、桃、杏、西瓜、核桃、桑葚、哈密瓜、枣最为出名，可以加工生产纸皮核桃、琥珀核桃、枣夹核桃、核桃露、桑葚干、桑葚果汁、桑葚酸奶、梨汁、苹果汁、葡萄汁、葡萄干、不同风味的杏干等食品饮料产品。

5.3.3 北方土石山区

北方土石山区的根本任务是通过高效水土保持植物资源建设，保障城市饮用水安全和改善人居环境，改善山丘区农村生产生活条件，促进农村社会经济发展。

北方土石山区光照条件较充足，水热同期，使该区的植物资源产品质量很好。大部分地区栽植有一定规模的板栗、核桃、金银花、山楂、山杏、柿、枣树、花椒，可围绕植物资源基地，组织加工生产，开发以相应资源为主的食品系列产品。如红枣可加工生产枣干、枣粉、枣片、枣糕、枣汁饮料或酸奶等；板栗可加工为即食开口板栗、去皮板栗、板栗果脯、板栗面包、板栗酒、板栗片、板栗饮料等。

5.3.4　西北黄土高原区

西北黄土高原区的根本任务是通过高效水土保持植物资源建设，拦沙减沙，保护和恢复植被，保障黄河下游安全；实施小流域综合治理，促进农村经济发展；改善能源重化工基地的生态环境。

西北黄土高原区光热资源丰富，雨热同期，土层深厚是其主要优势所在，因此植物资源产品以质量好为主要特征。山杏、山桃、枣树、中国沙棘等是这一区域的当家经济植物，发挥了很好的水土保持作用，适宜开发食品饮料、药品保健产品、工业产品。以红枣为例，可以加工生产蜜枣、红枣、熏枣、黑枣、酒枣及牙枣等蜜饯和果脯，还可以生产枣泥、枣面、枣酒、枣醋等，为食品工业原料。树采伐后其木材可供雕刻、制车、造船和制作乐器。

近些年，西北黄土高原区种植了大量翅果油树、油用牡丹、玫瑰等高效水土保持植物。翅果油树产出的油，加工后完全符合国际国内生物柴油标准。以牡丹花瓣、花蕊为主要原料可开发出油、茶、酒、食品等四大类产品。我国用玫瑰提取玫瑰油的精油率可与世界著名的玫瑰生产国保加利亚的蔷薇香精媲美。玫瑰的花、叶等还可用于加工玫瑰精油、玫瑰露、玫瑰茶、玫瑰酒及玫瑰食品等。

5.3.5　南方红壤区

南方红壤区的根本任务是通过高效水土保持植物资源建设，维护河湖生态安全，改善城镇人居环境和农村生产生活条件，促进区域社会经济协调发展。

南方红壤区是我国水热条件最好的区域之一。虽然土层很薄，却是我国高效水土保持植物资源分布最为集中的区域，植物种类有核桃、油茶、茶树、花椒、油桐、杜仲、油橄榄、猕猴桃、金银花、余甘子、麻风树、苎麻、黄花菜、厚朴、乌桕等。

以水土保持植物为原料开发的产品丰富多样，开发产品类型涵盖面广。开发产品有以核桃、油橄榄等为主加工生产的食品饮料系列产品；以金银花、余甘子、杜仲等为原料生产的药品、保健品；以麻风树、油桐等为原料加工生产的生物能源产品；以苎麻为原料加工生产的苎麻墙纸等建筑材料。

单一植物可开发系列产品。以苎麻为例，苎麻是可用于开发麻纺织品、药品、建筑材料等的多用途优良水土保持植物。苎麻叶晒干后含有 20.5%～23.8%的粗蛋白质和较多的维生素，是良好的牲畜饲料；根可入药，有止血、散淤、解毒、安胎等功效；麻秆表皮可加工制作苎麻纤维，由于苎麻纤维含有叮哼、嘧啶、嘌呤等元素，对金黄色葡萄球菌、绿脓杆菌、大肠杆菌等都有不同程度的抑制效果，具有防腐、防菌、防霉等功能，适宜纺织各类卫生保健用品。苎麻纤维还可用于生产墙纸等建材产品。

5.3.6　西南紫色土区

西南紫色土区的根本任务是通过高效水土保持植物资源建设，控制山丘区水土流失，合理利用水土资源，提高土地承载力，改善农村生产生活条件；防治山地灾害，改善城镇人居环境。

根据西南紫色土区植物资源情况，该区可以油橄榄、苎麻、黄花菜、蓖麻、板栗、杜仲、核桃、柿、油桐、乌桕等植物为主建设植物加工生产企业和开发植物原料产品，开发方向涉及食品饮料、药品、工业原料、生物能源等多个方向。

以油橄榄为例，由于其富含维生素A、维生素D、维生素K等独特营养成分，由油橄榄生产加工的橄榄油被广泛应用于食品、医疗、美容等行业，还可生产加工橄榄茶、橄榄酒、橄榄化妆品等20余种产品。

5.3.7 西南岩溶区

西南岩溶区位于云贵高原区，当地水热条件良好，但岩溶石漠化严重，耕地资源短缺，陡坡耕地比例大。西南岩溶区的根本任务是通过高效水土保持植物资源建设，保护耕地资源，提高土地承载力，优化配置农业产业结构，保障生产生活用水安全，加快群众增收致富，促进经济社会可持续发展。

该区适宜种植核桃、泡核桃、板栗、油茶、油橄榄、金银花、青风藤、余甘子、油桐、麻风树、光皮树、刺梨、甜橙、桃子、李子等藤本、灌木，可布设在裸石缝隙间。

根据区域特色，可以核桃、板栗、甜橙、桃子、李子等水果基地为主要资源开发食品饮料类系列产品；以金银花、青风藤、余甘子等植物资源为主发展中药或保健产品；以发展麻风树、漆树、油桐、核桃绵竹、慈竹、硬头黄、水竹等为主开发工业原料产品；以楠竹、杉木、香椿、杉木为主发展建筑材料产品。

5.3.8 青藏高原区

青藏高原区是世界上海拔最高、面积最大的高原，地广人稀，生态脆弱，高原草地退化严重，雪线上移，冰川退化，湿地萎缩，江河源头植被退化。

青藏高原区开展水土保持植物资源建设的工作正在起步，白刺、黑枸杞主要分布、种植在柴达木盆地，西藏沙棘也只在高山河谷区才有分布。

根据青藏高原区特色，可选择以黑枸杞、白刺、木姜子、红景天等资源为主开发系列产品。以木姜子为例，木姜子的木材材质中等，耐湿不蛀，但易劈裂，可供普通家具和建筑等用；根、茎、叶和果实均可入药，花、叶和果皮是主要提制柠檬醛的原料，可供医药制品和配制香精等用，生产加工药品；核仁含油率较高，油可供工业上用，加工工业产品。

5.4 主要加工产品

5.4.1 东北黑土区

（1）沙棘：沙棘是药食同源植物，果实、果叶、果油、种子等都具有丰富的营养，含有多种维生素、脂肪酸、微量元素、沙棘黄酮、SOD超氧化物等活性物质和人体所需的各种氨基酸。其中，沙棘黄酮具有降低高血压、软化血管、改善血液循环等作用，对缺血性脑血管病有防治和缓解作用，具有改善大脑供血供氧等作用。沙棘果油、沙棘籽油是沙棘果实和种籽的油脂提取物，含有的大量维生素 E、维生素 A、黄酮和 SOD 活性物质，内服可辅助治疗慢性气管炎、胃和十二指肠溃疡、慢性浅表性胃炎、萎缩性胃炎、结肠炎等病症；外用可治疗烧伤、烫伤、刀烧、冻伤等外伤，还可以用于生产抗衰老的美容产品。

沙棘主要加工产品包括沙棘果汁、沙棘果酱、沙棘果粉、沙棘果醋、沙棘果酒等食品，沙棘黄酮胶囊、沙棘茶、沙棘果油、沙棘籽油等保健品，以及沙棘化妆品等。

（2）笃斯：也叫蓝莓，是一种具有高营养价值和经济价值的小浆果，是水果王后、浆果之王，其果实营养成分高，笃斯含有多种丰富的氨基酸、微量元素、花青素和花色苷，以及儿茶酸等多酚类物质，其中笃斯花青素抗氧化性很强，对眼科和心脑血管疾病有较好的疗效，能起到美容保健等多种功效；维生素含量一般，但维生素 E 和维生素 B$_6$ 含量相对高；黄酮类物质占干重的 0.5%，这类物质有降血压、软化血管、防止动脉硬化、降血糖、减少胆固醇积累等功效，而且果汁对于致癌物质亚硝胺具有分解能力。

笃斯可以加工成食品、饮料和保健品等百余种产品，产品用途广，产业链条长。笃斯主要加工产品包括蓝莓鲜果、蓝莓果干、蓝莓果汁、蓝莓果酱、蓝莓果酒、蓝莓果粉，其提取物可用于制作蓝莓口服液、蓝莓硒片、叶黄素胶囊、蓝莓花青素等保健食品。

（3）果莓：也叫树莓，是灌木型果树，属浆果类植物，集草本、木本植物优势于一体。其果实具有丰富营养，富含氨基酸、维生素、糖、有机酸、矿物元素等营养成分，又含有黄酮、鞣花酸、花青素、水杨酸、SOD 等药效成分，具有抗菌、抗肿瘤、抗氧化、抗心血管病、抗炎等作用，是药食同源植物，具有较高经济价值。鲜果莓打浆出汁率可达 70% 以上。原汁加入 15 倍的水制成果汁，不用加任何色素和糖，其色泽和口感俱佳。果莓浆果速冻一年仍可保持其良好风味。果莓浆果除供鲜食外，还可加工制成各种食品，如果汁、果冻、微发酵饮料、糖渍果实、果酱、果酒及果汁糖浆等。在欧美发达国家和日本，红树莓果和黑莓果、蓝莓果（越橘）被誉为"黄金浆果"。另外，它具有红色果汁的天然色素添色剂的特殊用途，如山楂清凉饮料加入果莓汁，使其色、香、味更佳，别具一格。

（4）黄花菜：在我国，黄花菜一直被视为珍贵的食用素菜。黄花菜富含碳水化合物、蛋白质、脂肪 3 大营养物质，其含量分别占到总量的 60%、14%、2%，磷的含量高于其他蔬菜，因此黄花菜有较好的健脑、抗衰老功效，人称"健脑菜"。黄花菜已成为当今炙手可热的蔬菜之一，开发潜力巨大。目前主要加工产品有即食黄花菜、清水黄花菜、干品黄花菜、黄花菜酱，少量应季按照新鲜蔬菜进行包装销售。

（5）山刺玫：具有丛群大、枝条密、树冠展、耐瘠薄土地的特性，有很好的保持土壤能力，对于增加土壤有机质含量、涵养水源等有很大作用。其果实营养丰富，既可生食，亦可加工制作保健饮料、果汁、果酒和果酱等食品；种子可榨玫瑰精油，在国内外供不应求。花可提取芳香油，是各种高级香水、香皂和化妆品必不可少的主料；花瓣可作为糖果、糕点、蜜饯的香型原料，也可酿制玫瑰酒、熏烤玫瑰茶、调制山刺玫玫瑰酱等产品。此外，山刺花的花、果、根叶和根皮均可入药，极具开发价值。

（6）山葡萄：山葡萄的主要加工产品包括山葡萄果汁、山葡萄浓缩汁、山葡萄碳酸饮料、山葡萄茶饮料、山葡萄酒和山葡萄籽油等。

（7）黑加仑：黑加仑主要供食用，可加工生产黑加仑果汁、黑加仑果酱、黑加仑果酒，或提取黑加仑籽油、色素等。

（8）蓝靛果：其浆果含 7 种氨基酸和维生素 C，既可生食，又可提取色素，亦可酿酒、制作饮料和果酱。除具有极高的食用价值外，果实中还含有丰富的芸香甙、花青甙等活性物质，具有极高的药用价值，有清热解毒之功效，可加工制药。

5.4.2 北方风沙区

（1）沙枣：沙枣作为饲料，在我国西北已有悠久的历史。其叶和果是羊的优质饲料，羊四季均喜食。沙枣花可提取芳香油，作为调香原料，亦可作为香精加入化妆品中；沙枣亦是蜜源植物。

（2）阿月浑子：阿月浑子是抗旱、耐瘠薄的漆树科小乔木，是世界四大坚果树种之一。其果仁常加工为即食干果——开心果。阿月浑子含有丰富的油脂，有润肠通便的作用，有助于机体排毒。阿月浑子果实可炒制干果；种子可榨油，也可用于烹调和食品工业中，或用于化妆品和医药品生产。阿月浑子木材坚硬细致，淡黄褐色，为细木工和工艺用材。

（3）扁桃：扁桃为蔷薇科灌木树种，又名巴旦杏、甜扁桃、甜杏仁等。长柄扁桃果小，扁圆，果肉干涩无汁不能食，主要食用其果仁，树皮和种仁可入药，种子可榨油。长柄扁桃核仁含油率达 55%～61%，富含淀粉、蛋白质以及维生素 A、维生素 B_1、维生素 B_2 和消化酶、杏仁素酶、钙、镁、钠、钾、铁、钴等 18 种微量元素，仁味超过核桃和杏仁，有特殊的甜香风味，可作糖果、糕点、制药和化妆品工业的有价值原料。核壳中提取出的物质可作酒类的着色剂和增加特别的风味。长柄扁桃在医药上用途很广，可用于治疗高血压、神经衰弱、皮肤过敏、气管炎、小儿佝偻等疾病。一些国家利用扁桃仁酿制扁桃乳、扁桃酒补品。扁桃木材坚硬，浅红色，磨光性好，可制作小家具和旋工用具。此外，扁桃仁还可加工生产长柄扁桃油、生物柴油、甘油、苦杏仁苷、蛋白粉、饲料原料、活性炭等 7 种产品，因此长柄扁桃是极具开发价值的高效水土保持植物。

（4）枸杞：枸杞为茄科灌木植物。浆果呈红色或橙色，多汁液，形状多呈椭圆状、矩圆状、卵状或近球状，顶端有短尖头或平截，有时稍凹陷，长 8～20mm，直径 5～10mm。种子常 20 余粒，略成肾脏形，扁压，棕黄色，长约 2mm。花果期较长，一般从 5 月到 10 月边开花边结果。其果实具有养肝、滋肾、润肺功效；枸杞叶具有补虚益精、清热明目作用，对免疫功能有影响作用。除鲜食枸杞果实和嫩叶外，枸杞加工产品丰富，有枸杞干、枸杞芽茶、枸杞糖、八宝茶、枸杞酒、枸杞饮料、枸杞果糕、枸杞多糖、枸杞籽油等。

5.4.3 北方土石山区

（1）板栗：板栗富含蛋白质、脂肪、碳水化合物、钙、磷、铁、锌、多种维生素等营养成分，有健脾养胃、补肾强筋、活血止血之功效。除新鲜板栗可出售外，加工产品一般还有冻干板栗、开口板栗、即食板栗仁、板栗果脯、板栗面包、板栗酒、板栗片、板栗饮料等。

（2）核桃：核桃是我国分布面积最广的干果，是北方土石山区传统经果树种，与扁桃、腰果、榛子并称为世界著名的"四大干果"。核桃对人体有益，可强健大脑，是深受老百姓喜爱的坚果类食品之一，被誉为"万岁子""长寿果"。核桃加工产品历史悠久，主要加工产品为食品，包括核桃仁、核桃油、核桃粉、核桃露饮、核桃干果休闲食品、枣夹核桃、琥珀核桃等。

（3）山楂：山楂果可生吃或制作成果脯果糕，干制后可入药，是我国特有的药食兼用树种。山楂多加工成山楂汁、山楂卷、山楂饼、山楂片，也可用于加工消食类药品。

（4）柿：柿树的果实可鲜食，也可加工成柿饼，为人们所喜爱。山东益阳、兖州、吴村、菏泽一带，所产"火饼""羹饼"，都是带白霜的柿饼；陕西、洛阳、嵩山一带所产的"黄饼"，柿霜浓厚。

（5）山杏：山杏深加工技术基本成熟，主要加工产品包括杏仁露、杏仁油、山杏休闲食品、杏壳活性炭、山杏仁润肤膏、山杏仁蛋白精粉、山杏仁蛋白酶解多肽、山杏蛋白酶解粉等。

（6）欧李：欧李果实钙含量在水果中最高，可以加工成果汁、果酒、果醋、果奶、罐头、果脯等食品；欧李枝条可以编成各类手工艺品。

（7）魔芋：由普通精粉向添加剂和专用魔芋胶方向发展，在食品方面的应用由传统食品扩大到各种肉制品、冷饮、糖果等领域，在化工方面应用到交通、运输、造纸、金属保护、印染、油气开采、美容产品、吸水剂、感光材料、色谱材料、城市清洁等领域，在医药方面应用到降血压降血脂保健品、胶囊、卫生用品及人工晶体等领域。

5.4.4　西北黄土高原区

该区目前主要对花红、中国沙棘、山杏等水土保持植物资源进行了开发和加工。

（1）枣：枣果肉肥厚，色美味甜，富含蛋白质、脂肪、糖类、维生素、矿物质等营养物质，可以加工生产蜜枣、鲜枣、枣干、枣糕、枣泥、枣汁、含枣饮品等蜜饯和果脯，还可以制作枣泥、枣面、枣酒、枣醋等，为食品工业原料。枣树砍伐后木材可供雕刻、制车、造船、制作乐器。

（2）翅果油：翅果油树为我国特有的优良木本油料树种。翅果油树产出的油，加工后完全符合国际国内生物柴油标准。

（3）中国沙棘：沙棘果可推广制作成果子羹，果酱、软果糖、果冻、果泥，果脯及露汁等多种食品。若将果汁浓缩可制成各种片剂、浸膏，或提取维生素 C，可供医药用。在生长前期幼嫩枝叶或秋季的落叶，可用于饲养家畜。

（4）油用牡丹：油用牡丹主要有甘肃的"紫斑"和安徽的"凤丹"两种。以牡丹花瓣、花蕊为主要原料开发出油、茶、酒、食品等四大类产品。

（5）玫瑰：苦水玫瑰种植有着悠久的历史，并以它迷人的芳香而闻名于世界，其出产的玫瑰花及玫瑰油均占到全国总量的 50% 以上。苦水玫瑰主要加工产品有玫瑰精油、玫瑰露、玫瑰茶、玫瑰酒及玫瑰食品等。

（6）长柄扁桃：长柄扁桃为蔷薇科灌木树种，也称野樱桃，中旱生、耐寒，其种仁富含油脂、蛋白质，种壳坚硬，可代"郁李仁"入药，也可以开发食用油、精油、生物柴油、甘油、苦杏仁苷、蛋白粉、功能性食品、饲料原料和活性炭等高附加值的产品。

5.4.5　南方红壤区

该区目前对苎麻、黄花菜、杜仲、厚朴、乌桕、油茶、茶树、花椒等水土保持植物资源进行了多种形式的开发利用。

（1）苎麻：苎麻为荨麻科多年生宿根性草本植物或灌木。苎麻叶是蛋白质含量较高、营养丰富的饲料，嫩叶可供养蚕；也可入药，还可止血，治创伤出血。种子可榨油，供制肥皂和食用。麻骨可作造纸原料，或制造可用于制作家具和板壁等多种用途的纤维板，还可酿酒、制糖。麻壳可脱胶提取纤维，供纺织、造纸或修船填料之用。鲜麻皮上刮下的麻壳，可提取糠醛，而糠醛是化学工业的精炼溶液剂。

（2）杜仲：杜仲是我国特有的经济林骨干树种，与厚朴、川黄檗合称三木。杜仲皮是中药不可缺少的配方药材，对高血压等症有一定的疗效；同时，杜仲的树叶、树皮和果皮中均富含一种白色丝状物质——杜仲胶，是重要的工业原料。据计算，杜仲林每公顷年产值为 8000～10000 元。它的综合开发利用已经引起国家有关部门的广泛关注。

（3）乌桕：重要的生物柴油资源，种子外被之蜡质称为"桕蜡"，可提制"皮油"，供制作高级香皂、蜡纸、蜡烛等；种仁榨取的油称"桕油"或"青油"，供制作油漆、油墨等，假种皮为制作蜡烛和肥皂的原料，经济价值极高。其木也是优良木材。

（4）油茶：茶油色清味香，营养丰富，是优质食用油；也可作为润滑油、防锈油用于工业。茶饼既是农药，又是肥料，可提高农田蓄水能力和防治稻田害虫。果皮是提制栲胶的原料。

（5）花椒：花椒果皮可作为调味料，亦可提取芳香油，又可入药，种子可食用，也可加工制作肥皂。

5.4.6　西南紫色土区

该区对油橄榄、苎麻、黄花菜、板栗、核桃、柿等植物的开发利用较为广泛。其中，板栗、核桃、黄花菜、柿子等的开发产品与其他区域相似。

（1）油橄榄：油橄榄为木樨科常绿乔木树种，其橄榄油富含维生素 A、维生素 D、维生素 K 等独特营养成分，是世界上公认的"植物油皇后"，被广泛应用于食品、医疗、美容等行业。因符合人类消费的时代潮流，油橄榄备受各国植物油和化妆品企业青睐。目前主要加工产品包括橄榄油、橄榄茶、橄榄酒、橄榄化妆品等 26 个产品。

（2）苎麻：苎麻为荨麻科多年生宿根性草本植物或灌木，自古以来苎麻是主要的纤维作物之一。苎麻叶是蛋白质含量较高、营养丰富的饲料。麻根含有"苎麻酸"药用成分。麻骨可作造纸原料，或制造可用于制作家具和板壁等多种用途的纤维板。麻骨还可酿酒、制糖。麻壳可脱胶提取纤维，供纺织、造纸或修船填料之用。鲜麻皮上刮下的麻壳，可提取糠醛，而糠醛是化学工业的精炼溶液剂，也是树脂塑料，市场前景广阔。

5.4.7　西南岩溶区

该区目前对金银花、刺梨、青风藤、余甘子等药用植物进行了开发和加工。

（1）金银花：金银花为忍冬科木质藤本植物，其花可入药，具有宣散风热、清解血毒之功效。以金银花为原料的加工产品主要有金银花茶、金银花提取物以及干金银花等。

（2）刺梨：刺梨营养价值和药用价值极高，刺梨果肉富含维生素 C、维生素 P、维生素 B_1、维生素 B_2、维生素 E、维生素 K_1 和 SOD 等 16 种微量元素，可加工生产刺梨汁、刺梨果脯、果膏以及药品、保健品、化妆品等。

（3）青风藤：青风藤是青风藤科青风藤属植物，为落叶攀缘木质藤本；植株含青风藤碱甲等多种生物碱，具有明显抗炎、免疫调节、保肝、抗病毒、降血压、抗心律失常、镇咳镇静等功效，茎、叶或其提取物可入药。

5.4.8　青藏高原区

目前，青藏高原区的植物资源开发利用在药用植物方面发展较多较快，主要为大黄、秦艽、小檗、独一味、砂生槐、天仙子等药用植物。加工产品主要为原料，深加工较少。

第6章
高效水土保持植物资源
产业化布局

6.1 布 局 原 则

6.1.1 生态建设与产业开发相结合原则

根据水土资源的承载能力和生态环境的容量，因地制宜，合理高效配置植物，并对适宜栽种水土保持树（草）种进行科学、系统的规划和开发利用，实现水土资源的可持续利用。建立产业基地，保护、利用并举，通过植物资源建设促进植物开发，通过植物开发保护植物资源建设，种植（治理）与开发两者相互协调、相互促进、相得益彰，让农民获得原料收入，让企业获得开发利润，让国家得到生态、经济和社会的全面效益。

6.1.2 循环经济 4R 原则

4R 原则即减量化（reduce）、再利用（reuse）、再循环（recycle）、再思考（rethink）的行为原则。植物资源开发过程中，"减量化"就是十分重视植物资源利用率的提高，努力减轻对植物资源原料的需求压力，促进企业由资源消耗型向高效利用型产业发展；"再利用"就是对初级加工产品进行精深加工，实现资源的多层次利用；"再循环"就是对废弃物和副产物进行综合利用，尽可能多地再生利用或资源化，实现无废料生产；"再思考"就是不断深入思考在经济运行中如何系统地避免和减少废弃物，最大限度地提高资源利用率，实现污染物排放最小化、废弃物循环利用最大化。

6.1.3 资源利用率最大化原则

通过高效水土保持植物产业化布局注入企业和农民参与的机制与元素，以生态经济学理论为指导，统筹高效水土保持植物资源建设中地方、企业、农民个人的权益，充分调动各方面参与高效水土保持植物资源建设的积极性，在治理水土流失效益优先的前提下，结合当地经济发展需求使高效水土保持植物资源建设的经济效益最大化，从而实现区域内企业、地方、农民的"三赢"。

6.1.4 整体优化原则

生态经济系统是由一系列生态工程组成的，各个生态工程具有一定的结构与功能，高效水土保持植物布局应从整体论角度出发，思考、设计和管理生态经济系统，达到整体最佳状态，实现优化利用。

6.2 布 局 方 法

6.2.1 资源运输半径确定法

根据现有资源范围，在运输半径内布局相关开发企业。该方法主要针对资源面积已经具备一定规模，但是周围没有加工企业，当地政府想进一步布局加工企业的情况。该方法主要通过现场调查确定植物资源的现有面积，在现有资源范围内确定出能够收集上来的资源面积数量，确定出植物资源可收集量占植物资源总量的数值。进一步确定在植物资源可收集量中可供工厂加工利用的数量有多少。在资源分布范围内，通过遥感结合现场调查等方式确定出可供工厂利用资源分布范围的半径，通过资源分布半径范围结合工厂运行等其他因素确定最佳建设地理位置。通过这些数据结合实际单位面积的产量，初步可以确定出企业布局初期加工规模的大小。

6.2.2 企业对资源需求配置法

根据现有企业对资源的需求，在周边推动资源建设。该方法主要针对当地已经有加工企业，但是现有资源面积不能满足加工企业的需求，企业需要从其他地方收购高成本的资源原料，从而造成企业加工成本提高、利润降低的情况。该方法主要是通过对现有企业加工及销售能力等与原料需求有关情况进行摸底调查，在调查的基础上确定出企业原料收购的缺口有多大，在这个缺口的基础上，进行资源建设整体布局规划，在规划中需要结合当地自然气候、土地利用以及植物的品种和亩产量等情况进一步规划种植面积。在规划的同时，政府联合企业对资源建设的生态效益和经济效益进行广泛宣传。

6.2.3 企业与资源基地衔接法

通过中介手段、流通渠道，将现有的企业和资源基地衔接起来。该方法主要针对企业找不到收购原料的资源基地，资源基地找不到加工企业，造成资源与企业对接不上等情况。该方法主要是通过打造中介衔接平台、疏通流通渠道等形式将企业和资源基地衔接起来。通过建立行业协会将企业和资源基地各自的需求在协会平台上公布，企业和资源基地从平台上获取各自的需求。例如，国际沙棘协会就是一个很好的例子，该协会将沙棘加工企业和各地的沙棘种植户通过协会网站会员平台有效衔接起来，尽管企业和种植户原来没有往来，但是通过协会这个中介衔接平台，将他们有效地衔接起来，满足了双方的各自需求。

6.3 分 区 典 型 案 例

通过运用植物品种选取的方法结合产业化布局等方法在我国八大水土流失类型区分别

规划典型植物资源建设开发工程。

6.3.1 东北黑土区

东北黑土区主要布局东北黑土区浆果类植物资源建设开发工程。

（1）植物资源。该区气候较为寒冷，分布或栽培的植物资源除榛子、栎类和红松等坚果类外，大部分为浆果类植物，如蒙古沙棘（大果沙棘）、笃斯（蓝莓）、果莓（树莓）、黑果茶藨（黑加仑）、蓝靛果、山刺玫、山葡萄等。

1）蒙古沙棘：俗称"大果沙棘"，胡颓子科植物，主要引自俄罗斯。其主要特征是果实大、果柄长、近无刺、维生素 A 含量高，果实可像葡萄一样手工采摘，采后可直接鲜食，经压榨的果汁味道很好。区内一般平均亩产量达 500kg，按照果园式栽培，每亩约 100 株，手工采摘或打冻果（冬季白天气温降至零下 13℃，敲打树干，树下铺"布单"收集冻果）。目前区内人工种植蒙古沙棘面积逾 $1.3 \times 10^4 hm^2$（20×10^4 亩），品种以深秋红为主。近几年，牡丹江、黑河、齐齐哈尔等地区每年新增大果沙棘面积超过数万亩，正在形成大果沙棘工业化的原料基地。

2）笃斯：也叫蓝莓，已成为国内外发展最快的新兴果品之一，可以加工成食品、饮品和保健品等上百种产品，产品用途广，产业链条长。笃斯主要分布在内蒙古北部、黑龙江北部、吉林南部等地，集中分布在大兴安岭地区、伊春市及黑河市等自然生态条件较好、地理环境独特的地区。野生笃斯资源面积超过 $20 \times 10^4 hm^2$（300×10^4 亩），人工种植面积 $0.1 \times 10^4 hm^2$（1.5×10^4 亩）左右，年果实产量在 $30 \times 10^4 \sim 35 \times 10^4 t$。大小兴安岭地区的寒地、天然植被等稀缺资源决定了其在野生笃斯生产中的不可替代性。近年来，随着国内外消费市场对笃斯产品需求的不断升温，笃斯产业快速发展，大兴安岭地区的阿木尔、黑河的逊克、伊春等地都大量人工种植了高品质笃斯，经济效益和社会效益十分显著，对调整优化蓝莓产权产业结构、提高居民收入、推动经济快速发展起到了巨大的拉动作用。从目前的情况来看，仅靠野生资源已经满足不了国内外市场的需求，需要在条件适宜的地区，开展规划，进行人工种植。

在全球范围内，北美是笃斯的主要产区，在过去的 10 年内，北美地区笃斯的栽培面积以平均每年 30％的速度递增，栽培面积达到 100 多万 hm^2，总产量超过 $40 \times 10^4 t$。智利和阿根廷是 20 世纪 90 年代以后发展起来的笃斯产区，智利栽培面积达到 2500 多 hm^2，总产量 $1 \times 10^4 t$，他们利用南半球独特的地理位置，产品全部以鲜果出口到北美、欧洲各国和日本。波兰笃斯生产以出口德国和英国为目标，栽培面积达到 1000 多 hm^2。据统计，全球有 30 多个国家和地区开展笃斯产业化栽培，目前总栽培面积达到 $12 \times 10^4 \sim 15 \times 10^4 hm^2$，但仍处于市场供不应求的状态。

我国目前尚未形成完善的笃斯产品市场，国内贸易主要是以果酒供应市场为主，近年市场上出现了笃斯鲜果，但售价昂贵，终端价格为 $300 \sim 400$ 元/kg，目前只在北京和上海等大城市有少量销售。果酱类及奶制品类近年开始出现在国内各大超市。国际贸易主要以加工冷冻果出口欧洲市场为主。吉林省长白山地区和黑龙江省大小兴安岭地区采收野生笃斯加工成冷冻果出口，价格为 $2000 \sim 3000$ 美元/t。吉林农业大学技术支持的日本环球贸易公司 2004—2005 年生产的笃斯鲜果 250t 全部出口日本，露地生产的鲜果价格为 8～

10美元/kg，设施生产的笃斯鲜果向日本出口价格为15～20美元/kg。

我国目前笃斯加工企业主要分布在黑龙江省、吉林、辽宁，企业规模较小，一般年加工能力为1000～2000t。目前基本上以生产初级加工产品冷冻果为主，产品销往欧洲、美洲和日本市场，尽管销售没有问题，甚至不能满足市场需要，但由于鲜果质量不优，加工技术落后等问题，出口价格比国际市场低30%～50%。随着国际上笃斯种植基地向发展中国家转移，许多外国企业如美国Sabroso公司、德国拜恩瓦尔德公司等分别在山东、北京等地建立加工企业，生产原料直至终端产品。该区独特的自然条件，注定了笃斯人工种植的前景十分好。

3）果莓：全球有450多种果莓，主要分布在北半球的寒带、温带，少数分布在热带、亚热带和南半球。果莓主要栽培种类可分成红莓类群、黑莓类群、露莓类群及其杂种。栽培最广、品种最多的是红莓，又名欧洲红树莓、红马林；黑树莓又名黑马林；紫树莓是美洲红树莓变种和黑树莓的自然杂交种。果莓果实色泽多样，平均果重5.5～6.7g，最高产量可达亩产1000kg左右，抗寒性强，可耐−38℃的低温，非常适合在东北地区栽植。

西方国家对果莓果酱、果酒、饮料、速冻果的需求量很大，果莓产品是生活中不可缺少的副食品。近几年果莓国际市场前景广阔，外商纷纷要求与我国外贸部门签订浆果速冻出口合同。目前外商在我国求购树莓的数量很大，速冻果莓价格每吨达1.5万～2.0万元，但供不应求。有些生产树莓的基地在建园时就已与外商签订了出口协议。

全国树莓种植面积已发展到$1.2 \times 10^4 \mathrm{hm^2}$（其中大部分位于东北地区），产量达到$3.6 \times 10^4 \mathrm{t}$（按平均亩产200kg计）。被命名为"中国红树莓之乡"的黑龙江省尚志市有多家浆果加工企业，产品包括鲜果、速冻果、果酒、果汁、花青素5大类20多个品种，主要出口欧美等国家和地区，年产值达2.3亿元。该区是适宜果莓生长的最佳地区之一，因此，开展规划，人工增加果莓资源，大力开发果莓产业，满足国际市场需求是发展区内生态经济的一个机遇。

（2）开发利用定位。

1）该区自然条件十分适宜浆果类植物的规模化种植和开发。该区野生分布的小浆果类植物资源较为丰富，有蔷薇科的果莓、山刺玫、覆盆子等，越橘科的越橘、笃斯，忍冬科的蓝靛果，人工引进栽培的有胡颓子科的蒙古沙棘（大果沙棘）、醋栗科的黑果茶藨等。该区是与北欧、北美和俄罗斯齐名的世界小浆果主产区，气候条件十分适宜，土壤肥沃，土地资源辽阔，具有独特的区位优势，所产小浆果风味独特，营养价值丰富，既可直接食用又能加工成不同档次的产品，市场前景十分看好，适宜开展人工栽培及建厂开发。

2）加工企业布局已渐形成。该区通过市场引导，政策、资金扶持，采取资产重组和科技推动等多种方式，扶持小浆果类植物资源加工龙头企业的技术改造、新产品开发、质量管理体系和产业化升级项目建设，解决产业链条短、产品附加值低等突出问题，使区内加工企业的经济效益得到大幅度提高，拉动了产区经济社会的快速发展。大兴安岭、伊春、黑河、齐齐哈尔等地现有各类小浆果类植物加工企业50多家。其中，规模以上加工企业达到20家，主要生产果酒、果汁饮料、罐头、果酱、干果、烘焙食品等9大系列、100多个品种，年加工产值近3亿元。涌现出大兴安岭超越野生浆果加工有限责任公司、百盛蓝莓有限责任公司、北极冰蓝莓酒业有限公司、黑龙江省长乐山大果沙棘开发有限公司、黑龙江农垦北大荒速冻食品有限公司、鑫野实业有限公司、忠芝大山王酒业有限公司等加工骨干龙头企业。企业生产的果酒、饮料等产品销往国内大中城市，速冻果、花青素及部分产品出口到美国、捷克、日本、韩国等国家。

3）品牌建设已见成效。区内加工企业十分重视植物产品的品牌培育和建设，在严格的产品质量管理基础上，积极培育地方知名品牌，提升品牌形象。以笃斯为例，目前，北奇神、北极冰、鑫野、兴安红等多家龙头企业通过了 ISO9001 质量管理体系认证、HACCP 危害分析及控制点体系认证、GMP 规范操作管理体系认证、有机产品认证等，越橘庄园、兴安庄园、蓝百蓓等品牌已具备了一定的影响力；大兴安岭地区是中国唯一的中国北极蓝莓地理标志产品保护区域，阿木尔已成为中国野生蓝莓（笃斯）之乡，野生蓝莓（笃斯）OPC 酒被评为中国酒业最具竞争力产品创新奖，越橘庄园商标为著名商标。

4）市场发展前景广阔。小浆果类植物是一种具有高营养价值、高经济开发价值的新兴水土保持植物，且主要分布、种植在寒温带地区，具有寒地、野生、有机、保健的稀有性和独特性，差异化品质优势和市场竞争力很强。该区在我国具有独特的地理优势，是适宜小浆果类植物种植的最重要的地区，加之小浆果类植物可以加工成食品、饮品和保健品等上千种产品，产品用途广，产业链条长，同时，出口鲜果及其加工制品不受绿色贸易壁垒限制，需求量很大，有利于开拓国际市场。目前，在国内外市场上，小浆果类植物产品连年呈现出供不应求趋势，目前是开展规划、建立资源基地、进行经济开发的最佳时机。

（3）产业化布局。

1）蒙古沙棘：东北主栽的浆果植物，主要栽培品种引自苏联，目前区内已有规模面积逾 $1.3 \times 10^4 \mathrm{hm}^2$，满足了区内数家小型加工企业的原料用量。如果资源面积加大，区内建立大型沙棘加工企业的条件已具备。根据东北亚市场对大果沙棘原料的需求以及区内产业的加工消化需求，估计大果沙棘需求总量目前为 $3 \times 10^4 \mathrm{t}$ 鲜果，按亩产 400kg 左右鲜果匡算，区内近期应再建立 $1.4 \times 10^4 \mathrm{hm}^2$ 沙棘种植园才能满足这一需求；远期规划面积从继续扩大生产规模的前提出发，按近期的 60% 左右匡算。据此规划该区蒙古沙棘规划面积为 $2.2 \times 10^4 \mathrm{hm}^2$，其中近期规划面积为 $1.4 \times 10^4 \mathrm{hm}^2$，远期规划面积为 $0.8 \times 10^4 \mathrm{hm}^2$。

2）笃斯：国际市场对笃斯产品的需求量很大，该区拟在保护好现有野生资源的基础上，根据区内宜林面积和劳动力、其他资源面积等的通盘考虑，确定的笃斯规划面积为 $3 \times 10^4 \mathrm{hm}^2$，其中近期规划面积为 $2 \times 10^4 \mathrm{hm}^2$，远期规划面积为 $1 \times 10^4 \mathrm{hm}^2$。

3）果莓：目前全球市场对果莓的年需求量约为 $200 \times 10^4 \mathrm{t}$，缺口约 $100 \times 10^4 \mathrm{t}$。按果莓（良种）亩产 500kg 估算，要满足全球市场需求，至少需要新建果莓园 $13.3 \times 10^4 \mathrm{hm}^2$。该区是果莓的主产区之一。按上述分析资料，该区按近期解决全球果莓需求量的 1/3 来看，确定的近期规划面积为 $3.4 \times 10^4 \mathrm{hm}^2$，远期规划面积从继续扩大生产规模的前提出发，按近期的 60% 左右匡算，为 $2 \times 10^4 \mathrm{hm}^2$，总规划面积为 $5.4 \times 10^4 \mathrm{hm}^2$。

4）其他：适宜于该区栽培的浆果类水土保持植物还有蓝靛果、黑果茶藨（黑加仑）、山刺玫、山葡萄等，规划面积为 $4.2 \times 10^4 \mathrm{hm}^2$，其中近期规划面积为 $2.2 \times 10^4 \mathrm{hm}^2$，远期规划面积为 $2 \times 10^4 \mathrm{hm}^2$。

6.3.2　北方风沙区

北方风沙区主要布局新疆山地盆地区核果浆果类植物资源建设开发工程。

（1）种植开发现状。布局涉及植物主要包括蒙古沙棘、中亚沙棘、扁、阿月浑子、枸杞等。

1）蒙古沙棘、中亚沙棘：新疆的自然乡土树种，较为集中的分布地区主要位于阿勒泰地区的哈巴河、吉木乃、布尔津等；蒙古沙棘在清河县有人工栽培。该区天然蒙古沙棘、中亚沙棘总面积约 $0.07 \times 10^4 \, \text{hm}^2$，多呈大群丛或零星分布，很难发现大面积连片分布的沙棘群落，蒙古沙棘、中亚沙棘常与沙枣等其他植物形成不同的植物群落。天然蒙古沙棘、中亚沙棘垂直分布海拔为 $480 \sim 1110 \, \text{m}$。多年来，因不规范采果、采条的影响，天然沙棘群落退化严重，面积骤减。

这一地区是我国引进大果沙棘（蒙古沙棘）的集中栽植地区之一。不过从自然条件来看，这里的沙棘种植，就像新疆的所有生产一样，"有水就有绿洲，无水便是荒漠"，沙棘种植必须保证灌溉条件，否则绝难成功。目前，阿勒泰地区大果沙棘种植面积已达 $0.7 \times 10^4 \, \text{hm}^2$ 以上，全部采用喷灌或渠灌。阿勒泰地区东部的清河县是阿勒泰地区种植沙棘最早的县，占全区种植面积的 90% 以上。青河县沙棘种植园多沿乌伦古河（内流河）河岸河滩地，能够自流灌溉的不多，多为提灌。这儿的沙棘品种十分混杂，有"丘依斯克""太阳""橙色"等引进大果沙棘品种，也有国内选育出的"辽阜 1 号"等品种，还有大量大果沙棘实生苗建立的种植园，其中含有选育出优良新品种的丰富种质资源潜力，单株产量一般可达 $10 \sim 15 \, \text{kg}$（8 年）。

沙棘产业在当地企业——青河县惠华酒业有限责任公司、青河银河食品厂沙棘加工企业的基础上，引进了新疆恩里德生物科技有限公司、隆濠发展有限公司、四川奥富投资有限公司等 6 家沙棘企业落户青河县，其他一些县也正在酝酿建立沙棘加工企业事宜。阿勒泰地区已初步形成了"企业＋农户＋基地"的运作模式，有效地推进了全区的沙棘种植和产业化进程。

2）扁桃：适应性很强，具有喜光、抗旱、耐寒等特性，根系发达，具有很强的沙漠生存能力，是当今国际上重点发展的坚果经济树种之一，主产国有美国、伊朗、土耳其、意大利等 20 余个国家，世界年产量在 $60 \times 10^4 \, \text{t}$ 以上，美国产量最多，约占世界总量的一半。扁桃在我国仅在新疆适宜栽培，扁桃是从古波斯（现今伊朗）传入。我国种植扁桃是从唐朝开始的，至今已有 1300 多年的历史。在《酉阳杂俎》《岭表录异》有记载考证，目前主要集中在新疆喀什地区的英吉沙、莎车、疏勒、泽普等县和喀什市，另外和田、阿克苏、阿图什等地也有栽培。

新疆是大陆性气候，早晚温差大，日照长、干旱。植物为适应此环境，在植株体内大量积累糖分和油分，所以新疆的瓜果特别香甜。新疆扁桃仁较国外的扁桃仁含油量、含糖量均高，味更为香甜。新疆扁桃品种繁多，约有 40 多个，分为 5 个大家族，分别是软壳甜巴旦杏品系、甜巴旦杏品系、厚壳甜巴旦杏品系、苦巴旦杏品系、桃巴旦杏品系。前两个家族的最佳品种是纸皮巴旦、软壳巴旦、薄壳巴旦、双仁巴旦等，维语称"皮斯特卡卡孜巴旦姆""卡卡孜巴旦姆""雀克巴旦姆"。目前新疆扁桃面积约 $1 \times 10^4 \, \text{hm}^2$，真正可结

实面积 $667\sim800hm^2$，亩产 $50kg$，年产 $500\sim600t$，仅是全球年产量 60×10^4t 的一个零头。

3）阿月浑子：阿月浑子是珍贵的木本油料和干果树，果实含丰富的脂肪和多种营养物质，种仁含油率达 62%，味道鲜，有"木本花生"之称，在工业及医药上有广泛用途。适应性强，极耐干旱，也耐高温，是干旱荒漠区很有发展前途的树种。

阿月浑子原产中亚和西亚的干旱山坡和半沙漠地区，垂直分布海拔 $500\sim2000m$。我国种植的品种是唐朝从中亚引入栽培，至今已有 1300 多年，属中亚类群，表现为抗旱、耐热、喜光。生长季节要求平均气温为 $24\sim26℃$，夏季能抗 $40℃$ 高温，冬季能耐短暂的 $-30℃$ 严寒。我国栽培阿月浑子虽然历史悠久，但多为零星种植，主要集中分布在新疆天山以南的喀什、和田、阿克苏地区，以疏附县和疏勒县种植的较多。新疆喀什很早就有引种，其阿月浑子品种大致分为早熟阿月浑子和长果阿月浑子两种。该区现在面积 $1333hm^2$。

4）枸杞：新疆是全国枸杞四大主要产区（宁夏、青海、内蒙古、新疆）之一。1966 年新疆从宁夏引种大麻叶、小麻叶等品种的枸杞，主要在精河和 83 团栽培。经过多年的驯化，得益于精河县的干旱荒漠气候和水土等生态环境，已先后形成了十几个枸杞优良种类型，并推广到南北疆广大荒漠平原。新疆种植枸杞面积 $0.8\times10^4hm^2$，产量 1.8×10^4t（亩产 $150kg$），占全国的 50%，主要集中在博州精河县等地，共有枸杞种植面积 $0.53\times10^4hm^2$，产量 1.2×10^4t。除博州外，伊犁、塔城、昌吉、哈密、阿勒泰等地区的部分县市也都大量种植。1998 年，精河县被农业部正式命名为"中国枸杞之乡"。

新疆枸杞品质优良，果实甘甜，营养丰富，既是名贵中药材，又是滋补佳品，经济价值很高，用途很广。新疆枸杞已显示了产业化的雏形，有了较稳定的市场占有率。新疆精河高科技现代化农业综合开发示范区于 1995 年 2 月正式启动，并为此项目取了一个充满生机的名字——中国枸杞城。依靠科技，已研制开发出枸杞健康食品、饮料、医药保健品 3 大类 6 个主导产品，均为国内领先水平，深受国内外消费者欢迎。新疆枸杞的发展前景十分诱人。

（2）开发利用定位。

1）该区为蒙古沙棘、中亚沙棘、扁桃等的原产地，阿月浑子、枸杞的栽培年限已很长。以往我国从俄罗斯引种的蒙古沙棘（大果沙棘）的一些原种就采于阿尔泰山系，在阿勒泰等地区种植蒙古沙棘是使其回归故乡，开展种植开发具有得天独厚的条件。南疆是扁桃、阿月浑子和枸杞的适宜种植地区。北疆阿勒泰地区自然气候条件比较适宜大果沙棘的生长，全区域都可开展蒙古沙棘和中亚沙棘人工种植。近几年，该地区青河县先后引进十余种大果沙棘品种，其中俄罗斯大果沙棘在阿勒泰地区的生物学特性表现最为突出，含油率和出油率也相对比较高，该区域沙棘最高单株产量达 $25kg$，一般为 $10\sim15kg$，随着种植技术的不断提高和土地条件的不断改善，实现标准化种植，辅之科学管理后，亩产有望实现更大突破。

2）北疆阿勒泰等地区的蒙古沙棘，南疆的扁桃、阿月浑子、枸杞等种植已有一定基础。特别是自 2002 年始，北疆阿勒泰等地区借助国家退耕还林、"三北"四期等工程建设，推广了蒙古沙棘的种植，全地区累计营造蒙古沙棘林 $0.7\times10^4hm^2$ 以上，其中挂果

面积已达 $0.6 \times 10^4 \, hm^2$ 以上。阿勒泰地区其余县市的沙棘苗条均采自青河县，并开展嫩枝或硬枝扦插扩繁，逐年建立大果沙棘种植园。沙棘育苗多采用大棚育苗方式，嫩枝扦插，一般一个棚 7~8 分地，产苗量高达 $10 \times 10^4 \sim 15 \times 10^4$ 株以上。育苗采用国有林场和社会育苗（育苗企业）相结合的方式。苗木已经完全自给有余。围绕提灌技术的沙棘种植技术已日趋完善。种植沙棘能够获得较好的收益，已被阿勒泰地区广大农牧民接受，为进一步发展沙棘产业奠定了群众基础。目前全区年产鲜果 1 万余吨，为沙棘产业开发提供了部分原料保证。

3）区内各级政府高度重视。南疆多年来以兵团倡导为主，在塔里木盆地边缘地区种植扁桃、阿月浑子和枸杞，已成为新疆的主打果实。尤其是北疆阿勒泰地区高度重视沙棘产业发展，把浆果（沙棘）产业作为促进农牧民增收的增长点来抓。各县政府相继出台了沙棘种植优惠政策，如农牧民种植沙棘，在免费提供苗木的基础上，还对种植沙棘的农牧民提供 100 元/亩的补助金。各项优惠政策的出台提高了农牧民种植沙棘的热情，进一步推动了沙棘种植规模的扩大。当地政府积极组织有关部门参加各种与沙棘有关的博览会，通过展示沙棘产业发展成果，广泛交流、积极招商引资，推动了阿勒泰沙棘产业化进一步发展。2008 年新疆恩里德生物科技有限公司、隆濠发展有限公司等 6 家沙棘企业落户青河县，初步形成"企业＋农户＋基地"的运作模式。

4）区内沙棘种植开发具有技术支撑。新疆生产建设兵团农林科学院等单位多年来在南疆取得了扁桃、阿月浑子和枸杞等的栽培、开发利用技术，有效地促进了当地生产建设工作。北疆阿勒泰地区林业科学研究所等科研机构在青河县对大果沙棘品种的表现性状，特别是在天然蒙古沙棘、中亚沙棘分布区对野生沙棘资源性状开展了调查和测定，筛选了一些优良单株并进行了初步引种试验，并在大果沙棘标准化生产、病虫害分析、产品开发等方面积累了一定的经验。同时，中国、俄罗斯等国家林业、水保科学研究机构的专家，经常来阿勒泰地区进行有关培训和指导，使沙棘的苗木繁育、种植管理、修剪复壮等各环节的技术被越来越多的技术人员所掌握，已能够基本满足沙棘种植的需要。

（3）产业化布局。

1）蒙古沙棘、中亚沙棘：规划区域主要位于北方风沙区（Ⅱ）的北疆山地盆地区（Ⅱ-3）二级类型区，布设在缓坡台地或河漫地立地类型。

根据该区的区位特征、现有蒙古沙棘资源、加工企业和物流特点，特别是毗邻的蒙古国对当地蒙古沙棘、中亚沙棘资源的需求等情况来看，该区近期需要生产的鲜果量至少应在现有基础上再增加 $12 \times 10^4 \, t$，按亩产 100kg 鲜果匡算，规划该区蒙古沙棘、中亚沙棘近期规模为 $8 \times 10^4 \, hm^2$；远期从开拓国内外更大的市场角度入手，在近期规划面积的基础上扩大一半面积，即 $4 \times 10^4 \, hm^2$；总规划面积为 $12 \times 10^4 \, hm^2$。规划中以蒙古沙棘为主，中亚沙棘处于试验示范阶段，面积很小（占该区总规划面积的 1% 以下），不再细分。

2）扁桃：规划区域主要位于北方风沙区（Ⅱ）的南疆山地盆地区（Ⅱ-4）二级类型区，布设在缓坡台地或河漫地立地类型。

据测算，2010 年以后我国市场扁桃需求量在 $10 \times 10^4 \, t$ 以上，即需要在现有面积基础上，使可结实面积增加到 $15 \times 10^4 \, hm^2$，才能达到这一要求。按照区内目前扁桃的年产量水平，远远难以满足国内市场的需求，只能大量从国外引进。仅从国内需求量来看，考虑到该区的适宜土地资源和劳力情况，扣除三北地区其他省（自治区）如宁夏、陕西等的新增种植面积，该区扁桃规划总面积为 $5\times10^4\,\mathrm{hm}^2$（占全国宜增面积的 1/3），其中近期规划面积按 $3\times10^4\,\mathrm{hm}^2$、远期规划面积按 $2\times10^4\,\mathrm{hm}^2$ 较为适宜。

3）阿月浑子：规划区域主要位于北方风沙区（Ⅱ）的南疆山地盆地区（Ⅱ-4）二级类型区，布设在缓坡台地或河漫地立地类型。

阿月浑子（开心果）与腰果一起成为节日家庭餐桌必备果仁，国内城市的需求量很大，最保守估计也为 $4\times10^4\sim5\times10^4\,\mathrm{t}$，按亩产 100kg 计，需要新增阿月浑子面积 $3\times10^4\,\mathrm{hm}^2$。从国内外市场对阿月浑子的需求量及该区土地、劳力资源来看，该区阿月浑子近期规划面积按 $2\times10^4\,\mathrm{hm}^2$、远期规划面积按 $1\times10^4\,\mathrm{hm}^2$ 较为适宜。

4）枸杞：规划区域主要位于北方风沙区（Ⅱ）的南疆山地盆地区（Ⅱ-4）二级类型区，布设在缓坡台地或河漫地立地类型。

作为一种药食兼用型植物，枸杞的市场需求量相当大，目前仅国内市场对新疆枸杞的需求量就达 $15\times10^4\sim20\times10^4\,\mathrm{t}$。从该区的土地、劳力资源来看，该区较为适宜的枸杞种植面积约 $7\times10^4\,\mathrm{hm}^2$，其中近期规划面积按 $4\times10^4\,\mathrm{hm}^2$、远期规划面积按 $3\times10^4\,\mathrm{hm}^2$ 较为适宜。

整个工程规划面积为 $27\times10^4\,\mathrm{hm}^2$，其中近期规划面积为 $17\times10^4\,\mathrm{hm}^2$，远期规划面积为 $10\times10^4\,\mathrm{hm}^2$。

6.3.3 北方土石山区

北方土石山区主要布局核桃、枣类、沙棘等植物资源建设开发工程。

按照该区的自然特点，该区布局重点是通过高效水土保持植物资源建设，保障城市饮用水安全和改善人居环境，改善山丘区农村生产生活条件，促进农村社会经济发展。该区高效水土保持植物资源建设与开发重点是，积极开展京津风沙源区沙棘、山杏、花红、欧李等水土保持植物资源基地建设，有效防止就地起沙；重视城郊及周边地区生态清洁型小流域建设中的植物资源配置工作，立体培植各类旱生植物为主的"截沙"和以水生植物为主的"滤水"两条植物带，特别要加强河湖滨海植被带保护与建设工作；加强山丘区小流域综合治理中的油松、白蜡树等植物资源基地建设工作，发展"燕山栗"（板栗）、黄连木等特色植物资源产业。

根据前述高效水土保持植物资源筛选原则，确定的北方土石山区（Ⅲ）高效水土保持植物资源按二级区对位配置，在 5 个二级类型区（9 省区）安排高效水土保持植物 27 种。

6.3.4 西北黄土高原区

西北黄土高原区布局黄土高原东北部长柄扁桃、沙棘等植物资源建设开发工程。

（1）种植开发现状。长柄扁桃生于丘陵地区向阳石砾质坡地或坡麓、沙地，也见于干旱草原或荒漠草原。主要分布在内蒙古的蒙古高原东部、阴山、阴南黄土丘陵、鄂尔多斯高原、阿拉善东部、锡林郭勒盟（锡林浩特市、阿巴嘎旗、苏尼特右旗、镶黄旗、正镶白旗）、乌兰察布市（卓资县、凉城县）、鄂尔多斯市（达拉特旗）、呼和浩特市（大青山）、包头市（五当召、九峰山、固阳）等地，蒙古和西伯利亚也有分布。

陕西省榆林市榆阳区建有长柄扁桃（野樱桃）自然保护区 2040hm²。2008 年，陕西省神木市生态保护建设协会与西北大学、西安唐信企业发展有限公司，共同在西北大学成立了"荒漠治理与能源可持续发展研究中心"，开展长柄扁桃综合利用、产业化开发的系列研究。神木县委、县政府决定在该县沙漠地区、黄土丘陵荒漠区和采矿塌陷区，营造 $6.7×10^4 hm^2$ 以长柄扁桃为主的生态与经济兼用林，在恢复植被、治理生态的同时，形成"地下黑色能源，地上绿色能源"的布局。西北农林科技大学开展了长柄扁人工繁育栽培技术、中国科学院水土保持研究所开展了长柄扁桃水土保持效益等专项研究。神木市目前已建立长柄扁桃人工种植园 $0.2×10^4 hm^2$。

（2）开发利用定位。

1）具有长柄扁桃种植的土地条件。该区陕西、宁夏、内蒙古土地资源十分辽阔，用于种植长柄扁桃的沙地、黄土等荒漠化土地资源也较多。同时，该区与化石能源基地分布较为一致，是化石能源枯竭后建立地上绿色能源的前期实践，意义非同凡响。

2）具有先期长柄扁桃种植基础和技术条件。近年来，对于长柄扁桃的种植、试验、示范和开发，已经逐步积累了一些较为实用的经验，并在沙区种植技术方面有所突破。陕西省神木市 2000hm² 长柄扁桃示范园已经建设完毕，可以在品种、技术、效益等方面起到很好的示范作用。

3）具有发展长柄扁桃的社会基础。目前陕西等省区种植开发长柄扁桃的积极性很高。陕西省发展改革委就榆林市发展改革委、林业局上报的《长柄扁桃生物质能源林建设试点项目可行性研究》给予批复，核定新建长柄扁桃林 1000hm²、修建道路 5.2km、新建宣传牌 1 座，建设总投资为 1005 万元。以神木市生态保护建设协会为龙头，一个"公司＋院校＋基地"的模式正在该区逐步形成，将会有序推动这一工程的健康发展。

4）长柄扁桃油脂产品的市场前景十分广阔。长柄扁桃曾广泛分布于陕西北部及内蒙古沙地，耐寒耐旱，保水性良好，根系发达，具有极强的沙漠生存能力和固沙作用，其种仁富含油脂、蛋白质，可以开发食用油油、精油、生物柴油、甘油、苦杏仁苷、蛋白粉、功能性食品、饲料原料和活性炭等高附加值的产品。特别是围绕生物柴油产品开发，是解决能源问题的重要途径之一，在全世界范围内都是热点。利用长柄扁桃治理干旱沙漠地区和荒漠化黄土地区，可以把这些地区建成食绿色能源基地，提高农民种植和养护积极性，使荒漠化地区的治理实现可持续性发展，同时产生较好的生态效益和社会效益。

（3）产业化布局。长柄扁桃规划区域主要位于黄土高原东北部，即西北黄土高原区（Ⅳ）的二级区-宁蒙覆沙黄土丘陵区（Ⅳ-1）、晋陕蒙丘陵沟壑区（Ⅳ-2），布设在黄土梁峁坡、沙丘、阶地等立地类型。

市场调研情况表明，2010 年以后我国市场长柄扁桃果实油的需求量在 $8×10^4 t$ 以上，因此需要在现有面积基础上，使可结实面积再增加 $10×10^4 hm^2$（按亩产 300kg 鲜果、出 2/3 干果、出一半果仁、果仁含油率 50％计），才能达到这一市场要求，亦即该区长柄扁桃近期规划总面积为 $10×10^4 hm^2$；远期从开拓国内外市场的角度入手，在近期规划面积基础上，再增加 30％左右面积，即远期规划面积按 $3×10^4 hm^2$ 较为适宜；总规划面积为 $13×10^4 hm^2$。

此外，该区域的沙棘资源及产业发展已有一定规模。

6.3.5　南方红壤区

南方红壤区主要布局苎麻植物资源建设开发工程。

（1）种植开发现状。苎麻为荨麻科多年生宿根性草本植物或灌木，分布和适宜种植在我国温带及亚热带地区，土壤以土层深厚、疏松、有机质含量高、保水、保肥、排水性好，pH 在 5.5～6.5 为宜。我国主要产地分布在北纬 19°～39°，南起海南省，北至陕西省均有种植苎麻的历史，一般划分为长江流域麻区（包括湖南、湖北、四川、江西、安徽等）、华南麻区（包括广东、广西、云南、福建、台湾等）、黄河流域麻区（包括陕西、河南、山东等）。其中，长江流域麻区是我国的主要产麻区，其栽培面积及产量占全国总栽培面积及总产量的 90％以上，目前在继续保留原有优良品种如芦竹青（湖南洞庭湖区）、黄壳麻（湖南湘西地区）、细叶绿（湖北）、黑皮蔸（广西）等的同时，还选择培育了一些优良苎麻品种，如中苎一号、湘苎二号（圆叶青）、湘苎三号、华苎三号、华苎四号、赣苎一号、赣苎三号、太空苎麻、川苎 8 号、川苎 11 号等，对苎麻种植及开发促进作用很大。

苎麻叶晒干后含有 20.5％～23.8％粗蛋白质和较多的维生素，是良好的牲畜饲料；麻秆表皮可加工制作苎麻纤维，其纤维中间有沟状空腔，管壁多孔隙，并且细长、坚韧、质地轻、吸湿散湿快，因而透气性比棉纤维高 3 倍左右，同时苎麻纤维含有叮咛、嘧啶、嘌呤等元素，对金黄色葡萄球菌、绿脓杆菌、大肠杆菌等都有不同程度的抑制效果，具有防腐、防菌、防霉等功能，适宜纺织各类卫生保健用品。苎麻纤维是一种优良的纺织原料，被公认为"天然纤维之王"。

图 6.1　苎麻基地

苎麻织物具有粗犷、挺括、典雅、轻盈、凉爽、透气、抗菌等优点，其优越性与独特风格是别的纤维无法比拟的。它与棉、丝、毛或化纤进行混纺、交织，可以相互弥补缺点，取长补短，达到最佳织物功效。

苎麻在南方坡耕地种植的历史十分悠久，加之苎麻根系发达，固土能力很强；枝繁叶茂，覆盖率高，抗蚀抗冲力强，因此，在坡耕地种植后的水土保持效果非常显著。同时，苎麻再生能力很强，每年可收获 2～3 季以上，生长期枝叶层可全部覆盖地表，植被覆盖度可达 100％。相比栽种经果林，一般 3～5 年才进入丰产期，且郁闭度一般也只能达到 70％～80％，裸地比例大，保持水土效果相对不理想。苎麻的另一个突出优点是，一年栽种、多年受益，投资少、见效快。据报道，苎麻原料收购价最高时曾达 16 元/kg，近年来四川省一些地区采取保护措施，使原麻收购价格稳定在 8 元/kg，起到了较好的复苏苎麻产业作用。南方许多地区的实践业已证明，苎麻既是增加农民收入和出口创汇的一种优良经济植物，同时也是南方坡耕地水土流失治理的一种费省效宏、符合我国现阶段国力的高效水土保持植物。

苎麻是既可用于开发麻纺织品，又可用于枝叶入药等的多用途优良水土保持植物。苎麻纺织品在国外市场深受消费者青睐，是我国农产品中赚取外汇的重要植物。湖南沅江、湖北咸宁、四川达州是我国苎麻种植的重点地区。1987 年全国苎麻种植面积 $52 \times 10^4 \mathrm{hm}^2$，为历史种植面积最高点，近年来全国种植面积约 $8 \times 10^4 \mathrm{hm}^2$，其中四川省达州市种植面积约 $4 \times 10^4 \mathrm{hm}^2$，总产量达 7 万多吨，面积和产量均占到全国的一半左右，总产值达 5.4 亿元。四川省大竹县在现有玉竹麻业有限公司等企业的基础上，从北京引资引智，已经建成大竹青山绿水苎麻制品有限公司，拟通过墙布开发来拉动苎麻种植步伐，发展当地经济，同时保持水土。在苎麻集中种植地区，经济效益、生态效益、社会效益已初显端倪，苎麻成为坡耕地种植的重要水土保持植物，苎麻产业已成为当地农民增收、企业创收的重要途径之一。

（2）开发利用定位。

1）在南方坡耕地上种植苎麻，技术简单，容易操作，且水土保持效果相当明显。南方坡耕地面积多达 $1300 \times 10^4 \mathrm{hm}^2$，是我国水土流失的重要策源地。严重的水土流失致使土地生产力衰退，生态环境急剧恶化。目前南方坡耕地主要采取"坡改梯"工程来治理，每亩至少需要投入 $1000 \sim 3000$ 元，仅此一项国家每年就要投入资金 1 亿～3 亿元（按 10×10^4 亩计）。苎麻种植每亩只需要投入 50 元左右的栽植费（含苗木费），种植后两月左右就可全部郁闭，起到几乎与梯田相同的水土保持效果。如果通过项目带动发展苎麻种植，以年增加种植面积 1 万亩计算，将为国家节省坡改梯工程补助费用 1000 万～3000 万元。若实现产业带动种植发展，苎麻年市场需求量增加到 $0.7 \times 10^4 \mathrm{hm}^2$，每年可节省坡改梯工程补助费用 1 亿～3 亿元。

2）种植苎麻的经济收入较高，是山区农民"十二五""十三五"期间脱贫致富的重要途径之一，农民十分欢迎。"十三五"期间南方坡耕地种植苎麻，不仅为国家节约了庞大的治理费用，还可为农民增加可观的经济效益，是农民脱贫致富的重要途径。坡耕地一般分布在贫困的山丘区，农业基础设施薄弱，生产方式落后，基本农田数量不足，群众生存和发展仍然依赖于坡耕地。但坡耕地位于山高坡陡之处，水土流失严重，种植粮食作物不但劳动强度大，而且效益较差，有的地方群众温饱问题尚未得到根本解决。在坡耕地上种植苎麻，成本较低，与其他粮食作物相比，增收效果明显。在苎麻行情好的时候，新栽麻每亩产量可达 100kg 以上，与种粮食作物基本持平；成龄麻亩产量达到 200kg 以上，每亩较种粮食作物可增收 800 元以上。苎麻种植效益明显，已经成为农民解决温饱和拉动收入增长的重要因素，同时也间接拉动了水土保持治理面积。

3）通过以苎麻墙布新产品研发重新打造产业链，苎麻种植区政府部门高度重视，大力扶持。我国苎麻纺织品 95% 依赖出口，苎麻企业多面向国际市场，国内市场目前几乎没有启动。近年来，由于世界金融形势的影响，造成出口订单锐减，是导致近十多年以来麻纺企业纷纷停产的主要原因。我国苎麻种植面积的增减几乎全部依赖于苎麻产品外销。外销多了，种植面积就上去了，反之亦然。我国苎麻种植面积最大的时期是 20 世纪 80 年代中期，1987 年种植面积曾达到 $52 \times 10^4 \mathrm{hm}^2$，为历史最高点；1990 年以来，面积几上几下，最多也就 $13 \times 10^4 \sim 14 \times 10^4 \mathrm{hm}^2$；2005 年以来，面积已经下降到 $7 \times 10^4 \mathrm{hm}^2$ 左右。苎麻面积的下降，坡耕地直接转种其他农作物，意味着水土流失面积的增加。我国是一个拥有 14 亿人口的大国，国内市场十分巨大。许多专家在提出应对世界经济危机策略时都提出，出口产品最大的市场不是国外，而应立足于国内市场。苎麻产品也毫不例外，只有重视国内市场，才能将苎麻市场做大做强，也才能稳定提高苎麻种植面积，发挥其在坡耕地良好的水土保持作用。2007 年起，水利部水土保持植物开发管理中心启动实施了苎麻墙布研发项目，经过几年的中试，已生产出 3 大类 200 多种苎麻墙布产品。四川省达州市、大竹县对此产品高度重视，促进了大竹青山绿水苎麻制品有限公司的成立，为当地进一步盘活苎麻产业开了一个好头。

（3）产业化布局。苎麻规划区域主要位于南方红壤区（Ⅴ）和西南紫色土区（Ⅵ）两个一级区，涉及的主要二级区有大别山-桐柏山山地丘陵区（Ⅴ-1）、长江中游丘陵平原区（Ⅴ-2）、秦巴山山地区（Ⅵ-1）、武陵山山地丘陵区（Ⅵ-2）、川渝山地丘陵区（Ⅵ-3），布设在丘陵坡耕地上。

1987 年，全国苎麻种植面积 $52 \times 10^4 \, hm^2$，既是历史最高点，同时也是规划可以参照的一个目标。因为数十年来苎麻种植几起几伏，显然是国内外多种因素综合起作用的结果，最终还是体现在种植面积上。同时，更应注意到，当年的苎麻种植面积，大部分是位于洞庭湖周边耕地、长江中游平原地区耕地，坡耕地种植较少。目前，曾经分别占全国种植面积 1/3 的湖南沅江、湖北咸宁的种植面积急剧下降，使现有苎麻种植面积集中在四川达州等山丘区。考虑到国内目前住房建设并不十分景气，同时对外贸易尚未通畅，坡耕地用于种植苎麻的面积，还要受"坡改梯"工程、粮食种植、退耕还林等一些"争面积"因素的制约。因此，根据该区的区位特征、现有苎麻资源、加工企业和物流特点等，特别是国际市场还不景气，至少目前认为，苎麻历史种植最高面积应是与国内外市场结合较好的一个数值，南方坡耕地苎麻种植规模与历史最高水平基本相当，总面积可为 $50 \times 10^4 \, hm^2$，其中近期 $35 \times 10^4 \, hm^2$、远期 $15 \times 10^4 \, hm^2$。

6.3.6 西南紫色土区

西南紫色土区主要布局油橄榄植物资源建设开发工程。

（1）开发利用现状。油橄榄为木犀科常绿乔木树种，又名齐墩果、阿列布。主产地为地中海沿岸的以色列、埃及、意大利、希腊等国家，20 世纪引进我国。油橄榄属地中海型的亚热带树种，生长于冬季温暖湿润、夏季干燥火热地区。从我国引种栽培情况来看，它适应于我国湿热的中亚热带和北亚热带气候，有的品种在温带南缘也可生长。油橄榄 15 年进入结果期，产量逐年上升，50～150（200）年为成熟期，产量稳定，其后树势衰老，产量下降。在地中海周边国家，成年油橄榄树亩产鲜果 200～400kg，亩产油 40～60kg。从我国栽培情况来看，8～10 年即可进入结果期。其橄榄油富含维生素 A、维生素 D、维生素 K 等独特营养成分，是世界上公认的"植物油皇后"，被广泛应用于食品、医疗、美容等行业，备受各国植物油和化妆品企业青睐。

我国引种油橄榄已有 40 多年的历史，但种植规模并不大，产业起起伏伏，几经波折。一直到 21 世纪初，随着经济的飞速发展，人民生活的不断提高，油橄榄市场需求逐年增加，油橄榄种植开发才真正进入新的发展期。据统计，我国目前油橄榄种植总面积不到 $2 \times 10^4 \, hm^2$，而地处内陆腹地的甘肃省陇南市油橄榄种植面积突破近 $1 \times 10^4 \, hm^2$，占我国油橄榄市场份额的 70％以上，成为我国最大的油橄榄种植基地。

陇南属于北亚热带半湿润气候，其境内温暖湿润，光热条件优越，气候、土壤要素与地中海沿岸较为接近，是我国油橄榄的最佳适生区之一，适宜发展油橄榄的面积超过 $2\times10^4\mathrm{hm}^2$，2005 年陇南油橄榄获"中国地理产品保护"专用标志。经过 20 多年的探索和发展，目前，陇南已建成油橄榄园 200 余处，配套建设油橄榄加工厂 5 座，研制开发橄榄油、橄榄茶、橄榄酒、橄榄化妆品等产品 26 个，产品远销北京、上海、西安等城市。2011 年陇南生产油橄榄鲜果 1000t，榨油 150t，年产值达 4500 万元以上。陇南规划种植油橄榄全部进入盛果期后，年可产果 $(3\sim4)\times10^4\mathrm{t}$，产油 5000～6000t，实现产值 5 亿～6 亿元。

但是，在世界生产油橄榄的 34 个国家中，我国位居 31（倒数第 4），产量仅为名列第一的西班牙油橄榄产量的 0.05％。近年来我国进口橄榄油数量由 2002 年的 6639t 增加到了 2007 年的 10003t，6 年间年进口数量增加了 50.67％。作为潜在橄榄油消费大国，我国消费市场已成为世界各橄榄油出口国的争夺对象。同时，国际橄榄油需求的大幅度提升，使得橄榄油价格步步攀升。我国橄榄油进口价格由 2002 年的 2.47 美元/kg 增加到 2007 年的 4.65 美元/kg，进口单价提升 88％；同期花费的橄榄油外汇由 2002 年的 1641.1 万美元增加到 2007 年的 4649.2 万美元。

这些现状分析情况，说明了我国自行种植开发油橄榄的重要意义，不仅在于充分发挥土地的潜在价值，生产民之所需，造福于民；而且还在于通过自行生产橄榄油，减轻国家外汇压力；更重要的是在条件适合时，将橄榄油产品打入国际市场，赚取外汇，更好地盘活国内经济。

（2）开发利用定位。

1）具有发展油橄榄适宜的气候环境基础条件。我国具有与油橄榄原产地地中海纬度相近的一级适生区 $29\times10^4\mathrm{hm}^2$，这些适生区油橄榄种植产量可超过国际油橄榄协会提出的"较好"产量水平。另外，还有广阔的二级适生区，其种植产量可达国际油橄榄协会提出的"一般"产量水平。这些地区具有油橄榄生长发育所必需的年有效积温 3500～4000℃，年平均气温 15～20℃，土壤 pH 为 5～8.5，气候、土壤条件与地中海中心产区相似。

从前述气候、地理环境等自然因素分析，特别是我国 40 多年来的生产实践证明，油橄榄的最佳适生区在沿长江中上游及金沙江、嘉陵江、汉江等长江支流，在水土流失区的适生总面积（含二级适生区）约为 $40\times10^4\mathrm{hm}^2$。这一区域地处陕西、甘肃、四川 3 省交界处，可发挥区域优势互补、信息交流的优势，形成规模种植基地。

2）具有较好的油橄榄种植基础和技术条件。我国发展油橄榄虽因体制、管理、需求等多种原因，从 1992 年后开始衰退沉寂，但多年来的种植、试验、示范和开发，也逐步积累了一些丰富的实践经验，并在良种选育、种植技术等方面有所突破；更为可贵的是，种植区还积聚了一批实践经验丰富的专家、技术人员和群众队伍。

3）具有发展油橄榄的社会基础。目前我国种植开发油橄榄的积极性空前高涨。四川省、云南省已制定了油橄榄产业发展规划。"十三五"期间油橄榄最佳适生区的许多地方政府已将油橄榄产业作为当地群众改善生态环境、脱贫致富的支柱产业。一些地区建有油橄榄种植示范园，一些地区成立了油橄榄龙头加工企业。"公司＋院校＋基地＋农户"等一些模式正在逐步形成，将会有力推动这一规划的健康实施和发展。

（3）产业化布局。油橄榄规划区域主要位于西南紫色土区（Ⅵ）和西南岩溶区（Ⅶ），涉及的主要二级区有秦巴山地区（Ⅵ-1）、川渝山地丘陵区（Ⅵ-2）、滇北及川西南高山峡谷区（Ⅶ-2），布设于山地、丘陵的山坡、洼地等立地类型。

目前，其他地中海气候国家油橄榄产品占据了国内绝大部分油橄榄市场份额。为了争夺国内油橄榄市场，争取出口创汇，根据该区的区位特征、加工企业众多以及相对贫乏的油橄榄产业资源和便捷的物流条件等特点，将该区适宜油橄榄种植的一级、二级适生区全部用来种植油橄榄，预计我国油橄榄产量可由目前的占世界总量 0.05% 提升至 1.5% 左右。因此，规划该区油橄榄新增种植规模为 $39 \times 10^4 hm^2$，其中近期 $26 \times 10^4 hm^2$、远期 $13 \times 10^4 hm^2$。

6.3.7 西南岩溶区

西南岩溶区主要布局金银花等药用植物资源建设开发工程。

（1）种植开发现状。布局涉及植物主要包括金银花、刺梨、青风藤等药用植物。

1）金银花：金银花在国内种植十分广泛，但在侵蚀劣地种植还不常见。贵州省率先在西南地区开展了这一探讨。2003 年，以民进中央牵头编制的《贵州省黔西南州建设金银花生产、加工基地的可行性报告》上报国务院扶贫办、科技部等有关部委，引起国家高层领导的重视。同年 5 月，黔西南州完成了《黔西南州 30 万亩金银花基地建设可行性研究报告》的编制并上报上级有关部门，在黔西南州"星火计划、科技扶贫"试验区中央智力支边协调领导小组的联合推动下，30 万亩金银花基地建设被列为国家林业重点项目，于 2004 年 5 月在贞丰县珉谷镇坪上村正式启动实施，至 2006 年基本完成建设任务。2009 年，经黔西南州调查核实，该州 $2 \times 10^4 hm^2$ 金银花基地保存较好的约 $1.3 \times 10^4 hm^2$，主要分布在安龙县的德卧、木咱、龙广、笃山、新安、钱相，兴义市的则戎、泥凼，贞丰县的珉谷、沙坪，兴仁市的巴铃、新马场等乡镇，建有拱棚式、支架式金银花示范园，并在石漠化典型地区的德卧镇大水井村建有以金银花为主、其他水土保持植物为辅的石漠化区乔灌立体生态示范园。贵州省兴义市则戎乡冷洞村在石漠化荒山种植金银花 $1000 hm^2$，在几乎无土的山坡构建了一片绿色，开拓出"一杯土，一棵树，一块石头，一项产业"。冷洞村种植金银花可实现亩产鲜花蕾 $100 \sim 300 kg$（干花 30kg），平均每亩纯收入 1500 元左右。通过金银花的种植以及初加工，近年来每年产生毛收入约 250 万元，除去成本的 150 万元，净利润达到 100 万元左右，冷洞村的农户每年收入增加了 $1000 \sim 30000$ 元不等，形成了"生态、加工、销售"的生态产业格局，实现产供销有保障，从而促进金银花产业稳定健康发展，确保农民群众持续稳定增收。通过这种模式，提高了当地农民的种植积极性，从而对水土保持植物措施后期的抚育和保护提供了有力的支持。兴义市还建有飞龙雨实业公司，是当地的金银花产品加工龙头企业，该企业建有金银花加工厂 2 座，组建生产线 5 条，年加工能力为 450t，加工产品有金银花含片、金银花茶、金银花颗粒剂、金银花湿巾等，在石漠化地区起到了很好的拉动金银花种植和保护金银花资源的作用。

此外，用金银花提取的医用原料"绿原酸"在国内外市场供不应求，每千克售价高达 1000 元以上；金银花经烘晒成干品后直接出口创汇，每年出口金银花创汇达数千万美元。

2）刺梨（见图 6.2）：刺梨属蔷薇科多年生落叶丛生灌木，广泛分布于我国亚热带地

区的陕西、甘肃、江西、安徽、浙江、福建、湖南、湖北、四川、广西、云南、贵州、西藏等地，也见于日本。在国内尤其以贵州、四川、云南、陕西、湖北、湖南分布面积大、产量多。据贵州农学院和贵州省植物园在 20 世纪 80 年代初的联合普查，贵州野生刺梨资源年总产量可达到 15000t，其中毕节、黔西南、安顺、六盘水是野生刺梨分布最密集、产量最高的地区，黔南各县市也分布着大量的野生刺梨资源。

图 6.2　刺梨果实

由于贵州野生刺梨资源极其丰富，长期以来民间均有采摘刺梨鲜食、泡酒、酿酒、制药的习惯。贵州对刺梨的研究与开发利用也曾一度走在全国的前面。早在 20 世纪 80 年代初，贵州就在国内率先组织力量，对刺梨资源的开发利用进行了研究。研究范围遍及资源调查、形态解剖、细胞学、生理学、组织培养、果实营养生化、成分分析、刺梨汁保健疗效作用、人工栽培技术、品种选育、病虫防治、果实的储藏保鲜、刺梨产品的加工利用等诸多方面，其中不少研究成果在国内属领先地位，甚至得到国际公认水平。

在贵州的带动下，全国掀起了刺梨种植、产品开发的热潮，许多省、市相继到贵州引种栽培刺梨。1989 年，全国人工栽培刺梨面积达 1505hm²，尤以江苏省种植面积最大，将近占全国的 60％，全国除新疆、西藏等 8 个省份外，都不同规模地引种栽培了刺梨。刺梨被广泛用于保健食品、饲料、化妆品、医药等行业，市场上出现了刺梨口服液、刺梨蜜饯、刺梨酒等许多产品。到 20 世纪 90 年代初，全国"刺梨热"逐渐降温。刺梨生产形势跌到最低谷时全国刺梨种植面积缩小到 894hm²，缩小了 40.8％（其中江苏和广西分别缩小了 80％）。从事刺梨的企业纷纷转产，至 1993 年，贵州刺梨加工企业仅为 27 家，有榨汁机械 31 套、系列产品加工生产线 83 套，总产值达 4100 万元。

目前，贵州、广西、河南、四川等的刺梨资源丰富县村正积极探索开发刺梨产品及市场。

3）青风藤（见图 6.3）：属青风藤科落叶攀缘木质藤本植物。为岩溶地区新近发现的药食兼用型水土保持植物，在贵州省安龙县有人工栽培。

（2）开发利用定位。

1）该区为金银花、刺梨、青风藤等药用植物种植的适宜地区之一。实践证明，该区栽培的金银花等药用植物，其抗逆性能很好，只要有一点石头缝隙能用于扎根，就可以在石漠化地区生长，而且能迅速覆盖裸露地，在石漠化地区形成一片绿色，发挥其良好的生态经济作用。

2）当地向石漠化土地要效益的迫切需

图 6.3　青风藤

要。西南地区，特别是贵州省，土地资源十分稀缺，几无平地，农民庄稼常种在石窝窝中。而对于大片裸露的石漠化土地，却没法利用。金银花等药用植物在该区的栽培，使昔日的不毛之地产生了效益，甚至不次于农地的效益。

3）科技示范已走在前面，为后续实施奠定了良好的基础。贵州省黔西南州林科所多年来致力于石漠化地区植物栽培研究，挖掘出了金银花等优秀药用植物，总结了育苗技术，探索了栽培技术，形成了许多行之有效的种植模式，为该区开展规模化种植奠定了良好技术条件。

4）政府和社会力量的支持。西南石漠化地区是近年来我国水土保持工作面向的重点治理区域之一，由国家发展改革委牵头的"岩溶地区石漠化综合治理工程"已经开展了多年的工作，其中植物治理就是主攻方向之一。水利部目前业已启动了这一地区的石漠化综合治理工作，特别是以高效水土保持植物种植为特色的科技示范工作。地方各级政府、社会团体多年来做了大量的工作。所有这些，将为该规划的实施提供雄厚的社会基础。

（3）产业化布局。金银花等药用植物规划区域主要位于西南紫色土区（Ⅶ）的二级区——滇黔桂山地丘陵区（Ⅶ-1），涉及广西、云南、贵州 3 省（自治区），主要布设在山地、丘陵的坡面等立地类型。

据调查，从国外市场对我国金银花干花的需求量来看，2005 年需要 4436t，实际销量578t；2011 年需要量 3775t，实际销量 1410t。预计 2020 年对金银花干花的需求量为5350t，年销量为 2900t 左右，国际市场销量目前一直呈上升态势。国内市场潜力更大，除通过药材公司收购直接用作中药外，还有制药厂作为原料进行深加工，特别是国内一些饮料类大型行业如加多宝公司等收购金银花制作各类保健饮料茶，更是加大了对金银花的需求量，保守估计 2020 年前后国内需求量应为 10×10^4t 左右。考虑到该区的区位特征及在全国的地位、加工企业和物流特点等，应提供的金银花干花数量按 $4 \times 10^4 \sim 5 \times 10^4$t（占全国一半左右）计，由于该区现有金银花资源仅几千公顷，在规划大尺度上可忽略不计，故按亩产干花 20kg 计，规划该区金银花近期规模为 $15 \times 10^4 hm^2$；远期从发展的眼光看，在保有现在面积的基础上，再增加 70% 左右，即 $10 \times 10^4 hm^2$ 左右。金银花总规划面积为 $25 \times 10^4 hm^2$。

刺梨、青风藤主要处于恢复或开拓市场阶段，规划面积不宜太大，以面向本地需求为主开展规划。据此，确定刺梨近、远期各 $2 \times 10^4 hm^2$，青风藤按近、远期各 $1 \times 10^4 hm^2$。

6.3.8 青藏高原区

该区的根本任务是通过高效水土保持植物资源建设，维护独特的高原生态系统，保障江河源头水源涵养功能；保护天然草场，促进牧业生产。该区高效水土保持植物资源建设与开发的重点是，狠抓高原河谷及柴达木盆地周边农业区水蚀和风蚀区以沙棘、白刺、黑果枸杞等为主的水土保持植物资源建设，逐步培育生态产业基地；适度开展高山峡谷区木姜子、山鸡椒等水土保持植物资源种植，做好战略性植物资源储备。

第7章
砒砂岩区沙棘资源建设
与开发利用实例

7.1 立 项 背 景

7.1.1 背景

晋陕蒙砒砂岩区位于晋陕蒙接壤地区，介于东经 108°56′～120°00′、北纬 37°49′～40°32′，主要的河流有黄河的一级支流窟野河、黄甫川、孤山川、秃尾河及十大孔兑等，区内砒砂岩大面积裸露，气候干旱，风沙灾害频繁，是黄土高原最为严重的生态脆弱带，是连片的国家级经济贫困区；同时该区域又是我国著名的煤炭开发和能源化工基地，经济战略地位十分重要。在行政区域上包括山西省偏关、岢岚、五寨、神池 4 县，陕西省榆阳、神木、府谷 3 县（市、区），内蒙古自治区伊金霍洛、东胜、准格尔、达拉特 4 旗（区），共 11 个县（市、区、旗）的全部或部分，总面积 $3.2×10^4 km^2$，总人口 $106×10^4$ 人。

20 世纪 90 年代及之前的水文监测数据和黄河泥沙研究证实，晋陕蒙砒砂岩区是黄土高原剧烈侵蚀中心，是黄河粗砂主要来源区，是黄河下游河床沉积沙主要策源地。黄土高原输入黄河下游的泥沙每年平均约 $16×10^8 t$，其中粗砂约 $4.5×10^8 t$。沉积在下游河床的泥沙约 $4×10^8 t$，其中粗砂 $2.8×10^8 t$。晋陕蒙砒砂岩区总面积 $3.2×10^4 km^2$，占黄土高原水土流失面积 $43×10^4 km^2$ 的 7.4%，年均输沙量达 $3.5×10^8 t$，其中粗砂约 $2.8×10^8 t$，相当于黄河沉积粗砂的总量。因此，治理晋陕蒙砒砂岩区水土流失，成为减少入黄泥沙，特别是减少下游沉积沙的关键。

砒砂岩由砂岩、砂页岩组成，表层强烈风化，结构疏松，抗蚀性极差。全年的土壤侵蚀均很活跃，冬春为风蚀、剥蚀强盛期，夏秋则水蚀强烈，极易产生水土流失。当地百姓称它为"屁砂岩"，即"放屁就能把它崩塌"之意。这一地区气候干旱，天然植被稀疏，覆盖度多在 5% 以下，极难治理。新中国成立以来，国家为了治理这一地区的水土流失，投入了大量的人力、物力，采用过多种树种、多种牧草进行试验，都没有起到应有效果。从 20 世纪 80 年代开始，水利部组织在砒砂岩裸露区进行沙棘种植试验，获得了成功。从 90 年代以后，水利部在内蒙古鄂尔多斯实施沙棘治理砒砂岩的示范工程，经过几年的不懈努力，取得了明显效果，种植区植被显著增加，生态环境初步改善。实践证明，种植沙棘是治理砒砂岩区的有效措施。

沙棘系胡颓子科沙棘属植物，抗逆性强，是先锋树种、伴生树种，繁殖快，其根系生长根瘤，为固氮植物，固氮强度超过大豆的1倍。在其他植物难于成活的条件下，沙棘却能正常生长。沙棘群丛以其浓密的冠层、极强的根蘖力和密集的根系，发挥了显著而持久的保持水土、防风固沙的生态效益。人工种植沙棘1～3年开始萌蘖串根，平均每年水平辐射1～3m，单株沙棘第3年可衍生10多株沙棘幼树，迅速覆盖地表。由于沙棘的这种特性，一般每亩荒地只需种植110～200株沙棘苗，3～5年后沙棘林即可覆盖整个地面。沙棘具有投资少、见效快的特点。

沙棘生态适应幅度宽，耐瘠薄。在砒砂岩上生长几年，能够有效改良土壤，使更多的植物能够生长，为其他经济价值更多的树种创造了生存条件。试验证明，在沙棘林内种植杨树、油松等树种，能大大提高成活率和生长量；将沙棘林开垦后种土豆，其单位面积产量将成倍提高。

沙棘嫩枝叶的饲料价值高，可与号称"饲料王"的紫花苜蓿相媲美，是草场建设的优良植物。据测定，5年林龄沙棘放牧林年均每亩可提供饲草100kg，亩产值20元；沙棘为优良的燃料薪柴，是西北燃料短缺地区的主要农村能源。5年生沙棘水保林、护岸林年均亩产薪柴100kg，亩产值40元；沙棘果实和叶子等含160多种有利于人体健康的生物活性物质，是天然的食品、保健品、饮料的加工原料，沙棘经济林年均亩产沙棘果600kg，亩产值约300元。因此，种沙棘，有效益，好操作，农民有积极性。我国已有沙棘加工厂200余家，其产品包括沙棘油、医药制品、饮品等，对人体多种疾病有特殊的治疗作用，经济开发潜力很大。

沙棘具有较高的生态、经济价值和很大的开发应用潜力，是改善生态环境，发展山区经济，帮助农民增收致富的有效途径，是典型的高效水土保持植物。因此，为减少入黄泥沙，改善生态环境，推动山区发展经济，水利部沙棘开发管理中心（以下简称"沙棘中心"）于1998年启动实施"晋陕蒙砒砂岩区沙棘生态工程"，计划通过种植沙棘治理砒砂岩区严重的水土流失。

7.1.2 立项

1997年8月，在陕北召开了"治理水土流失，建设生态农业现场交流会"，对治理黄土高原作了具体部署。为了落实中央领导的指示，同年9月国家发展改革委组织国家有关部门编制了《全国生态环境建设规划》，沙棘中心按上级要求编制了《晋陕蒙砒砂岩沙棘生态减沙工程规划》，该规划中的砒砂岩沙棘治理工程被列入《全国生态环境建设规划》16个一级项目之一。

1998年初，在《晋陕蒙砒砂岩沙棘生态减沙工程规划》的基础上，沙棘中心组织编写了《晋陕蒙砒砂岩区沙棘生态工程项目建议书》和《晋陕蒙砒砂岩区沙棘生态工程可行性研究报告》。项目目标为1998—2010年种植沙棘200×10^4 hm²（3000×10^4亩），治理水土流失面积2×10^4 km²。项目建设内容包括营造沙棘水保林、放牧林、护岸护滩林、沙棘经济林、植物篱及相应的基础建设，包括大田苗圃、无性系繁殖圃、采穗圃；技术支持服务系统包括勘测设计、科学研究、技术培训、示范区建设、监测系统等工程，总投资24.5亿元。沙棘中心作为项目法人单位，负责组织实施砒砂岩区沙棘生态工程建设和维护。

2006年，按照国家发展改革委大中型基建项目投资计划管理要求，对砒砂岩区划分流域，逐片立项，集中治理。首先对窟野河流域进行全面沙棘治理，种植沙棘面积$14.5\times10^4 hm^2$，沟底布设沙棘植物拦沙坝，沟坡布设沙棘植物防蚀网，沟头沟沿布设沙棘植物防护篱，河岸布设沙棘植物柔性防护坝，沙地布设沙棘防风固沙林，基本完成窟野河流域沟壑区的沙棘治理。工程建设总投资1.9亿元（不含群众投劳和产业配套），工程综合造价91.1元/亩。此后，开展十大孔兑沙棘生态减沙工程，治理沟壑区水土流失，减少十大孔兑入黄河泥沙特别是粗泥沙，促进区域生态环境整体改善和区域经济可持续发展；立项"黄甫川等五条黄河支流沙棘生态减沙工程"，建设规模为种植沙棘$146996 hm^2$，其中沙棘生态林$136996 hm^2$、沙棘生态经济林$10000 hm^2$。工程总投资45189万元。

7.2 苗木繁育与良种选育

砒砂岩沙棘生态项目每年种植沙棘在20×10^4亩以上，高峰期达到50×10^4亩，每年需要沙棘苗木上亿棵。因此，苗木是沙棘生态工程的重要保证和关键。在晋陕蒙砒砂岩区沙棘生态工程实施以前，沙棘种植的苗木多为收购农民培育的沙棘苗木，农民为增加单位面积的产值，常常大量播种，每亩播种量一般多在30kg以上，每亩产苗量可达20×10^4株以上，沙棘苗木细弱，质量很差，直接影响沙棘种植的成活率。晋陕蒙砒砂岩区沙棘生态工程建设初期，沙棘苗木没有可靠来源，也曾收购农民繁育的沙棘苗木，不仅沙棘苗木的质量没有保证，而且由于沙棘苗木需要提前一年培育，沙棘种植季节短、用苗时间集中等原因，经常连苗木数量也保证不了。沙棘苗木数量和质量的问题直接影响了工程的实施。总结经验后，沙棘中心扶持建立了工厂化育苗的大型沙棘示范苗圃，使工程实施的苗木数量和质量有了保证。先后建设了多个苗木繁育基地，即达拉特旗沙棘示范苗圃、榆阳区牛家梁沙棘示范苗圃、暖水苗木基地、九成宫品种苗繁育基地和北京怀柔沙棘良种基地。其中达拉特旗沙棘示范苗圃和榆阳区牛家梁沙棘示范苗圃以实生苗繁育为主，北京怀柔沙棘良种基地和暖水苗木基地以扦插苗为主，九成宫品种基地以优良品种培育为主。

7.2.1 种子繁育

项目区种子繁育所需要的种子，是从沙棘种子资源区的优良群体中采集的。种子资源区选在河北丰宁县和山西岢岚、五台、方山等县。选择生长健壮、无病虫感染的优良单株或株系，于9—10月果实成熟后采用枝剪采收；或者在冬季采集冻果，并及时进行碾碾、清水淘洗、除去杂质后，晾干备用。

种子育苗主要在达拉特旗和榆阳区牛家梁沙棘育苗基地。达拉特旗沙棘示范苗圃育占地面积2000亩，建设有一套先进的微喷灌设施，年生产沙棘苗木能力为1.2亿株。榆阳区牛家梁沙棘示范苗圃占地面积200亩，通过合同育苗方式，整合周边农地育苗面积600亩，年生产沙棘苗木能力为4000×10^4株。

沙棘的种子小，皮厚而硬，并附油脂状胶膜，妨碍吸水，为保证出苗整齐，苗木质量符合要求，育苗时采取以下措施：播种时间在春季，一般当地表5cm深的地温达到9℃时开始播种，地温在15℃左右时最理想。播种前1周要进行种子处理，常用方法是：用

50℃的温水浸种后，放置一昼夜，然后捞出掺入种子体积 2 倍的干净湿沙，堆放在背风向阳处（最好放入深约 0.5m 的催芽坑内），上面覆盖草袋，每天上下翻动 2 次，保持经常湿润；待 30％种子裂口时进行开沟播种。播种量为 90kg/hm² 左右，行距 20～30cm，沟深 3～4cm，覆土 2cm。播后要适当镇压，以减少水分蒸发。播后 15～20 天开始出苗。出苗期间一定要使地表保持湿润；待苗木长到 8～12cm 时，要在早晚喷水，使土壤保持湿润，以免苗木被太阳晒死或被土面灼伤死亡。幼苗出土后应间苗两次，第一次是在第一对真叶出现时，保留株距 3cm 间苗；第二次是在第四对小叶出现时，保留株距 8cm 间苗，并及时灌水、松土、除草。一般 1 年生幼苗要灌水四五次，并在 6—7 月追施速效氮肥一次，每亩 7～9kg。

沙棘苗期的病害主要为猝倒病，其主要症状是：当幼苗出土后生长到 2～4 片真叶时，根颈处出现褐色长形病斑，病部凹陷，以后则向上、下蔓延，环缢根颈，苗木倒伏，之后死亡。其病原菌为立枯病病原菌，属真菌门半知菌亚门。猝倒病的发生时期及发病高峰期，因各地气候条件和播种时期不同而有所差异。一般自幼苗出土至 1 个月左右为发病盛期。雨量大、降雨次数多、空气相对湿度高时，发病率亦高。幼苗出土 3 个月以后，病害的危险性就不大了。猝倒病的防治重点必须放在播种以前。一旦发病，来势迅猛，未及时采取措施苗木已大量死亡，所以发病以后的处理只能是一种辅助措施。

（1）土壤及种子处理：猝倒病来源于土壤，在播种前利用化学或物理方法处理土壤，以控制或杀死病菌，是防治猝倒病的很有效和应用很广的方法。一般可用五氯硝基苯和敌克松 3：1 处理；也可在细干土中混入 2％～3％的黑矾粉制成药土，用量为 1500～2250kg/hm²。

（2）幼苗发病后的处理：用药土或药液施于苗木茎基部。如果育苗地较干，则配成浓度为 1：1000 的高锰酸钾溶液浇于苗茎基部。另外，选择 2‰的甲基托布津药剂喷洒，第二天再用 2‰的多菌灵药剂喷洒，再隔 3～4 天分别喷洒 2 次。这样连续喷施灭菌效果更好，发现病症后，施药越早越好。总之，无论用哪种药液，喷洒之后都要在 10～30min 后喷一次清水，洗净叶上药液，防止茎叶受药害。

沙棘苗期的虫害主要有地老虎类、蝼蛄类、蛴螬类、金针虫类等，主要防治措施有在土壤中施或拌入 40％乐果乳油药剂、播种前用 50％甲胺磷乳油等拌种、手工挖杀幼虫、用荧光灯或性引诱剂等诱杀成虫以及用敌百虫、乐果乳油、辛硫磷乳油等药杀。

7.2.2 扦插育苗

（1）种质采穗圃的建立。优质沙棘资源的建设，需要大量的优质种质穗条作为支撑。所以，采穗圃的建立在资源建设与开发利用区的沙棘资源建设中有着至关重要的作用和地位。北京怀柔沙棘良种基地的采穗圃的建设，最初是为良种繁育科研目的，砒砂岩沙棘生态工程实施后，为满足项目需要，扩大了采穗圃规模。同时，在项目区附近的九成宫基地、暖水基地以及附近的平坦河滩地上陆续建设了优良品种采穗圃。

沙棘属于喜光树种，同时为了使母株有更好的采条面积，其树形可以采取以下几种类型：

1)"自然形"：如果种质品种树体本身就比较矮化，则可以采取自然形状。

2) "低干平头形"：在母株定植 2～3 年后，在主干 0.8～1.0m 处截顶，侧枝不要修剪，只剪除妨碍萌条生长的基部侧枝。这种树形，可以充分采光，增加新梢产量和质量。

3) "杯形"：母株不保留主干，在母株定植 2～3 年后，在主干 0.5m 处截顶，促使侧枝的生长，从而增加新梢的萌发。

采穗圃沙棘主要树形见图 7.1。

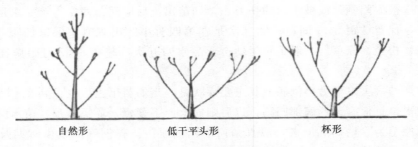

自然形　　　　　低干平头形　　　　　　杯形

图 7.1　采穗圃沙棘主要树形

（2）主要扦插繁殖技术。扦插繁殖能够培育出和母株具有相同遗传性状的苗木，非常适合建立经济林基地和人工沙棘园。扦插育苗是当地繁育种植园用沙棘苗木最为重要的一种途径。扦穗主要来源于当地引进的优良大果沙棘及表现较好的国内优良沙棘杂种。主要方法包括嫩枝扦插和硬枝扦插两种。

1）嫩枝扦插繁殖技术。嫩枝扦插作为繁殖方法的基础，是因具有较强的形成不定根和恢复整个新的有机体的能力。生根期间，它能迅速调节代谢过程，并使某些营养物质重新分配，为插条组织的再生和分化提供了所需的物质和能量。在这一过程中，生长调节剂对不定根形成的诱导起着很大的作用。因此，用植物激素处理插条，能明显促进插条生根和根的生长。这一方法在苏联被广泛应用，对不成熟的插条采用低浓度溶液处理，即吲哚乙酸 50～100mg/L、吲哚丁酸 10～25mg/L、萘乙酸 5～15mg/L；比较成熟的插条采用中等浓度溶液处理，相应为 100～200mg/L、25～50mg/L、15～40mg/L；完全成熟的插条采用较高浓度溶液处理，相应为 200～300mg/L、50～100mg/L、40～80mg/L。近年来，国内在激素的应用方面做了大量的研究，如用 50mg/L 的吲哚乙酸、吲哚丁酸、α-萘乙酸、生根粉 1 号、生根粉 2 号溶液，浸泡大果沙棘嫩枝插条，平均比对照提前生根 7.6 天，单株生根数量（条）增加 129.4%，第一条根的长度提高 10.8%，而且成活率显著提高，高、茎生长量亦有不同程度的提高；还有试验表明，即使在干旱且无灌溉的条件下，生根粉 1 号、生根粉 2 号和生根粉 3 号对于沙棘硬枝插条的生根、根的生长以及插条的成活，均有显著的促进作用。一般认为，生长素具有促进不定根形成的作用，经生长素处理的嫩枝插条，不但生根总数大于对照，而且不定根所占比例明显提高；生根剂处理，对于促进插穗提前生根和使苗木根系呈混合型发育，均具有重要意义；同时，插条自身状况仍然是决定性因素，如母树的年龄与长势、枝条的着生部位与粗度等。母株越年轻，其插条生根率越高。在同一母树上，嫩枝插条应采自树冠下部，插穗长 7～12cm，具有顶芽并保留 2～3 对叶片。

嫩枝扦插要选带顶叶的半木质化优良品种的嫩枝，插条取自枝条的中下部，一般在 6

月中旬或 6 月下旬采集。插条长度为 20～25cm。

在塑料大棚中的苗床上进行扦插，苗木的深度为 70～80cm，铺上沙子、石子或砂用泥炭土。扦插前要把插条下面 5～7cm 的叶片去掉，浸蘸生长素（吲哚乙酸浓度为 100～200mg/kg，或吲哚丁酸浓度为 20～50mg/kg，或萘乙酸浓度为 20～40mg/kg），处理时间为 14～16h，有利于插条生根。

扦插深度为 5～8cm，扦插后保持苗床土壤湿润，一般采用人工喷雾装置定时定量洒水保湿。

大棚内温度控制在 20℃左右，温度过高或过低都影响插条生根，大约 1 个月后插条生根。生根后要渐渐揭开大棚的塑料布，以便通风。

2）硬枝扦插繁殖技术。扦插用的木质化枝条一般在自然休眠期和被迫休眠期的秋、冬季或早春采集。秋、冬季采条，能正确无误地采集结实力强、果实大的优良品种母株插条，有效地控制雌、雄株的比例；早春采枝，可以采到过冬后的健壮枝条，直接进行扦插育苗，免去采回枝条后的储藏工序。

以采自 2～3 年生枝条的基部较好，直径大于 0.8cm，长 10～15cm。同时，沙棘插穗（硬枝）为皮部生根类型，根原基起源于木射线薄壁细胞、形成层和韧皮部薄壁细胞，虽说生根容易但对环境条件反应极为敏感。因此，除生长素外，扦插基质的特性以及水分、温度等均可影响插穗的生根与成活。苏联的研究表明，沙棘多数品种和类型插条生根的最佳条件是：气温 20～30℃，基质的温度比气温高 1～3℃；在插条叶面上有固定的水膜，空气相对湿度为 90%～100%，基质湿度为干土重的 20%～25%；光照为外界光照的 60%～90%。国内研究结果表明，扦插基质以河沙、锯末、沙棘林下土比例为 10：3：1 或 10：7：0 较好。

（3）扦插育苗的主要技术环节。两种扦插方法均包括采集插穗、插穗处理、苗圃整地和扦插等技术环节。

1）采集插穗：嫩枝扦插在生长季进行，随采随插。对于硬枝扦插，在早春树液未流动时采集插穗最好，这时枝条中水分多，易成活。即从选好的雌、雄株上，剪取中上部 1～2 年生光滑少刺、生长健壮、粗 0.6～1.2cm 的枝条。采条时，要把雌、雄枝条分开放置，防止混乱。将采下的枝条修枝、打捆、挂牌后放在阴凉处，用湿麻袋盖好备用。存放期间，要经常使麻袋保持湿润。育苗时把枝条剪成长 15～20cm 的插穗，下端剪成马耳形，上端直剪成圆面，在剪口下要保留一个饱满芽。插穗切面要平滑，否则会引起腐烂死亡。

2）插穗处理：把剪好的插穗整理好，每 50 根 1 捆，做好雌雄标记，在清水中浸（浸没 1/3～1/2）48h 后，再进行倒置催根，如用 0.01% 吲哚丁酸溶液或 0.02% 吲哚乙酸溶液浸蘸，更有利于发根。催根时，应在背风向阳处挖深 30cm 的土坑，坑底铺沙 10cm，将捆好的插穗倒置于沙上，捆间用沙充实，上边覆沙 5cm，沙子含水量约 60%；再用塑料薄膜覆盖，四周用土压紧，放置 20 天左右，待普遍长出幼根即可。

3）苗圃整地：整地时先施足农家肥，施入腐熟羊粪和锯末，然后作畦。畦宽 2m、长 10～15m，布设好灌溉渠道；渠垄宽 25～30cm、高 10～15cm。有时也从沙棘林中采集一些沙棘菌土，施入苗圃地结合作垄。

4）扦插：把处理过的插穗，按种类、雌雄、粗细分类后，垂直插入畦内，插穗上端露1个芽。扦插行距25～30cm、株距10～15cm，每公顷插22.5×10⁴～30×10⁴株。插穗周围镇压踩实，然后立即灌水。为了提高地温，最好用塑料薄膜覆盖。当新枝长出8cm时，保留一个健壮的新枝，其余全部清除。苗圃要及时松土、除草、适时灌水，并注意防止土壤板结，及时预防病虫害。

7.2.3 良种培育

为了满足砒砂岩沙棘生态减沙工程的需要，沙棘中心在沙棘优良品种繁育方面进行了深入的实验和研究，先后在北京怀柔和鄂尔多斯的九成宫、暖水建立沙棘优良品种繁育基地，对晋陕蒙砒砂岩区适生的沙棘良种进行了多年的选育和栽培。实验证明，直接引种俄罗斯大果沙棘，虽然果产量和品质高，但是适应性差，沙棘林很快退化，必须选育出适合晋陕蒙砒砂岩区自然条件的沙棘良种，既要抗寒旱，又要果实营养丰富、产量高。

研究人员运用先进的扦插和培养技术，通过杂交培育出了抗性强且经济高产的多个优质沙棘品种。有生态经济型和叶用型两类共7个品种。

1. 生态经济型

（1）杂雌优1号。杂雌优1号（见图7.2）是从九成宫"蒙×中"杂交群体中选育的生态经济型沙棘良种，在通体沙地8年生树高170cm，平均冠径187cm，树冠体积3.1m³，结果枝枝刺密度1.3个/10cm。果实纵径7.8mm，果实横径7.9mm，果柄长度3.0mm，百果重41.2g，单株果实产量4.4kg。

图7.2 杂雌优1号

（2）杂雌优10号。杂雌优10号（见图7.3）是从九成宫"蒙×中"杂交群体中选育的生态经济型沙棘良种，在通体沙地8年生树高238cm，平均冠径189cm，树冠体积4.4m³，结果枝枝刺密度0.34个/10cm。果实纵径8.3mm，果实横径8.2mm，果柄长度2.7mm，百果重35.8g，单株果实产量5.2kg。

（3）杂雌优12号。杂雌优12号（见图7.4）是从九成宫"蒙×中"杂交群体中选育的生态经济型沙棘良种，在通体沙地8年生树高220cm，平均冠径233cm，树冠体积6.2m³，结果枝枝刺密度0.9个/10cm。果实纵径8.5mm，果实横径8.0mm，果柄长度3.2mm，百果重30.6g，单株果实产量5.0kg。

图 7.3 杂雌优 10 号

图 7.4 杂雌优 12 号

（4）辽杂优 4 号。辽杂优 4 号（见图 7.5）是从辽宁阜新刘家沟丘衣斯科和中国丰宁的杂交群体中选育的优良生态经济型沙棘良种。树高 232.56cm，地径 8.5 cm，1 年生棘刺密度 1.6985 个/10cm，果柄长度 2.3mm，百果重 40.373g，单株产量 3.921kg。在条

图 7.5 辽杂优 4 号

件较好的平坦地带，树高 208.5cm，地径 4.07 cm，1 年生棘刺密度 0.7892 个/10cm，百果重 37.6 g，果粒密度 64.9 粒/10cm，单株产量 5.964 kg。

（5）AA54 号。AA54 号（见图 7.6）是从俄罗斯引进品种太阳和内蒙古凉城县蛮汉山雄株的杂交群体中选育的优良个体，成年树高 180cm，平均冠幅 240cm，1 年生棘刺密度 0.6 个/10cm，果柄长度 1.6 mm，百果重 30 g，结果枝数 770 条/株，果实密度平均 66 个/枝，单株产量 15.2 kg。

图 7.6   AA54 号

（6）AC2 号。AC2 号（见图 7.7）是从俄罗斯引进品种楚伊和内蒙古凉城县蛮汉山雄株的杂交群体中选育的优良个体，7 年生树高 162cm，平均冠幅 230cm，1 年生棘刺密度 0.5 个/10cm，果柄长度 1.8mm，百果重 25g，结果枝数 842 条/株，果实密度平均 45 粒/枝，单株产量 9.5kg。

图 7.7   AC2 号

2. 叶用型

杂雄优 1 号（见图 7.8）是从九成宫"蒙×中"杂交群体中选育的叶用型沙棘良种，在通体沙地 7 年生树高 260 cm，冠径 260cm，地径 7.2 cm，树冠体积 9.2m³，新梢萌生数量 5295 条。新梢棘刺密度 1.2 个/10cm，叶片密度平均 29 个/枝，百叶重 7.5g，单株鲜叶产量 11.5kg/株。叶片槲皮素含量 395mg/100g，异鼠李素含量 583mg/100g，山奈酚含量 326mg/100g，总黄酮含量 1583mg/100g。

图 7.8 杂雄优 1 号

7.3 沙 棘 种 植

7.3.1 工程布局

工程总体布局为以砒砂岩丘陵沟壑区治理为主，兼顾毛乌素和库布齐风沙区治理。在砒砂岩丘陵沟壑区实行在沟头沟沿营造沙棘植物防护篱、沟坡布设沙棘植物防蚀林、沟底布设沙棘植物防护林、河滩地建设护岸林的梯级防护体系，选择地势平坦、水分条件较好、土层较厚、集中连片区域，发展沙棘生态经济林；毛乌素和库布齐风沙区在十大孔兑两岸半固定沙地和流动沙丘丘间区营造沙棘防风固沙林，选择水分条件较好、地势平坦、集中连片的区域发展沙棘生态经济林。

7.3.1.1 工程总体布置原则

结合小流域小班调查的基本情况，确定工程总体布置遵循的原则如下：

（1）因地制宜、因害设防、梯级防护、全面治理的原则。

（2）生态效益与经济效益相结合的原则。

（3）沙棘治理措施与当地产业发展相结合，着力于向规模化、产业化发展的原则。

根据工程总体布局和总体布置的原则进行工程措施布局。在小班划分与综合调查的基础上，划定林种类型，并落实到小班。

7.3.1.2 划分立地类型

对项目区沙棘种植区划分立地类型，按不同立地类型进行沙棘种植设计。

1. 砒砂岩丘陵沟壑区

沙棘种植区域划分为以下 5 种立地条件类型。

（1）沟头沟沿：位于支毛沟沟沿线以上，为梁峁坡的边缘地带，该地貌部位包括侵蚀沟头上部的凹地和侵蚀沟两岸的缓坡地，地面较平缓，土壤一般为栗钙土、盖沙土、砒砂

岩土或黄土。

（2）沟坡：位于支毛沟沟沿线以下，沟谷底平地以上，该地貌部位地形陡峭，坡度多为 30°～40°，地表砒砂岩裸露，砒砂岩风化与泻溜侵蚀严重。

（3）沟谷底：地面平缓，既是沟坡砒砂岩风化物的堆积区，又是径流的通道，土壤相对疏松，土壤水分条件较好。

（4）河滩地：河床两侧，即长流水水位以上，发生洪水时可被淹没的区域。地面平坦，地势开阔，地表组成物质主要为淤泥、砂、砂砾石等，土壤水分条件较好。

（5）川台地及平地：地面平坦，地表组成物质为土层深厚的土壤或母质，土壤水分条件较好，较适宜沙棘生长。

2. 风沙区

沙棘种植的主要区域是半固定沙地和流动沙丘的丘间低地，由于半固定沙地和丘间荒地的土壤及土壤水分条件基本相同，因此风沙区统一划分为一种立地类型，即半固定沙地。该立地类型地面平缓，土壤为半固定风沙土，地下土壤水分条件较好。

7.3.2　整地方式和整地技术要点

项目区条件恶劣，沙棘种植整地栽植很难采用机械，主要采用人工整地栽植。沙棘栽植采用边整地边种植方式，一般不需要提前整地。

砒砂岩丘陵沟壑区的河滩地和川台地可采用铁锹整地栽植。砒砂岩丘陵沟壑区的沟道，砒砂岩十分坚硬，裸露面积大，铁锹和镐头很难挖下去，种植沙棘非常困难。在晋陕蒙砒砂岩区沙棘生态工程实施过程中，项目技术人员发明了沙棘栽植专用工具，能够在坚硬的砒砂岩上种植沙棘，用该工具种植沙棘不仅可以提高沙棘种植速度，而且可以提高沙棘种植质量。该工具可在此工程中推广使用。该专用工具在市场上没有销售，需要专门打制。可在项目区内的铁匠铺加工制作，成本 30 元/个。

库布齐风沙区的沙地，土质较松软，沙棘整地栽植采用铁锹，块状整地。整地时要注意将干沙层清走，然后挖坑栽植，严禁将干沙混入种植穴中。要注意迎风坡和背风坡，迎风坡上主要的问题是风力剥蚀严重，整地栽植要深。背风坡沙埋严重，并且落沙墒情很差，栽植沙棘要在落沙坡中下部 1/3 左右处，整地深度要适中。

7.3.3　沙棘苗木质量要求

种植前，提前做好沙棘苗木的调运安排和假植点的准备等工作，确保沙棘种植所需苗木及时到位，苗木质量可靠。

对沙棘苗木严格按照沙棘苗木行业标准要求，确保苗木质量。既要严把苗木质量关，又要严把苗木数量关。在苗木调运时，按照年度实施计划，确定需苗计划，供苗企业派送，项目总监负责组织供苗企业与施工单位有关负责人，在交接苗木时当场清点数量并签字。苗木分送农户时，也要清点数量，并经负责各乡镇沙棘种植技术指导管理的技术员和接受农户分别签字确认。运输过程中采取保护技术措施，避免苗木损失水分，运达后选择背风阴凉处挖假植坑及时进行假植，确保苗木活力。

沙棘苗木质量对沙棘种植成活率影响极大，为保证沙棘种植的成活率，项目建设所用沙棘苗木须严格执行沙棘种苗行业标准（SL 284）。

沙棘实生苗木主要指标为：株高不小于 30cm，地径不小于 3mm，侧根 3 条以上，无病虫害及机械损伤。沙棘扦插苗木主要指标为：株高不小于 40cm，地径不小于 5mm，侧根 3 条以上，无病虫害及机械损伤。所有苗木必须具有完全活力，无腐烂、干枯等现象出现。

要想培育出优质沙棘苗木，必须改变以往追求苗木高产的情况，降低沙棘苗木单产到 $3 \times 10^4 \sim 4 \times 10^4$ 株/亩，使沙棘苗木有足够的营养空间，才能保证其粗壮和有发达的根系。

7.3.4 沙棘栽植

1. 沙棘种植季节

根据晋陕蒙砒砂岩区沙棘生态工程实施经验，沙棘栽植在春季和秋季栽植效果都较好，而且春秋两季种植沙棘苗木有保障，因此该工程采用春季种植和秋季种植。

春季造林可在土壤解冻 20cm 左右时开始，至沙棘苗木发芽为止，时间一般在 3 月 20 日左右至 4 月底。在早春土壤刚解冻时种植沙棘，俗称"顶凌种植"，效果最好。此时气温较低，沙棘先发根后长叶，对后期高温和干旱抵抗力较强。时间越晚效果越差，一旦气温升高，沙棘开始发芽后再种植，如当年春季降水频繁，沙棘成活率仍能保持很高，否则沙棘成活率显著下降。

秋季栽植时间自沙棘苗木开始落叶起，到土壤结冻前止，时间在 10 月中下旬至 11 月中旬左右。据实地观测，秋季种植的沙棘在第二年春季 3 月底时已经大量萌发新根，具备了从土壤中吸取水分的根系吸水系统，有利于提高沙棘种植的成活率。秋季种植的缺点一是沙棘苗木种植后易受冬春风沙的影响，容易出现干梢现象；二是存在野兔危害，野兔是啮齿类动物，非常喜欢啃咬沙棘枝干，如栽植质量高，沙棘苗木地上部分被野兔啃断后，类似于人工平茬，对沙棘成活和生长没有负面影响，如果栽植时没有踏实，沙棘苗木会被连根拔起。因此，秋季种植沙棘要注意深栽少露、踏实。

2. 施工组织形式

项目区人口密度非常小，近年来农村劳力外流十分严重，加之近年来区域内以能源开发为主的建设活动占用了大量劳力，使得项目区农村劳动力更加紧张，很多偏远地区基本已经没有劳力。项目区人口劳力减少，使得组织种植沙棘劳力越来越难。为了保质保量完成种植任务，要做好劳力组织发动工作。

沙棘种植主要由当地农民沙棘协会、沙棘龙头企业和沙棘种植大户承担。沙棘种植任务通过合同落实到项目区各农民沙棘协会、沙棘龙头企业和沙棘种植大户。通过农民沙棘协会，可广泛发动项目区群众参与沙棘生态建设。沙棘龙头企业参与沙棘种植、抚育和管护，可以通过沙棘资源产业化开发拉动沙棘生态建设。沙棘龙头企业每年收购沙棘果叶，可以调动农民种植、管护沙棘的积极性。

在沙棘种植季节，要加大宣传力度，采取多种灵活的组织形式，将项目区劳力全面发动起来投入沙棘种植。在人口比较密集的农区，可以组织专业队种植沙棘，提高工程质量和建设规模。在人口分散的地方，可以采取一家一户承包种植的形式，劳力组织采取农户互助的形式，保证完成种植任务。延长种植时间，采取春秋两个季节种植沙棘，避开农忙时节。

在种植前，施工图设计单位技术人员组织农民沙棘协会或沙棘龙头企业等沙棘种植承包单位技术员，根据项目初步设计落实每个地块具体种植沙棘的位置和种植模式，并落实种植承包人，把所有计划种植沙棘的地块落实到人，并通过培训让所有种植沙棘的群众明确种植沙棘的技术要点、验收要求和补助标准。保证教会种植承包人种植沙棘技术要领。

种植过程中，技术人员对每个主要技术环节都要现场把关指导，保证沙棘栽植质量和成活率。

3. 栽植要点

不同立地条件下沙棘栽植要点有所不同，主要栽植技术措施见表7.1。其中，砒砂岩上沙棘栽植要点是深栽、砸实，使沙棘根系与砒砂岩母质紧密接触。沙地上沙棘种植要点是深栽、踏实。风沙土孔隙多，土壤水分不仅易向下渗漏，而且易向上蒸发，踏实环节十分重要。风沙土土壤孔隙多为大孔隙，毛管孔隙不发达，因此不必覆虚土。

表 7.1   沟坡沙棘防蚀林种植技术措施

项目	时　　间	方式	规 格 与 要 求
整地	随整地随种植	穴状整地	直径×深为 40cm×40cm
种植	春、秋或雨季	植苗	苗木直立于穴中，分层覆土踏实，覆土至根颈以上 5cm
抚育	全年	禁牧	封育 3 年

7.3.5 典型设计

1. 沟头沟沿沙棘植物防护篱

沙棘造林地立地条件：砒砂岩丘陵沟壑区沟头及沟沿。

主要技术要点与技术指标：在侵蚀沟头的集水洼地区域，从沟沿线以上 1~2m 开始，沿等高线篱带状种植，共种植 2~3 个条篱带，带间距 3m，带内 2 行，株行距 1m×1m，株间品字形排列；在侵蚀沟两岸的沟沿区域，从沟沿线以外 1~2m 开始，平行沟沿线带状种植成锁边篱，共种植 2~3 个条带，带间距 3m，带内 2 行，株行距 1m×1m，株间品字形排列，见图 7.9。采用 1 年生实生苗植苗造林。

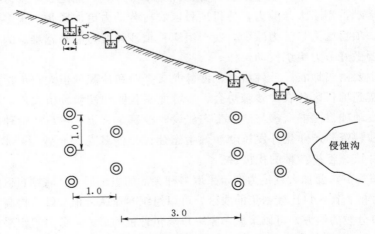

图 7.9 沟头沟沿沙棘植物防护篱典型设计图（单位：m）

2. 沟坡沙棘防蚀林

沙棘造林地立地条件：砒砂岩丘陵沟壑区侵蚀沟坡。

主要技术要点与技术指标（见表 7.2）：基本沿等高线布设种植行，株距 2m，行距 3m，1 年生实生苗，株间基本呈品字形排列（见图 7.10），栽植穴数 1667 穴/hm²。

表 7.2　　　　　　　　　　　　　沟底沙棘防蚀林栽植技术指标

林　　种	株距 /m	行距 /m	苗龄及种类		种植 方法	栽植穴数 /（穴/hm²）	需苗量 /（株/hm²）
			苗龄	种类			
沟坡沙棘防蚀林	2.0	3.0	1 年	实生	植苗	1667	1667

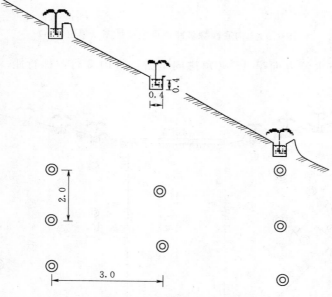

图 7.10　沟坡沙棘防蚀林典型设计图（单位：m）

3. 沟底沙棘防冲林

沙棘造林地立地条件：砒砂岩丘陵沟壑区沟谷底。

主要技术要点与技术指标（见表 7.3）：在支毛沟沟谷底部，留出水路，种植行平行水流线布置，株距 1m，行距 1.5m，见图 7.11。

表 7.3　　　　　　　　　　　　　沟底沙棘防冲林栽植技术指标

林　　种	株距 /m	行距 /m	苗龄及种类		种植 方法	栽植穴数 /（穴/hm²）	需苗量 /（株/hm²）
			苗龄	种类			
沟底沙棘防冲林	1.0	1.5	1 年	实生	植苗	6667	6667

4. 河滩沙棘护岸林

沙棘造林地立地条件：砒砂岩丘陵沟壑区河滩地。

主要技术要点与技术指标（见表 7.4）：在河床两侧或一侧的漫滩地上，以雁翅带状

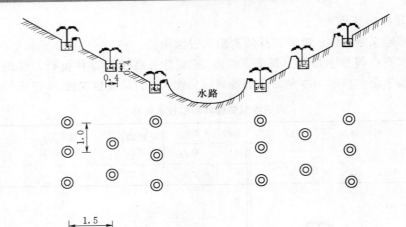

图 7.11　沟底沙棘防冲林典型设计图（单位：m）

造林，带的走向与水流方向呈 45°夹角挑向下游，带内 2 行，株行距 1m×2m，带间距 4m，见图 7.12。

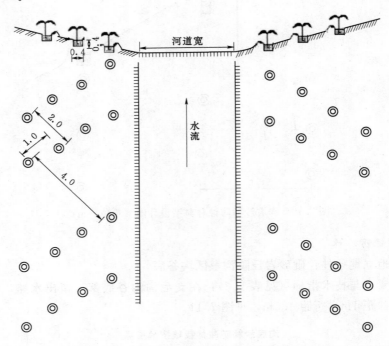

图 7.12　河滩沙棘护岸林典型设计图（单位：m）

表 7.4　　　　　　　　　　　　河滩沙棘护岸林栽植技术指标

林　种	带间距 /m	带　内			苗龄及种类		种植 方法	栽植穴数 /(穴/hm²)	需苗量 /(株/hm²)
		行数 /行	株距 /m	行距 /m	苗龄	种类			
河滩沙棘护岸林	4	2	1.0	2.0	1 年	实生	植苗	3333	3333

5. 沙棘防风固沙林

沙棘造林地立地条件：库布齐风沙区半固定沙地。

主要技术要点与技术指标（见表7.5）：行的布置要求与当地主害风方向垂直，株距1.5m，行距3m，见图7.13。采用1年生沙棘实生苗植苗造林，为防止风蚀、保证成活按一穴两株种植。

表7.5　　　　　　　　　　　　　沙棘防风固沙林栽植技术指标

林　种	穴距 /m	行距 /m	苗龄及种类		种植 方法	栽植穴数 /(穴/hm²)	需苗量 /(株/hm²)	备注
			年龄	种类				
沙棘防风固沙林	1.5	3.0	1年	实生	植苗	2222	4444	一穴双株

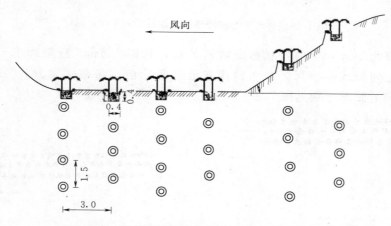

图7.13　沙棘防风固沙林典型设计图（单位：m）

6. 沙棘生态经济林

沙棘造林地立地条件：砒砂岩丘陵沟壑区川台地、平地，库布齐风沙区半固定沙地。

主要技术要点与技术指标（见表7.6）：选择距村庄较近、交通便利、地势较平坦、水分条件较好的造林地种植沙棘生态经济林。行的布置要求与当地主害风方向垂直，株距2.0m，行距3m，见图7.14。采用1～2年生沙棘良种扦插苗植苗造林。沙棘为雌雄异株植物，必须合理配置授粉的良种雄株，雌雄比按8：1配置。

表7.6　　　　　　　　　　　　　沙棘生态经济林栽植技术指标

林　种	株距 /m	行距 /m	苗龄及种类		种植 方法	栽植穴数 /(穴/hm²)	需苗量 /(株/hm²)
			年龄	种类			
沙棘生态经济林	2.0	3.0	1～2年	扦插苗	植苗	1667	1667

7. 沟底筑沙棘柔性坝

布设位置：主要在沟底布设。

整地规格及要求：按沟底总长度平均分为上下游两段，上游段每5m为一带，每带间隔距离为5m，带内穴状整地栽植沙棘，株行距均为1m。下游段每10m为一带，

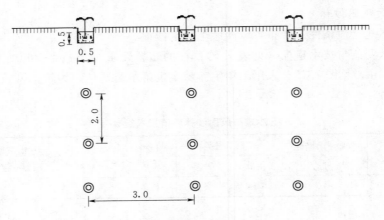

图 7.14　沙棘生态经济林典型设计图（单位：m）

每带间隔距离为 10m，带内穴状整地栽植沙棘，株距为 1m，行距为 1.5m。要求上下行穴状坑之间形成品字形，苗木选用普通沙棘壮苗，深栽踩实。上、下游段沟底筑沙棘柔性坝平面图分别见图 7.15 和图 7.16。

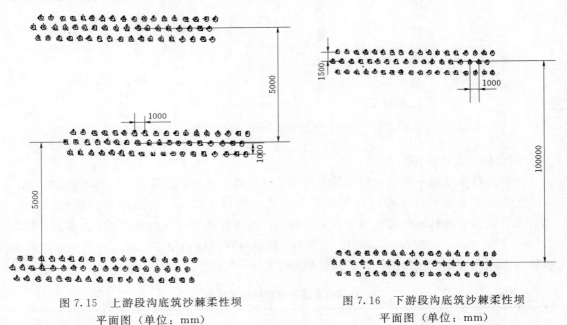

图 7.15　上游段沟底筑沙棘柔性坝　　　　图 7.16　下游段沟底筑沙棘柔性坝
　　　　平面图（单位：mm）　　　　　　　　　平面图（单位：mm）

7.4　抚　育　管　理

　　沙棘林的抚育管理是保证工程质量的重要措施，也是保持沙棘林长期发挥效益的重要手段。三分造林、七分管护，管护是关键。沙棘林的抚育管理主要包括幼林抚育管护、去雄及疏伐、平茬更新复壮等。

（1）幼林抚育管护。栽植后的沙棘林初期生长相对缓慢，不耐羊畜啃食，被羊过度啃食极易大面积死亡，因此沙棘种植后前三年必须实施禁牧；加强沙棘幼林的成活率检查，对未成活的空穴在下一种植季节及时进行补植；对1～3年沙棘幼林，还应进行松土锄草，蓄水保墒，减少杂草与沙棘幼树争水争肥，促进沙棘苗木成活和生长。

（2）去雄及疏伐。利用实生苗造林具有成本低、抗逆性强的优点，但沙棘雌雄异株，林分中存在大量不结果的雄株。据实地调查，利用实生苗造林，沙棘林中雄株的比例高达45％～65％，过多雄株影响沙棘林的结果量。为此有必要去除部分沙棘雄株，可相对增加能结果的雌株比例和营养面积，从而增加单位林分沙棘产果量。此外，沙棘萌蘖力强，沙棘林4～5年后密度可达600～1200株/亩，林分密度大，透风、透光差，也会影响沙棘的结果量。所以沙棘林分应经常进行疏伐。

（3）平茬更新复壮。沙棘林长期不进行平茬，就会出现生长停滞、枝梢干枯等衰老现象，严重时甚至会导致沙棘林成片死亡。通过平茬更新，沙棘林能够复壮。沙棘的平茬可在造林后8～10年开始，水分条件好的地带，沙棘生长旺盛，丰产期维持时间长，平茬时间可稍晚，反之，平茬可开始早些。平茬间隔期以8～10年为宜。平茬自树木落叶后至发芽前均可进行，以早春土壤未解冻前最好。平茬方式应采用带状平茬，即每隔3～5m沿水平方向砍3～5m宽的条带。

7.5 沙棘病虫害防治

沙棘主要病害是沙棘内真菌病害、沙棘疮痂病、沙棘褐腐病、干枯病等。常见沙棘虫害有沙棘木蠹蛾、红缘天牛、沙棘巢蛾、舞毒蛾、金龟子、蚜虫等。

沙棘病虫害防治要贯彻"预防为主、综合防治"的原则，把检疫、造林技术措施、生物防治结合起来，在沙棘休眠期，结合修剪清除病枝枯枝。在病虫害高发期，喷撒波尔多液、石硫合剂、高锰酸钾液、硫酸亚铁液等，有良好效果。对沙棘虫害防治，尽可能采用生物防治措施，加强沙棘林经营和复壮等技术措施。

7.6 保 障 措 施

在"晋陕蒙砒砂岩区窟野河沙棘生态减少工程"中，"政府＋农民沙棘协会＋企业＋农户"的生态项目运行管理机制发挥了很好的作用。农民沙棘协会这一独特的组织形式，专门负责沙棘的种植、管护和沙棘果的采收，既大大提高了沙棘种植成活率和保存率，确保了项目资金的使用效果，又使广大农民从沙棘种植中真正得到了实惠。农民沙棘协会的出现，使产业开发拉动沙棘生态建设的机制更加完善，作用更加明显。

在"政府＋农民沙棘协会＋企业＋农户"的项目运行管理机制中，政府负责投资生态建设，获取减沙效益；种植任务通过合同落实到各农民沙棘协会和沙棘龙头企业。农民沙棘协会负责组织农民进行沙棘的种植和抚育任务；沙棘龙头企业承担部分的生态经济林建设并负责项目所种沙棘的果实收购。农户负责种植沙棘，经营沙棘林，采收沙棘果实，获取经济收益。种植后的沙棘林，通过"谁种植、谁所有、谁管护、谁受益"的原则落实到农户。各农民沙棘协会和沙棘龙头企业在承担项目的种植任务时，需要根据项目的年度种植计划，协调旗县、乡镇政府和村民委员会，落实种植地；聘用和管理技术人员，给予农民种植沙棘技术支持；组织劳力完成沙棘种植工作；落实沙棘的抚育和管护工作；配合项目的验收工作；给农民兑现种植费和管护费等。

　　沙棘龙头企业参与沙棘林建设，并承诺对沙棘果叶的收购，消除了农民种植沙棘的后顾之忧。农民沙棘协会根据沙棘企业的需要组织农户采果、采叶，为沙棘企业的原料供应提供了保证。农户从沙棘果叶的采收中获取了利益，极大地调动了农民种植与管护沙棘的积极性。这种合作机制既形成了沙棘企业的产业基地，又保证了项目的成功建设。

7.6.1　组织管理形式

　　项目采用项目法人责任制的基本建设项目管理制度。项目法人负责前期工作、工程建设和建成后的运行管理，对项目建设全过程负责，委托有关专业技术服务单位承担项目设计和监理任务；委托当地农民沙棘协会和沙棘龙头企业等组织农户种植沙棘；在与种植沙棘农户签订沙棘种植合同中提出包收沙棘果实的条款，并明确规定最低保护价收购沙棘果实。这种管理模式在项目实施过程中减少了很多中间环节，提高了项目管理效率。

　　水利部沙棘开发管理中心是我国沙棘行业的主管部门，在沙棘生态建设技术、项目管理、沙棘苗木良种培育、沙棘资源产业化开发等方面做了大量富有成效的工作，组织推动我国沙棘事业快速发展，走在了世界前列。在该项目实施中，水利部沙棘开发管理中心作为项目法人，很好地组织协调参与项目建设有关各方的关系，调动各级政府、部门和广大农民的积极性，并在项目建设中全面考虑项目各项目标，把减少黄河泥沙作为项目实施的首要目的，始终突出治理难度最大的砒砂岩沟壑区和库布齐风沙区的重点治理，保证项目明显减少入黄泥沙。沙棘中心也非常重视沙棘产业开发工作，从沙棘加工、产品研发到销售不断开拓创新，沙棘资源开发产业链已初步形成，为砒砂岩沙棘生态建设与开发利用打下了坚实基础。

7.6.2　以工程监理制、招标投标管理制、项目公示制为核心的工程建设管理体系

7.6.2.1　工程建设监理

　　项目可实行建设监理制，聘用具备资质条件的监理单位承担项目监理。

　　项目监理的主要内容：项目实施的全过程，包括沙棘苗木数量与质量、种植质量与数量、实施进度、种植费及兑现情况等，确保工程实施的规范性、持续性，控制工程建设质量、投资与进度。

　　监理工作的组织：由项目法人单位聘用对项目区基本情况熟悉、对沙棘项目实施特点了解、具备资质条件的监理单位进行项目监理。监理单位要分片派出监理人员，在项目实施的几个重要时段实施旁站监理。重要时段包括沙棘种植前的地块落实、苗木准备、种植农户落实阶段和沙棘种植期间、验收阶段、沙棘种植费兑现阶段等。监理单位要依据有关国家监理规范、规定，以年度为监理周期，提交监理报告。

7.6.2.2　招标投标

　　（1）编制和审定招标文件。招标文件由招标单位（项目法人）和招标代理单位共同编

写，招标代理单位统稿，由招标单位和招标代理单位共同审定。

（2）发布招标公告。按照有关规定在《中国水利报》、中国采购招标网等有关媒体上发布招标公告。

（3）评标办法。为保证苗木质量好、价格合理、及时供应、后期产量等多目标，可采用综合评估法。根据投标人的投标报价、供货期、质量标准、资源配置及企业业绩、社会信誉及服务承诺等方面对招标文件满足程度进行综合评价、打分。

（4）开标和评标。开标会由招标单位主持，招标代理机构负责组织。会议由招标单位、招标代理单位、上级监察人员、评标委员会专家和投标人参加。评标工作由评标委员会负责，评标后，排出中标人的排列顺序，编写综合评标报告，上报招标领导小组。

（5）定标与发布中标通知。根据评标委员会的评标结果确定中标人，并由招标代理向中标人发布中标通知书，同时将中标结果通知未中标人。

7.6.2.3 沙棘种前种后公示制

为加强项目管理、提高工程质量与效益、保证资金安全并充分调动农民种植管护沙棘的积极性，项目采取种前和种后两个公示，即在每年工程实施前，通过召开乡村会形式和对农民宣传的方式，公示项目的种植地点和任务，农民自愿参与工程的建设；沙棘种植验收后，验收面积结果和应该兑现的种植费在乡政府张榜公布向农民公示，接受农民的监督。

7.6.3 宣传和技术培训

按照"分层逐级培训"的原则，根据项目进展情况，对参与项目实施的各级组织者、技术人员、种植农户，开展形式多样、内容丰富的宣传和培训。使项目区广大群众了解沙棘的生态作用和经济开发价值，熟悉项目实施流程，掌握沙棘种植技术要点，了解沙棘采果等技术要求，为项目实施、资源保护及开发利用奠定基础。

（1）广泛宣传，全面普及沙棘种植科技知识。通过印发技术材料、举办培训讲座、利用村务公开栏和可视传媒对项目的机制、种植技术、兑现政策标准以及沙棘的经济价值等广泛宣传，提高了广大干部和群众种植沙棘的积极性，也增强了大众保护环境的意识。

（2）重视技术培训，确保种植技术家喻户晓。按照分层逐级培训的原则，每年根据年度计划和项目进展情况，对参与项目实施的行政、技术和管理人员开展多种形式的培训。通过培训，使有关人员能够详细了解国内外沙棘最新动态，熟悉项目实施流程，掌握种植技术要点。

7.6.4 以分层验收制、报账制为核心的监督管理措施

1. 分层验收制

沙棘种植检查验收是砒砂岩沙棘生态工程最后也是最为重要的一道环节。沙棘中心每年在春秋两季，集中时间和力量，严格按照随机抽样法，现场勾图、记录，严格把关，认真开展检查验收工作，确保了项目的实施效果。沙棘种植经过一个生长季节后开始验收。项目种植承包单位在种植完成后，按照水土保持项目验收国家标准，结合项目的具体特点，制定《砒砂岩沙棘生态减沙工程项目种植承包单位自查标准》。按照该标准的要求组

织技术人员和种植农户，对种植任务完成情况和质量进行全面自查。计算种植面积时以小班为基本单位，汇总具体农户本年度所种植小班数量及合计面积。种植承包单位自查完成后，按照要求将结果（包括报告、表格和图）报送项目法人单位。

项目法人单位按照水土保持项目验收国家标准，在项目种植承包单位自查完成后，由项目法人单位牵头，组织技术人员、实施承包单位有关人员、设计与监理单位有关人员组成联合验收组按验收标准进行验收。验收要求对所有旗（区）的实施项目按小流域进行抽样核实，各小流域抽样比例不低于 3%，抽样采取随机抽样方法。对抽取的地块，现场核实种植面积和种植质量、成活率，核实结果经所有参与现场验收的人员签字确认。根据抽样结果，反推种植合格面积。通过严格验收，保证项目保质保量完成任务。

通过承包单位自查验收、水利部水土保持植物开发管理中心组织检查验收和国家终期验收，层层把关。

（1）严格检查验收时间。每年 5 月前后，沙棘中心组织各检查组分赴相关项目区，现场督查沙棘种植情况，及时发现问题，并解决问题。每年 9 月前后，再次组织验收组，对各项目区当年种植面积、质量及成活等情况，进行实地抽查，推算种植面积，作为种植款项发放的依据。

（2）严格检查验收方式。沙棘中心在各农协自查验收的基础上，统一组织全面验收。验收采取抽查的方式来核实自查验收结果的准确性。随机抽取图斑，到实地核查，推算种植面积。同时，将自查结果的准确率与技术人员、监理人员的奖励挂钩，体现奖罚的公平性。

（3）严格检查验收标准。各检查验收组能够认真对照有关标准，逐年逐块逐项逐条检查，对每项内容是否达到要求作出客观评价。

（4）严格检查验收成效。检查验收中注意了收集、记录各类资料和现象，在与农协（原项目部）、监理单位等交换意见时，对工作情况、存在问题提出客观评价，充分肯定工作成效，明确提出存在的问题，并提出具体整改意见，使检查验收不停留于形式，从而更好地服务于工程建设。

2. 报账制

沙棘种植费在项目区银行设有专款账户，种植抚育资金支付实行报账制。水利部水土保持植物开发管理中心对年度实施成果进行实地验收，将成活率和种植密度合格的面积确认为资金兑现面积。以验收结果为依据，水利部水土保持植物开发管理中心向项目区存放资金的银行开具沙棘种植合格证，银行依据该合格证为种植沙棘农户支付种植费用。

7.6.5　项目完成后的管护

沙棘林具有较高的经济开发价值，在沙棘产业开发拉动下，项目区农民采摘沙棘果、叶可以获取较高的直接经济收益，是带动当地农民种植和管护沙棘的直接动力。沙棘种植后到沙棘林大量结果，一般要 3 年时间，这 3 年每年沙棘林管护由项目法人单位给予管护补助，3 年后沙棘林可以采果时，由农户自筹资金抚育管护。项目法人单位加大沙棘产业开发力度，保证在 3 年管护补助结束后，农民沙棘林中所产沙棘果能够按最低保护价收购，以此持续调动农民管护沙棘资源的积极性。

通过签订种植协议和实施产权预先确认制度保证沙棘后续管护工作的落实。本着"谁种植、谁所有、谁管护、谁受益"的原则，在项目种植沙棘前，项目法人单位与农户签订沙棘种植合同中，明确沙棘林的经营权与管护义务，并明确以保护价收购沙棘果。沙棘林经济效益十分显著，足以调动农户经营管护沙棘资源的积极性。同时，项目所在市、旗（区）、乡镇等各级政府都有管好沙棘资源的义务，乡镇政府则在保护沙棘资源方面负有直接责任，要把沙棘资源管护纳入议事日程，分片包干，加强禁牧，进一步明晰产权，保护沙棘种植户的合法权益，引导农民保护和合理开发利用沙棘资源。市、旗（区）水保部门要把沙棘资源的管护纳入水土流失预防监督的日常工作，加大宣传力度，指导地方政府、组织农民种植户管护、经营抚育沙棘林，查处放牧等破坏沙棘资源的违法案件。

7.6.6　沙棘资源产业化开发配套措施

沙棘资源开发利用既是农民长期稳定获取经济收益的保障和沙棘资源得以持续管护的动力，又是促进人类健康的功在当代、利在千秋的伟业。多年来生态建设实践表明，若无产业拉动，群众从生态建设中不能获取实实在在的经济收益，群众就难有参与生态建设的积极性，生态建设的成果也难以长期保护。

自 1985 年水利部组织开发沙棘以来，我国沙棘产业有了很大的发展，沙棘产品由过去单一的饮料发展到现在的药品、保健品、酒、醋、化妆品等多个品种，但沙棘产业开发总体情况仍然未达到较充分的市场化水平，很多沙棘资源区存在收购原料有限、资源利用率低的情况，严重影响了当地政府和农民种植沙棘的积极性，一些地区甚至出现了边种植边破坏的现象。砒砂岩沙棘生态建设也存在类似情况，在沙棘资源未开发利用前，绝大多数地方干部群众认为种植沙棘没有用处，既不乐意种植，也不注重管护，结果是种植沙棘质量差，种植后破坏严重，导致项目区在晋陕蒙砒砂岩区沙棘生态工程实施以前所种植的沙棘几乎破坏殆尽。要改变这种状况，必须加强沙棘资源产业开发工作，保证地方群众从沙棘建设中获取直接经济收益。

沙棘资源的开发利用，只有形成从加工、产品研发到销售的完整产业链才能够得以实现。产业开发必须以资源建设为基础，考虑沙棘资源的开发潜力，充分发挥不同区域优势，合理安排沙棘开发利用布局。

根据当时我国沙棘资源产业发展现状和砒砂岩沙棘资源建设情况，项目区产业开发的布局是在项目区的鄂尔多斯市东胜区、沙圪堵建立沙棘原料加工基地，主要进行沙棘果、叶的原料粗加工和部分初级成品加工，依托在北京建设的沙棘深加工基地和沙棘新产品研发中试基地以及沙棘市场开发和销售中心进行深加工、新产品研发和沙棘产品销售。

7.6.6.1　研发中心

在砒砂岩沙棘生态工程启动的 1998 年，沙棘中心在北京创立了集沙棘新产品研发、中试和市场推广为一体的"高原圣果沙棘制品有限公司"。公司设立后，整合了沙棘中心下属的江河沙棘公司和怀柔苗木繁育基地。

（1）建立了研发中心，完成了沙棘叶申报国家新食品资源的基础研究工作，于 2013 年获得国家卫计委"新食品资源"批复。开发了 7 个保健功能食品：嘿斐软胶囊（国食健字 G20070131），功能为对辐射危害和化学性肝损伤有辅助保护功能，主要成分为沙棘油；

沙棘黄酮软胶囊（卫食健字 2000 第 0426 号），功能为调节血脂，主要成分为沙棘籽、沙棘果肉提取物；呗菲口服液（国食健字 G20090579），功能为减肥、缓解体力疲劳，主要成分为沙棘果汁、左旋肉碱；怡康茶（国食健字 G20141099），功能为通便，主要成分为沙棘叶、决明子、黄芪、火麻仁；等等。

（2）引进德国高科技设备，建设了沙棘提取物产品中试生产线。先后完成了沙棘叶黄酮提取工艺研究，提纯度到达 90％以上，并获得专利；沙棘籽油、沙棘果油提取技术。

（3）专家挂帅，协同攻关。沙棘中心为加强沙棘科研实力，在砒砂岩沙棘生态项目启动后，聘请的中医、中药及保健食品方面的专家有徐铭渔（北京西苑中医院主任医师）、顾清萍（天津达仁堂公司原总工）、杨万政（中央民族大学教授）、吴大诚（四川大学教授）、张玉梅（北京大学教授）、王玉（兰州大学教授）、张季科（山西大学教授）、滕晓萍、邹元生等，其中滕晓萍、邹元生曾为沙棘中心的专职研究专家。张玉梅、吴大诚、杨万政教授的团队受沙棘中心委托开展了专题攻关项目。

7.6.6.2 原料加工

原料加工基地建设开始于 2000 年，在鄂尔多斯市的准格尔旗原旗政府所在地沙圪堵，将原水保局院子改建为沙棘原料加工厂。该厂的加工能力只有 2000t，加工工艺是最原始的带枝条压榨分离枝果，果汁品质较差。但已经是当时周边约 200km 内规模最大的正规沙棘原料加工厂。每到收购季节，厂外马路上送沙棘果的车辆排队达数千米长。

为了适应项目区沙棘果加工需要，沙棘中心 2005 年在鄂尔多斯东胜区铜川镇，投资 6000 万元建设了全世界年生产能力最大、技术先进的沙棘果生产加工基地，总占地面积为 246 亩，年处理沙棘果实 $2 \times 10^4 t$，在沙棘枝果脱离技术上，大胆创新，将大型流体化速冻装置应用于沙棘果加工的企业，建立了一条现代化的具有综合加工能力的沙棘加工生产线，进行了沙棘果枝分离、籽皮分离的技术改良和升级，可得到杂质含量低于 2％的中国沙棘纯果；自主研发出了一套全新的沙棘黄酮提取技术工艺，提取出的沙棘黄酮纯度由原来的 35％提高到了 90％以上。沙棘原料从采摘到加工 24h 完成，所有沙棘加工过程中所产生的果皮、果肉、果汁、种子，均按照其各自的特性被收集和处理，并进行进一步的加工。在整个加工过程中基本上无废料排放，所有的产品或副产品将作为进一步加工的沙棘产品原料。大大降低了沙棘果中营养成分的损失，确保了产品品质。高原圣果公司先后通过了国家的食品出口卫生注册、ISO9001：2000 质量管理体系国际认证、HACCP 食品安全体系国际认证，以及欧盟及美国的有机食品认证。目前主要产品包括沙棘果汁、沙棘浓缩果汁、沙棘口服液、沙棘茶叶、沙棘种子等。

随着高原圣果公司落地东胜区铜川镇，东胜区政府加大了扶持沙棘产业的力度，投资近 1 亿元开始建设占地面积 2.5km² 的沙棘产业大型加工园区。先后引进以下 7 家沙棘加工企业：

（1）鄂尔多斯市佳音沙棘食品有限公司：于 2007 年正式入驻沙棘工业园区，占地面积 130 亩，投资 1.5 亿元。

（2）内蒙古水域山饮料有限责任公司：隶属于珂维璐集团，成立于 2008，注册资金 1 亿元。公司致力于沙棘种植、研发和深加工为一体的产业化经营模式，在全国范围内销售以沙棘果汁饮品为主的系列产品。

（3）鄂尔多斯市天骄资源发展有限责任公司：公司下设万吨沙棘醋车间、万吨沙棘酱油车间、沙棘原料处理车间、饮料车间、茶叶车间、饲料加工车间、沙棘食品研究所及沙棘协会。公司现有产品为：天骄牌沙棘醋、沙棘酱油、沙棘叶茶、沙棘饮料、沙棘果蜜腐乳、沙棘饲料、沙棘叶黄酮、OPC、沙棘籽油等。

（4）内蒙古鄂尔多斯市伊丽达生物制品有限责任公司：于 2006 年进入沙棘产业领域，入驻铜川镇沙棘工业园区，厂区占地面积 238 亩。公司一期投资 5100 万元建立沙棘产品生产线，建成后年产出沙棘油软胶囊 2000 万粒、沙棘黄酮胶囊 5000 万粒、沙棘营养口服液 3000 万支、沙棘营养化妆品 100 万瓶和沙棘果酒 2000t。

（5）鄂尔多斯市蒙派食品有限公司：以生产果蔬糕系列产品为主，是国内较早生产沙棘糕的厂商。沙棘果糕是该公司的主打品牌。

目前，沙棘工业园区已基本建成了沙棘原料处理、有效成分提取、食品药品保健品生产等加工体系，并开始向集群化发展。沙棘原料处理能力达到 10×10^4 t/a。沙棘产业的稳步发展，直接带动农民采摘出售沙棘果、叶、枝收入显著增加。

7.7　项　目　效　益

7.7.1　水土保持效果明显，生态环境有较大改善

截至 2018 年底，砒砂岩沙棘生态工程共种植沙棘 762×10^4 亩，在条件适宜的情况下，两年树高可达 1.5m，一般条件下，沙棘 3～4 年生长量平均达到 1.8～2.5m，基本郁闭成林。由于地面植被增加，地下根系发达，兼之枝叶缓冲，降低了雨水对地面的冲击强度，提高了土壤的入渗能力，减轻了土壤的沟蚀程度，沟道种植沙棘 5 年淤积泥沙厚度可达 1m 以上。初步测算，到 2006 年，项目区 1998—2003 年间种植的沙棘减沙 6808×10^4 t，按每吨入黄泥沙至少造成 10 元直接损失计，即已形成 68080 万元的减沙效益。

沙棘耐寒、耐旱、耐瘠薄，根系发达，除涵养水分、减沙作用外，在促进项目区生物多样性方面作用明显。项目实施以来，区内生态群落发生明显变化，原来寸草不生的砒砂岩上长出了茂密的沙棘灌丛，为其他植物生长创造了有利条件，植物种类和多度显著增加，随着沙棘林木的生长，木本、草本植物错落相伴、共同发展的生物局面也已经开始形成。狐狸、野兔、山鸡、蛇类开始出没，鸟类活动增加；由于沙棘根系发达，且具有固氮作用，有利于增肥地力，土壤肥力随之加强。监测研究表明，与背景土样相比较，项目实施以来（沙棘生长期 5 年）全氮量增加 0.09g/kg，变化幅度为 74.17%；有效氮量增加 2.30g/kg，变化幅度为 32.86%；土壤有机物含量由种植前的 0.82g/kg 增加到 2.21g/kg，增长了 169%。说明沙棘生态项目的实施兼具有促进土壤改良的作用。

7.7.2　减灾成效显著

沙棘生态工程的实施，降低了爆发生态灾害的概率，抑制砒砂岩地区的粗砂下泄进入黄河的作用初步体现，从长远看还可以起到延长万家寨水库使用年限的作用，兼有节省防洪、清淤及下游河道整治费用的作用，其减灾的间接效益难以计算。2002 年，鄂尔多斯

市最北端的达拉特旗遭遇百年不遇的大洪水，项目区内降雨量高达 128mm/24h，却没有形成灾害，与之相对应，同年同日降雨量仅为 60mm/24h 的非项目区却严重成灾，洪水摧毁了自新中国成立以来所建设的几乎全部水利工程设施。说明沙棘生态工程具有确实可信的减灾效果。

在沙棘生态项目实施的流动和半流动沙漠区，由于种植沙棘产生的防风固沙作用，降低了风沙成灾的概率。截至 2016 年，地处毛乌素沙漠南缘的陕西省榆林市榆阳区，通过沙棘工程建设，使几万亩流动沙丘得到固定和半固定。

7.7.3　经济效益已开始显现

沙棘是优良的经济树种，其果实、叶片乃至枝条均有各自的经济价值，可为种植者带来较丰厚的经济收入。一般情况下，4 年生沙棘开始挂果。项目区农民除种植、管护收入外还有采叶摘果收入。东胜区布日都梁镇补洞沟村农民李家夫妇二人，2004 年冬季，每天采果 75～125kg，采果 30 天，收入 2400 余元；准格尔旗西召乡炭窑渠农民高福生老两口 2004 年每天采果 85～90kg，采果 20 天，收入 1600 多元。沙棘工程建设使得一大批乡村、农户靠种植沙棘和采叶收果实现了增收致富，为当地农业、农村、农民增添了新的经济增长点，为构建社会主义新农村起到了促进作用。

7.7.4　社会效益显著

沙棘生态工程自 1998 年建设至今，已经开始发挥了"恢复天然植被、防止沙丘活化和沙漠面积扩大"的作用。项目坚持"按小流域逐个治理"的技术路线，稳扎稳打，实效显著，收到了综合治理水土流失的效果。从促进社会进步和农民增收方面，项目实施几年来，不仅减轻了洪水造成沟道继续下切及延长所带来的危害，还促进了项目区农村的社会进步。在项目实施过程中，整修、新建了大量的生产道路，增强了农村基础设施；通过合同关系种植沙棘，为农村经济发展、农民增收创造了新的途径；项目资金惠及千家万户，一般村子户均年收入在 300～1200 余元，最高村达到 2100 元。内蒙古自治区准格尔旗召乡炭窑渠村是沙棘生态建设的重点村，全村共有人口 1072 人，全年全村人均从沙棘上收入为 310 元，其中有 30 家农户户均收入达到 5000 元。

参 考 文 献

［ 1 ］ 张光灿，胡海波，王树森. 水土保持植物［M］. 北京：中国林业出版社，2011.

［ 2 ］ 沈海龙. 苗木培育学［M］. 北京：中国林业出版社，2009.

［ 3 ］ 石清峰. 太行山主要水土保持植物及其培育［M］. 北京：中国林业出版社，1994.

［ 4 ］ 张超波. 水土保持植物措施原理［M］. 北京：知识产权出版社，2015.

［ 5 ］ 杨建民，黄万荣. 经济林栽培学［M］. 北京：中国林业出版社，2014.

［ 6 ］ 王进鑫，陈存及. 水土保持经济植物栽培学［M］. 北京：科学出版社，2012.

［ 7 ］ 田国启，邝立刚，朱世忠，等. 山西森林立地分类与造林模式［M］. 北京：中国林业出版社，2010.

［ 8 ］ 周鸿升. 退耕还林工程典型技术模式［M］. 北京：中国林业出版社，2014.

［ 9 ］ 郭廷辅，段巧甫. 水土保持经济与生态文明建设［M］. 北京：中国水利水电出版社，2015.

［10］ 张光灿，刘霞，赵玫. 水土保持林体系结构及其保持水土功能综论［J］. 福建水土保持，1999（3）：18 - 20.

［11］ 鄂竟平. 树立和落实科学发展观 推进我国水土保持事业的新发展［J］. 中国水土保持，2005（5）：1 - 5.

［12］ 胡建忠，邰源临，李永海，等. 砒砂岩区沙棘生态控制系统工程及产业化开发［M］. 北京：中国水利水电出版社，2015.

［13］ 胡建忠. 全国高效水土保持植物资源配置与开发利用［M］. 北京：中国水利水电出版社，2016.

［14］ 梁少华. 植物油料资源综合利用［M］. 南京：东南大学出版社，2009.

［15］ 樊金拴. 野生植物资源开发与利用［M］. 北京：科学出版社，2013.

［16］ 应俊生，陈梦玲. 中国植物地理［M］. 上海：上海科学技术出版社，2013.

［17］ 陈灵芝. 中国植物区系与植被地理［M］. 北京：科学出版社，2014.

［18］ Annika Kangas, Matti Maltamo. 森林资源调查方法与应用［M］. 黄晓玉，雷渊才，译. 北京：中国林业出版社，2010.

［19］ 周鸿升. 退耕还林工程典型技术模式［M］. 北京：中国林业出版社，2014.

［20］ 崔国贤. 苎麻栽培与利用新技术［M］. 北京：金盾出版社，2012.

附录 水土流失类型区高效水土保持植物名录

二 级 区		省 （自治区）	主要高效水土保持植物
代码	名 称		
Ⅰ-1	大小兴安岭山地区	黑龙江	杜松、接骨木、榛子、笃斯、刺五加、果莓、树锦鸡儿、蒙古沙棘、山刺玫、山葡萄
		内蒙古	杜松、接骨木、榛子、笃斯、刺五加、果莓、欧李、树锦鸡儿、蒙古沙棘、山刺玫、山葡萄
Ⅰ-2	长白山-完达山 山地丘陵区	黑龙江	红松、东北红豆杉、接骨木、榛子、笃斯、蓝靛果、树锦鸡儿、山葡萄
		吉林	红松、东北红豆杉、接骨木、榛子、笃斯、蓝靛果、树锦鸡儿、山葡萄
		辽宁	红松、东北红豆杉、接骨木、榛子、笃斯、蓝靛果、树锦鸡儿、山葡萄
Ⅰ-3	东北漫川漫岗区	黑龙江	辽东楤木、花红、接骨木、蒙古沙棘、金银花、刺五加、果莓、蓝靛果、黑果茶藨、黄花菜、紫花苜蓿、芦笋
		吉林	辽东楤木、花红、接骨木、蒙古沙棘、金银花、刺五加、果莓、蓝靛果、黑果茶藨、黄花菜、紫花苜蓿、芦笋
		辽宁	辽东楤木、花红、接骨木、金银花、刺五加、果莓、蓝靛果、黄花菜、紫花苜蓿、芦笋
Ⅰ-4	松辽平原风沙区	黑龙江	蒙古沙棘、黄花菜、紫花苜蓿、沙打旺
		吉林	桑、山杏、蒙古沙棘、欧李、黄花菜、紫花苜蓿、沙打旺
		内蒙古	山杏、蒙古沙棘、麻黄、黄花菜、紫花苜蓿、沙打旺
Ⅰ-5	大兴安岭东南山地 丘陵区	黑龙江	花红、接骨木、文冠果、蒙古沙棘、笃斯
		内蒙古	花红、接骨木、蒙古沙棘、笃斯
Ⅰ-6	呼伦贝尔高原丘陵区	内蒙古	辽东楤木、榛子、花红、笃斯

附表 2 北方风沙区（Ⅱ）高效水土保持植物

二 级 区		省 （自治区）	主要高效水土保持植物
代码	名 称		
Ⅱ-1	内蒙古中部高原 丘陵区	河北	油松、杜松、沙枣、山杏、中国沙棘、蒙古扁桃、紫花苜蓿
		内蒙古	油松、蒙古扁桃、中国沙棘、紫花苜蓿
Ⅱ-2	河西走廊及阿拉 善高原区	甘肃	沙枣、文冠果、蒙古扁桃、玫瑰、白刺、梭梭、沙拐枣、木地肤、葡萄、柳枝稷、啤酒花、紫花苜蓿
		内蒙古	沙枣、蒙古扁桃、白刺、梭梭、沙拐枣、木地肤、紫花苜蓿
Ⅱ-3	北疆山地盆地区	新疆	沙枣、文冠果、蒙古沙棘、杏、扁桃、蒙古扁桃、枸杞、梭梭、沙拐枣、木地肤、薰衣草
Ⅱ-4	南疆山地盆地区	新疆	核桃、枣树、桑、扁桃、阿月浑子、文冠果、蒙古沙棘、白刺、沙枣、梭梭、沙拐枣、木地肤、罗布麻

附表3 　　　　　　　　　　北方土石山区（Ⅲ）高效水土保持植物

二级区		省（自治区、直辖市）	主要高效水土保持植物
代码	名称		
Ⅲ-1	辽宁环渤海山地丘陵区	辽宁	板栗、麻栎、黄连木、花红、紫花苜蓿
Ⅲ-2	燕山及辽西山地丘陵区	内蒙古	油松、山杏、花红、欧李、中国沙棘、文冠果、紫花苜蓿
		辽宁	油松、核桃、板栗、山楂、白蜡树、花红、欧李、榛子、中国沙棘、枣树、紫花苜蓿
		北京	油松、核桃、板栗、柿、山楂、白蜡树、花红、欧李、紫花苜蓿、留兰香、薰衣草
		天津	油松、核桃、板栗、柿、山楂、白蜡树、花红、欧李、紫花苜蓿
		河北	油松、核桃、板栗、柿、山楂、白蜡树、花红、欧李、榛子、山杏、枣树、紫花苜蓿、留兰香
Ⅲ-3	太行山山地丘陵区	北京	油松、核桃、板栗、柿、山楂、白蜡树、漆树、枣树、欧李、山杏、山桃、花红、紫花苜蓿、留兰香、薰衣草
		河北	油松、核桃、板栗、柿、山楂、白蜡树、漆树、枣树、花红、欧李、山杏、山桃、紫花苜蓿、留兰香
		河南	油松、核桃、板栗、漆树、柿、枣树、山楂、白蜡树、欧李、山杏、山桃、紫花苜蓿
		内蒙古	油松、核桃、板栗、白蜡树、山楂、花红、山杏、山桃、紫花苜蓿
		山西	油松、核桃、板栗、漆树、柿、枣树、白蜡树、山楂、接骨木、欧李、山杏、山桃、紫花苜蓿
Ⅲ-4	秦沂及胶东山地丘陵区	江苏	银杏、黄连木、核桃、板栗、白蜡树、枣树、山楂、金银花、欧李、花椒、紫花苜蓿、聚合草
		山东	油松、银杏、黄连木、核桃、板栗、麻栎、白蜡树、枣树、山楂、金银花、欧李、花椒、紫花苜蓿
Ⅲ-5	豫西南山地丘陵区	河南	油桐、核桃、柿、杜仲、枣树、花椒、紫花苜蓿

附表4 　　　　　　　　　　西北黄土高原区（Ⅳ）高效水土保持植物

二级区		省（自治区）	主要高效水土保持植物
代码	名称		
Ⅳ-1	宁蒙覆沙黄土丘陵区	内蒙古	文冠果、中国沙棘、长柄扁桃、紫花苜蓿
		宁夏	中国沙棘、宁夏枸杞、紫花苜蓿
Ⅳ-2	晋陕蒙丘陵沟壑区	内蒙古	油松、山杏、花红、中国沙棘、长柄扁桃、紫花苜蓿、沙打旺、红豆草
		山西	油松、枣树、桑、山杏、花红、中国沙棘、山桃、紫花苜蓿、沙打旺、红豆草
		陕西	油松、枣树、桑、山杏、花红、文冠果、中国沙棘、长柄扁桃、山桃、紫花苜蓿、沙打旺、红豆草
Ⅳ-3	汾渭及晋南丘陵阶地区	山西	核桃、枣树、山杏、翅果油树、花椒、山桃、紫花苜蓿
		陕西	核桃、柿、枣树、山杏、翅果油树、花椒、山桃、紫花苜蓿

二级区		省	主要高效水土保持植物
代码	名　称	（自治区）	
Ⅳ-4	晋陕甘高原沟壑区	甘肃	核桃、柿、枣树、山杏、桑、花红、文冠果、中国沙棘、花椒、扁桃木、山桃、黄花菜、紫花苜蓿
		山西	核桃、柿、枣树、山杏、山桃、扁桃木、桑、接骨木、花红、花椒、翅果油树、中国沙棘、紫花苜蓿
		陕西	核桃、柿、枣树、山杏、桑、花红、中国沙棘、花椒、扁桃木、山桃、紫花苜蓿
Ⅳ-5	甘宁青山地丘陵沟壑区	陕西	油松、山杏、沙枣、山桃、紫花苜蓿、沙打旺、红豆草
		甘肃	油松、山杏、沙枣、玫瑰、山桃、紫花苜蓿、沙打旺、红豆草
		宁夏	油松、山杏、沙枣、中国沙棘、紫花苜蓿、沙打旺、红豆草
		青海	油松、山杏、中国沙棘、枸杞、紫花苜蓿、红豆草

附表5　　　　南方红壤区（Ⅴ）高效水土保持植物

二级区		省（自治区）	主要高效水土保持植物
代码	名　称		
Ⅴ-2	大别山-桐柏山山地丘陵区	安徽	马尾松、核桃、板栗、柿、杜仲、厚朴、乌桕、漆树、枣树、千年桐、油桐、油茶、油橄榄、茅栗、桑、山茱萸、茶树、花椒、金银花、车桑子、竹、蓖麻
		河南	马尾松、核桃、板栗、柿、杜仲、厚朴、乌桕、漆树、枣树、千年桐、油桐、油茶、桑、山茱萸、茅栗、茶树、花椒、金银花、车桑子、蓖麻、苎麻
		湖北	马尾松、核桃、板栗、柿、杜仲、厚朴、乌桕、漆树、枣树、千年桐、油桐、油茶、油橄榄、山茱萸、桑、茅栗、茶树、苦丁茶、花椒、金银花、黄栀子、车桑子、竹、蓖麻
Ⅴ-3	长江中游丘陵平原区	湖北	马尾松、香叶树、红润楠，黄樟、核桃、板栗、柿、杜仲、厚朴、乌桕、漆树、枣树、千年桐、油桐、油茶、油橄榄、山茱萸、桑、茅栗、茶树、苦丁茶、花椒、金银花、黄栀子、车桑子、竹、蓖麻、苎麻、黄竹草
		湖南	马尾松、香叶树、红润楠，黄樟、核桃、板栗、柿、杜仲、厚朴、乌桕、漆树、枣树、千年桐、油桐、油茶、油橄榄、山茱萸、茶树、桑、茅栗、苦丁茶、花椒、金银花、车桑子、竹、蓖麻、苎麻、黄竹草
Ⅴ-6	南岭山地丘陵区	广西	油茶、余甘子
Ⅴ-7	南方沿海丘陵台地区	广东	黄樟、香叶树、红润楠、土沉香、石栗、华南青皮木、紫檀、降香黄檀、卵叶桂、酸豆、橡胶树、千年桐、油棕、大粒咖啡、可可、金鸡纳树、绿玉树、广东山胡椒、胡椒、苦丁茶、草豆蔻、白豆蔻、益智、砂仁、枫茅
		广西	黄樟、香叶树、红润楠、土沉香、石栗、华南青皮木、卵叶桂、酸豆、橡胶树、千年桐、油棕、大粒咖啡、可可、金鸡纳树、绿玉树、广东山胡椒、胡椒、苦丁茶、草豆蔻、白豆蔻、益智、砂仁

续表

二级区		省（自治区）	主要高效水土保持植物
代码	名称		
V-8	海南及南海诸岛丘陵台地区	海南	黄樟、香叶树、红润楠、油楠、土沉香、石栗、华南青皮木、紫檀、降香黄檀、卵叶桂、酸豆、橡胶树、油棕、大粒咖啡、可可、金鸡纳树、绿玉树、广东山胡椒、胡椒、苦丁茶、草豆蔻、白豆蔻、益智、砂仁、枫茅

附表6   **西南紫色土区（Ⅵ）高效水土保持植物**

二级区		省（直辖市）	主要高效水土保持植物
代码	名称		
Ⅵ-1	秦巴山山地区	甘肃	核桃、板栗、油橄榄、花椒、猕猴桃、蓖麻
		河南	核桃、板栗、漆树、柿、枣树、桑、油桐、茶树、花椒、金银花、茅栗、蓖麻、苎麻
		湖北	香叶树、红润楠、黄樟、千年桐、核桃、板栗、乌桕、柿、枣树、桑、杜仲、厚朴、漆树、山茱萸、油桐、油橄榄、油茶、茶树、苦丁茶、花椒、茅栗、金银花、车桑子、蓖麻、苎麻
		陕西	核桃、板栗、杜仲、油桐、油茶、油橄榄、花椒、猕猴桃、蓖麻
		四川	香叶树、红润楠、黄樟、核桃、板栗、乌桕、柿、枣树、杜仲、厚朴、山茱萸、漆树、桑、千年桐、油桐、油橄榄、油茶、茶树、茅栗、花椒、金银花、黄栀子、车桑子、蓖麻、苎麻
		重庆	香叶树、红润楠、黄樟、核桃、板栗、乌桕、柿、枣树、千年桐、油桐、油橄榄、油茶、茶树、桑、花椒、金银花、蓖麻、苎麻
Ⅵ-2	武陵山山地丘陵区	湖北	核桃、板栗、香叶树、红润楠、黄樟、千年桐、油桐、油橄榄、乌桕、枣树、柿、杜仲、厚朴、漆树、山茱萸、油茶、茶树、苦丁茶、桑、花椒、金银花、车桑子、茅栗、蓖麻、苎麻
		湖南	香叶树、红润楠、黄樟、核桃、板栗、千年桐、乌桕、柿、枣树、杜仲、厚朴、漆树、山茱萸、油桐、油橄榄、油茶、茶树、苦丁茶、桑、花椒、金银花、车桑子、茅栗、蓖麻、苎麻
		重庆	香叶树、红润楠、黄樟、核桃、板栗、千年桐、乌桕、柿、枣树、杜仲、厚朴、漆树、山茱萸、油桐、油橄榄、油茶、茶树、桑、花椒、金银花、车桑子、茅栗、蓖麻、苎麻、黄花菜
Ⅵ-3	川渝山地丘陵区	四川	香叶树、红润楠、黄樟、核桃、板栗、乌桕、柿、枣树、杜仲、厚朴、漆树、山茱萸、千年桐、油桐、油橄榄、油茶、茶树、桑、花椒、金银花、车桑子、茅栗、蓖麻、苎麻、黄花菜
		重庆	香叶树、红润楠、黄樟、核桃、板栗、乌桕、柿、枣树、杜仲、厚朴、漆树、山茱萸、千年桐、油桐、油橄榄、油茶、茶树、桑、花椒、金银花、车桑子、茅栗、蓖麻、苎麻、黄花菜

附录　水土流失类型区高效水土保持植物名录

附表 7　　　　　　　　　**西南岩溶区（Ⅶ）高效水土保持植物**

二级区		省	主要高效水土保持植物
代码	名　称	（自治区）	
Ⅶ-1	滇黔桂山地丘陵区	广西	肥牛树、蒜头果、滇刺枣、核桃、板栗、黄连木、千年桐、油桐、麻风树、油茶、金银花、余甘子、剑麻、蓖麻、艾纳香
		贵州	银杏、核桃、板栗、漆树、杜仲、乌桕、黄连木、猴樟、千年桐、油桐、麻风树、油茶、金银花、青风藤、刺梨、竹、蓖麻、艾纳香
		四川	银杏、杜仲、厚朴、乌桕、黄连木、漆树、猴樟、金银花、竹、蓖麻
		云南	红豆杉、漾濞核桃、板栗、黄连木、漆树、蒜头果、猴樟、铁刀木、肉豆蔻、千年桐、油桐、麻风树、油茶、金银花、草果、蓖麻、艾纳香
Ⅶ-2	滇北及川西南高山峡谷区	四川	马尾松、红豆杉、核桃、板栗、漆树、光皮树、千年桐、油桐、麻风树、油茶、西蒙德木、花椒、蓖麻
		云南	马尾松、红豆杉、豆腐果、滇刺枣、漾濞核桃、漆树、光皮树、铁刀木、肉豆蔻、千年桐、油桐、麻风树、青刺果、西蒙德木、余甘子、蓖麻
Ⅶ-3	滇西南山地区	云南	红豆杉、滇刺枣、豆腐果、黄脉钓樟、黄樟、琴叶风吹楠、核桃、板栗、漆树、油朴、油棕、铁刀木、咖啡、肉豆蔻、千年桐、油桐、油茶、麻风树、余甘子、胡椒、蓖麻、艾纳香

附表 8　　　　　　　　　**青藏高原区（Ⅷ）高效水土保持植物**

二级区		省	主要高效水土保持植物
代码	名　称	（自治区）	
Ⅷ-1	柴达木盆地及昆仑山北麓高原区	甘肃	中国沙棘
		青海	白刺、黑果枸杞
Ⅷ-2	若尔盖-江河源高原山地区	甘肃	中国沙棘
		青海	中国沙棘、西藏沙棘
		四川	中国沙棘、西藏沙棘
Ⅷ-3	羌塘-藏西南高原区	西藏	
Ⅷ-4	藏东-川西高山峡谷区	四川	木姜子、山鸡椒、油桐、油茶、西藏沙棘
		西藏	海南粗榧、木姜子、山鸡椒、油桐、油茶、西藏沙棘
		云南	木姜子、山鸡椒、油桐、油茶、花椒、云南沙棘